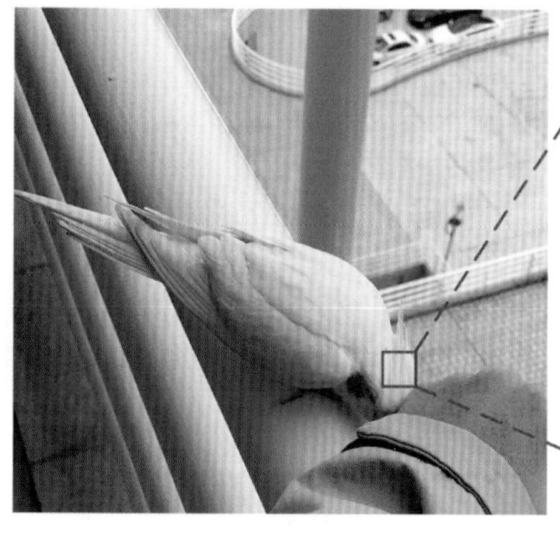

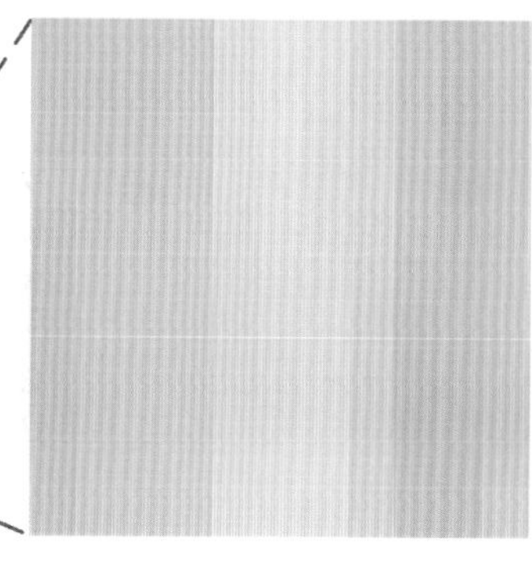

图 1.1　数字图像的数学结构

(a) 原始图像

(b) Canny边缘算子提取结果

(c) 基于霍夫变换的直线检测结果

图 2.4　基于霍夫变换的直线检测

(a) 原始图像

(b) 检测结果

图 2.6　基于霍夫圆变换的硬币检测结果

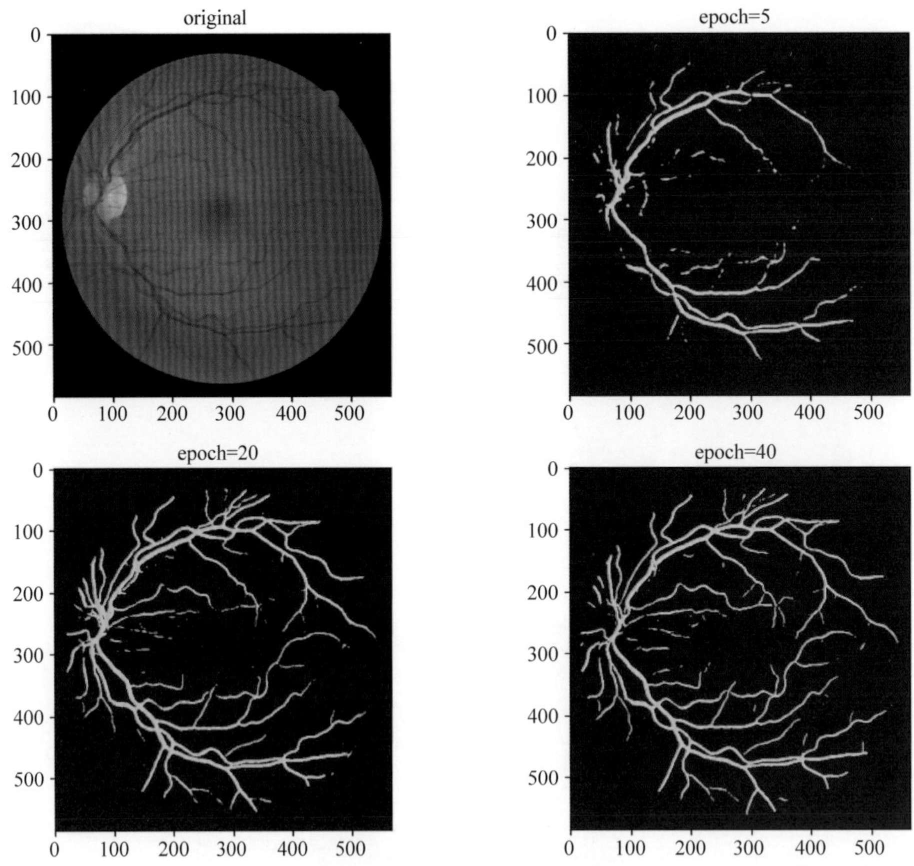

图 4.16　原始图像与分割结果

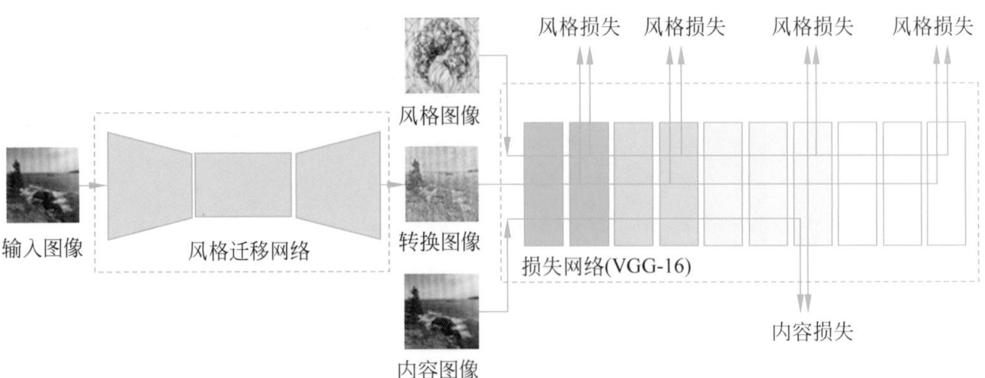

图 6.9　在线实时图像风格迁移算法原理

图 6.13　实时风格迁移结果展示

问题	图片	模型输出
What is in front of the monitor? 显示器前面是什么？		键盘(Keyboard): 1.00 书(Books): 0.82 纸盒(Carton): 0.76 盘子(Plate): 0.75 线(Wire): 0.74
What colors do the stools around the table have? 桌子周围的凳子是什么颜色的?		蓝色(Blue): 1.00 白色(White): 0.97 容器(Container): 0.77 红色(Red): 0.75 鞋架(Shoe_rack): 0.68
What is on the desk? 桌子上有什么?		餐巾纸(Napkin_dispenser): 1.00 桌垫(Desk_mat): 0.97 书(Book): 0.96 纸(Paper): 0.86 画(Picture): 0.80

图 9.4　输入、输出可视化分析

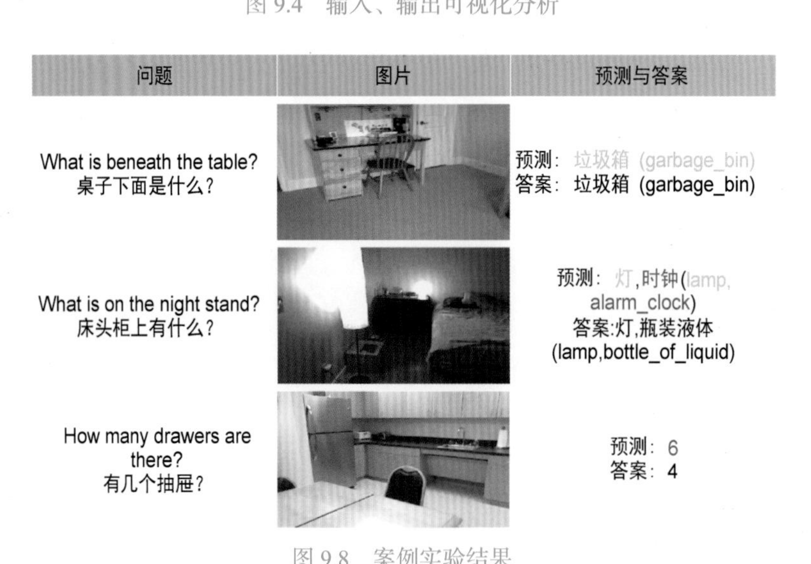

问题	图片	预测与答案
What is beneath the table? 桌子下面是什么？		预测：垃圾箱 (garbage_bin) 答案：垃圾箱 (garbage_bin)
What is on the night stand? 床头柜上有什么？		预测：灯,时钟(lamp, alarm_clock) 答案:灯,瓶装液体(lamp,bottle_of_liquid)
How many drawers are there? 有几个抽屉？		预测：6 答案：4

图 9.8　案例实验结果

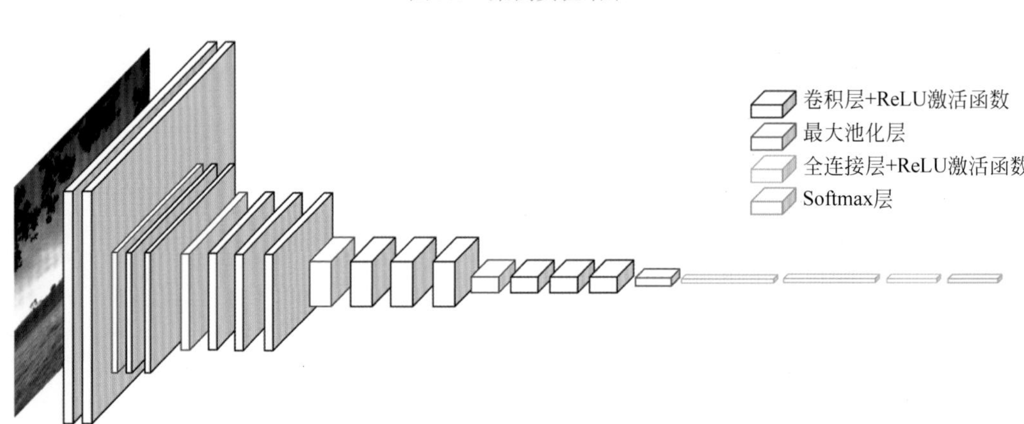

图 10.5　深度模型 VGG-19 框架结构

计算机视觉技术与应用

胡钦太　朱　鉴　刘冬宁　主编

清華大學出版社
北　京

内 容 简 介

本书采用项目任务式的编写方式，介绍了计算机视觉相关的基础概念与基本知识点，并结合应用案例阐述其基本原理。全书内容丰富、涵盖面广，涉及低、中、高层视觉技术，以及视觉与文本结合的多模态技术，具体包括 10 个项目：图像滤波、图像特征提取、图像识别、图像分割、目标检测与追踪、图像生成与转换、人体行为解析、图像文本生成、视觉问答系统和视频理解。

本书对每个项目涉及的知识点提供了丰富、生动的案例素材，并以 Python 语言为主要工具详细讲解了核心程序。每个项目下设 2 ～ 3 个应用任务，结合代码讲述具体任务实施过程，让读者全方位深刻理解任务对应知识点与基本原理。

本书结构布局紧凑，内容深入浅出，代码简洁高效，适合作为计算机、人工智能、通信和自动化等相关专业的教师与学生用书，也可作为广大从事计算机视觉工程的研发人员的参考用书。

图书在版编目（CIP）数据

计算机视觉技术与应用/胡钦太，朱鉴，刘冬宁主编.—北京：清华大学出版社，2023.10（2024.8重印）
ISBN 978-7-302-64622-8

Ⅰ. ①计… Ⅱ. ①胡… ②朱… ③刘… Ⅲ. ①计算机视觉 Ⅳ. ①TP302.7

中国国家版本馆 CIP 数据核字（2023）第 180947 号

责任编辑：郭丽娜
封面设计：曹 来
责任校对：袁 芳
责任印制：沈 露

出版发行：清华大学出版社
网　　址：https://www.tup.com.cn，https://www.wqxuetang.com
地　　址：北京清华大学学研大厦A座　　邮　　编：100084
社 总 机：010-83470000　　邮　　购：010-62786544
投稿与读者服务：010-62776969，c-service@tup.tsinghua.edu.cn
质量反馈：010-62772015，zhiliang@tup.tsinghua.edu.cn
课件下载：https://www.tup.com.cn，010-83470410
印 装 者：三河市龙大印装有限公司
经　　销：全国新华书店
开　　本：185mm×260mm　　印　张：17.25　　插　页：2　　字　　数：388千字
版　　次：2023年 12月第1版　　印　　次：2024年8月第2次印刷
定　　价：69.00元

产品编号：101813-01

前 言

党的二十大报告指出："教育、科技、人才是全面建设社会主义现代化国家的基础性、战略性支撑。必须坚持科技是第一生产力、人才是第一资源、创新是第一动力，深入实施科教兴国战略、人才强国战略、创新驱动发展战略，开辟发展新领域新赛道，不断塑造发展新动能新优势。"

1. 为什么计算机视觉技术如此重要

计算机视觉技术是信息科技中最具前沿性、挑战性的领域之一，涵盖了模式识别、计算机图形学、机器学习、图像处理等多门学科。随着数字技术的不断进步，计算机视觉技术正在从理论研究走向实践应用，是医疗、安防、智能交通、人脸识别、虚拟现实等各类应用场景的中枢神经。此外，计算机视觉技术还广泛应用于工业智能化、文化遗产保护、环境监测等领域。可以说，计算机视觉技术已经成为新一代信息科技的引擎，正在高速驱动人类社会的发展和进步，也在深刻影响我们的日常生活。

2. 为什么要编写本书

自 2007 年以来，编者团队一直从事计算机视觉技术领域的本科生和研究生教学工作，期间开展了大量的教学实验和理论研究，以及与国内外同行密切交流，为本书的编写打下了重要的基础。

当前，计算机视觉科技已成为信息科技领域的热门方向之一。然而，对于初学者来说，在海量文献中找到一份系统、全面的学习资料并不容易。现有的计算机视觉技术类教材有些注重理论而缺少实践；有些过度追求专业化，将初学者拒之千里；有些教材强调学理，缺少现实生活的应用情景；有些教材缺少对党的二十大精神和《习近平新时代中国特色社会主义思想进课程教材指南》等重大主题教育进课程教材的系统规划。

因此，我们编写了这本《计算机视觉技术与应用》，旨在让学生轻松、系统、全面地了解计算机视觉技术，使之适应信息时代和知识社会的需求，具备解决复杂问题和适应不可预测情境的高级能力。

3. 本书有什么特点

（1）本书坚持以习近平新时代中国特色社会主义思想为指导，深入贯彻党的二十大精神，落实“育人的根本在于立德”。

本书始终坚持以习近平新时代中国特色社会主义思想为指导，以润物细无声的方式融入党的二十大精神，在具体案例和项目导读中弘扬社会主义核心价值观，弘扬科学家精神，激发学生实现高水平科技自立自强的责任感和使命感。

（2）本书着眼于学科发展前沿，具有前瞻性和时代性。

在编写本书的过程中，我们借鉴了许多国内外优秀的计算机视觉教材和案例，结合我们多年的教学和研究经验，将知识点分类整理并精选了对应案例。通过案例讲解和实践操作，学生能够学以致用，更好地掌握计算机视觉的核心技术。

（3）本书内容翔实，脉络清晰，体现核心素养的要求，具有科学性和系统性。

本书针对复杂、真实的生活情境，精心设计和编排内容，共有图像滤波、图像特征提取、图像识别、图像分割、目标检测与追踪、图像生成与转换、人体行为解析、图像文本生成、视觉问答系统和视频理解 10 个项目。每个项目下设 2 ～ 3 个应用任务，每个任务都设置有学习目标、任务要求、知识归纳、任务实施、任务小结、任务自测等。任务、知识点、基本原理相辅相成，项目的编排顺序环环相扣，互相铺垫，进一步培养学生解决现实生活复杂问题的能力。

本书使用当前主流的 Python 语言编写，并讲解核心程序，代码简洁高效，便于学生实践操作。

（4）本书在自主学习和人才培养模式方面做出了积极尝试，具有原创性和创新性。

按照传统体例编写的教材需要教师进行大量的指导与讲解，留给学生自主学习的空间有限。本书按照项目式学习原则编写，提高了真实性和实践性。学生通过项目、任务以及丰富的配套资源，能够实现自主学习。我们也希望通过这本书鼓励和启发教育者创新人才培养模式。

4. 本书适合哪些读者

本书内容丰富、涵盖面广，涉及低、中、高层视觉，以及视觉与文本结合的多模态技术等，适合计算机、人工智能、通信和自动化等相关专业的教师与学生，以及广大从事计算机视觉工程的研发人员阅读参考。

5. 致谢

在本书出版之际，我们特别要感谢清华大学出版社和刘茵女士，他们精准策划，执着约稿，耐心沟通，对我们来说是莫大的鼓励。我们还要感谢参与本书编写的其他成员：杨振国、孙宇平、黄国恒、姬玉柱、赵靖亮等老师，他们查阅梳理了大量国内外的最新学术文献和论著，力求全方位展现计算机视觉领域的前沿技术和最新成果，凡此种种，都让我们感动不已。

在本书的编写过程中，我们通过多种渠道与书中选用作品（包括照片、插图等）的作者进行了联系，得到他们的大力支持，对此，我们表示衷心的感谢。在本书付梓前，书中仍有部分所参考和引用资料的作者，我们未能与之取得联系，恳请他们以及读者，在本书使用过程中，如遇问题请与清华大学出版社联系，再次感谢！

在编写本书的时候，我们常常能感受到“吾生也有涯，而知也无涯”的浩瀚，但我们更享受“不怕真理无穷，进一寸有一寸”的欢喜。期待能够跟大家一起，通过本书感受计算机视觉技术领域的魅力。

由于编者水平有限，书中难免有疏漏和不足之处，在此恳请广大读者批评、指正，以便日后修订。

编 者

2023 年 11 月

目 录

图像滤波

项目导读

纵览人类文明史，创新始终是一个国家、一个民族繁荣发展的强大推动力，也是生产力水平提高的关键。大数据、人工智能等技术的发展，不仅实现了工业智能化，而且向医疗、文化领域渗透，实现人民生产生活方式的智能化。党的二十大报告提出，要健全新型举国体制，强化国家战略科技力量，以国家战略需求为导向，集聚力量进行原创性引领性科技攻关，再次彰显了国家建设世界科技强国的决心。近年来，我国在计算机视觉领域取得了跨越式发展，突破了一系列重要科学问题和关键核心技术，产出了一批具有重要国际影响力的成果。图像滤波技术是新时代信息处理技术的重要组成部分，应该将其与国家和人民的利益紧密结合起来，积极为中国特色社会主义现代化建设做出贡献。同时，我们也应该始终坚持创新驱动、开放合作、科技兴农等战略方针，推动图像滤波技术的创新和应用，促进技术进步和社会发展。

图像滤波是对采集到的数字图像做预处理，是多数计算机视觉任务的第一个步骤。滤波这一概念来源于通信理论，其目标是过滤掉干扰信号、提取有用信号。其实，数字图像也可以看作一种信号，图像滤波的目标除了过滤掉噪声以外，还要求对画面的对比度、清晰度等进行调节，从而更加适合人眼的观看。图像滤波实现简单、效果好，具有速度和成本优势，如今已被广泛应用于数码相机、摄像机内部的图像预处理模块。本项目的示例将通过 Python 实现，部分功能利用了开源视觉库 OpenCV。因此，在本项目具体任务开展前，首先，介绍 Python 和 OpenCV 的安装和使用；其次，引入数字图像的概念；然后，以黑白图像为例，引入对比度和直方图的概念，介绍图像对比度的自动矫正方法；接下来，以自然彩色图像为例，介绍图像噪声的来源与对应的过滤方法；最后，讲解二阶微分滤波器，并用其实现图像锐化与细节增强。

学习目标

- 理解数字图像、对比度、直方图的概念。
- 掌握 Python 及其附属 OpenCV 包的安装及使用方法。
- 掌握黑白图像对比度自动矫正方法。
- 掌握自然图像去噪方法。
- 掌握图像锐化及细节增强方法。

职业素养目标

- 培养善于发现图像构成的规律，以及运用数学手段还原图像本身的信息的能力。
- 利用所学专业知识能够发现问题、针对性地解决问题，提出创新解决方案。

职业能力要求

- 具有清晰的解决问题的思路。
- 学会利用 Python 读取、处理、保存图像。
- 具有将滤波理论与实际项目需求相结合的能力。

项目重难点

项目内容	工作任务	建议学时	技能点	重难点	重要程度
图像滤波	任务 1.1　灰度图对比度矫正	1	用 Python 实现直方图统计与优化	Python 及其附属 OpenCV 包安装	★★★☆☆
				图像数组与程序控制流程设计	★★★★☆
	任务 1.2　自然图像噪声去除	2	高斯滤波与中值滤波	彩色图像通道操作	★★★☆☆
				模板操作在程序端的实现	★★★★★
	任务 1.3　图像边缘增强	1	二阶微分滤波器	图像微分的概念	★★★★☆
				通过二阶微分滤波器实现图像锐化	★★★★☆

任务 1.1　灰度图对比度矫正

任务目标

知识目标：掌握数字图像结构、直方图概念、对比度及矫正方法等知识点。

能力目标：利用 Python 实现黑白图像对比度矫正。

建议学时

1 学时。

任务要求

本任务基于 Python 编程环境进行开发，要求掌握编程环境的安装和基本操作。通过对图像像素信息进行统计，直观显示图像对比度。通过直方图变换操作拓展像素取值的动态范围，从而实现图像对比度矫正。

知识归纳

1. 数字图像基础

我们放大一幅图像，可以发现它是由整齐排列的纯色小方块组成的。这些小方块名为“像素”，它们横平竖直地站在某个位置（x，y），其明暗 / 强度（v）也各有不同。对于彩色图像而言，像素的“明暗”通过红、绿、蓝三种颜色组成的“色彩”（r，g，b）来表示。通常，为了方便计算机存储明暗信息，规定最明亮像素的 v 值为 255，与之相应地，最暗像素的 v 值为 0。一幅数字图像的数学结构如图 1.1 所示。

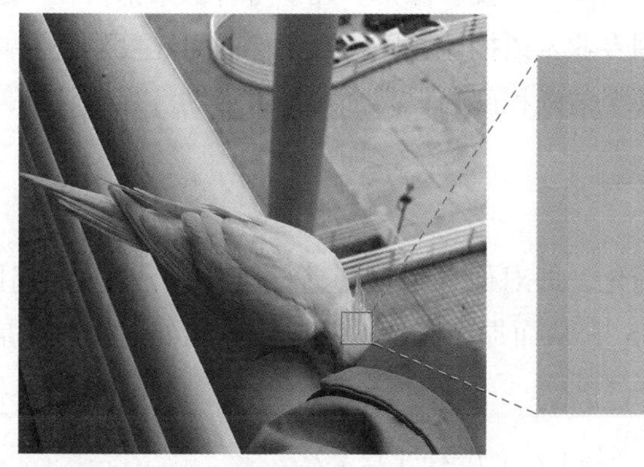
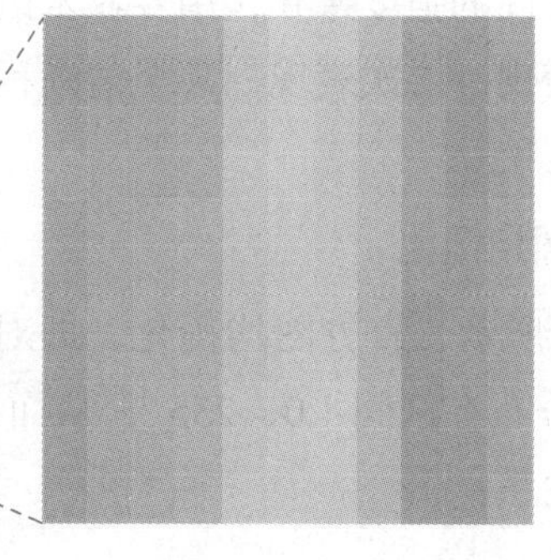

图 1.1　数字图像的数学结构

2. 统计直方图与对比度

既然每个像素都有一个强度值，那么对于一幅图像，是明的像素多，还是暗的像素多？我们可以把强度的取值范围［0，255］均分为 256 份（即每个整数强度一份），然后按强度把每个像素放进小区间里。这样就得到了一幅强度统计直方图，如图 1.2 所示。直方图能直观地反映像素按强度的分布，不会改变原始图像的清晰度。只有对原始图像行直方图均衡化这一操作，才能提高清晰度。

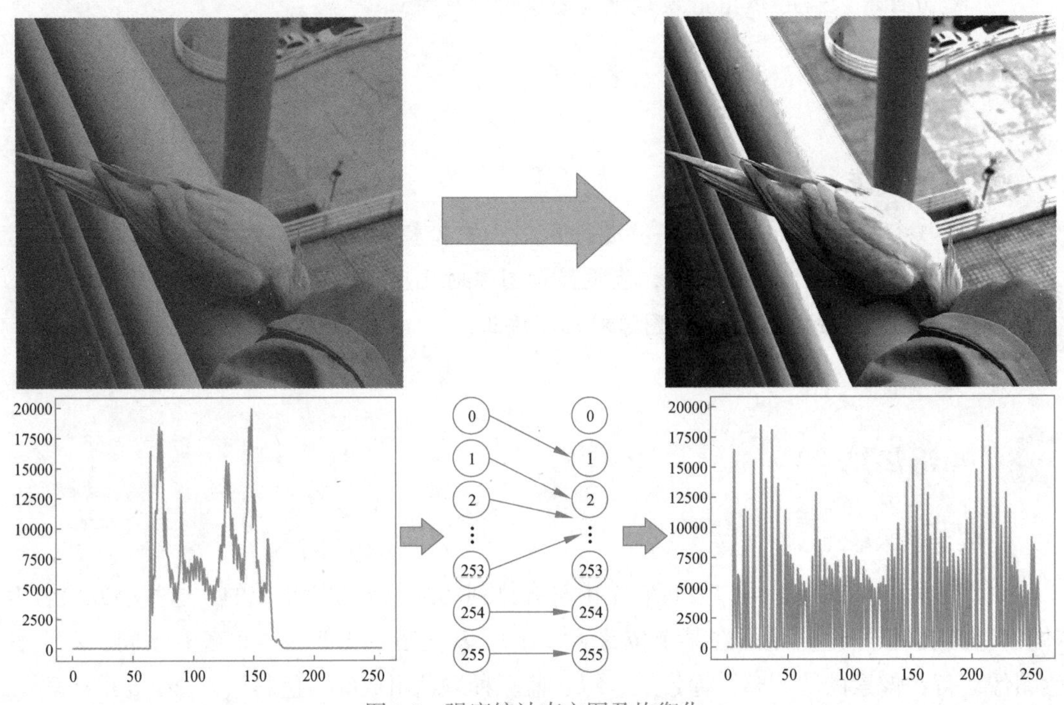

图 1.2　强度统计直方图及均衡化

由于拍摄时光线不太好，如果我们通过直方图观察图 1.2，可以发现像素大多集中在中部区间，而两侧较明和较暗的区间几乎没有像素。几乎所有像素都挤在一起，人眼很难分清楚像素之间的强度差异，用专业术语描述，即这幅图像的对比度较差。高对比度对于图像的细节表现、层次表现，甚至清晰程度的提高都有很大帮助。那么，如何提高图像的对比度呢？

3. 直方图均衡化

如图 1.2 所示，直方图均衡化，即对像素的强度进行规律的“映射”，让像素强度尽可能匀称地分布在区间［0，255］，从而提高图像的对比度。此处“映射”是指一个一一对应的函数关系：

$$v(x, y) \xrightarrow{f} v'(x, y) \tag{1.1}$$

即输入为原始像素强度，输出为这个像素的新的强度。强度的映射需遵循如下原则。

（1）保证原图各灰度级在变换后仍保持从黑到白（或从白到黑）的排列次序。若点 p_1 比点 p_2 暗，那么变换后二者强度可能发生改变，但仍保持 $p_1 < p_2$。

（2）为了防止像素扎堆聚集在一个小区间，应使映射后的像素强度均匀分布在［0，255］。

如图 1.3 所示，我们可以把像素按强度从小到大排成一列，然后均分成 256 份。由于强度相同的像素是连在一起的，我们取强度相同像素队列的末尾，查看其在区间［0，255］

的位置，然后将这个位置作为新的强度。这样，我们得到了一个查找表，通过查找原始强度和新强度的关系，将原图变换为像素动态范围更大、更清晰的新图。

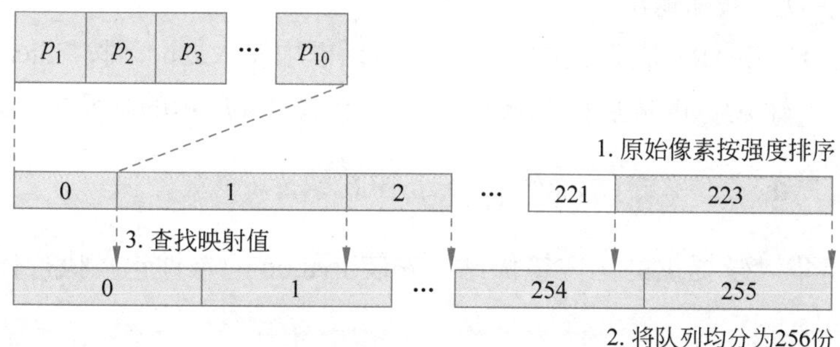

图 1.3　直方图映射原理

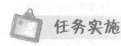

任务实施

步骤 1　安装 Python。

（1）在 Python 官网下载 Windows 版安装包 python-3.11.2-amd64.exe。

（2）双击安装文件，进入安装界面，如图 1.4 所示。勾选 Use admin privileges when installing py.exe 和 Add python.exe to PATH 复选框，选择 Customize installation 标签。

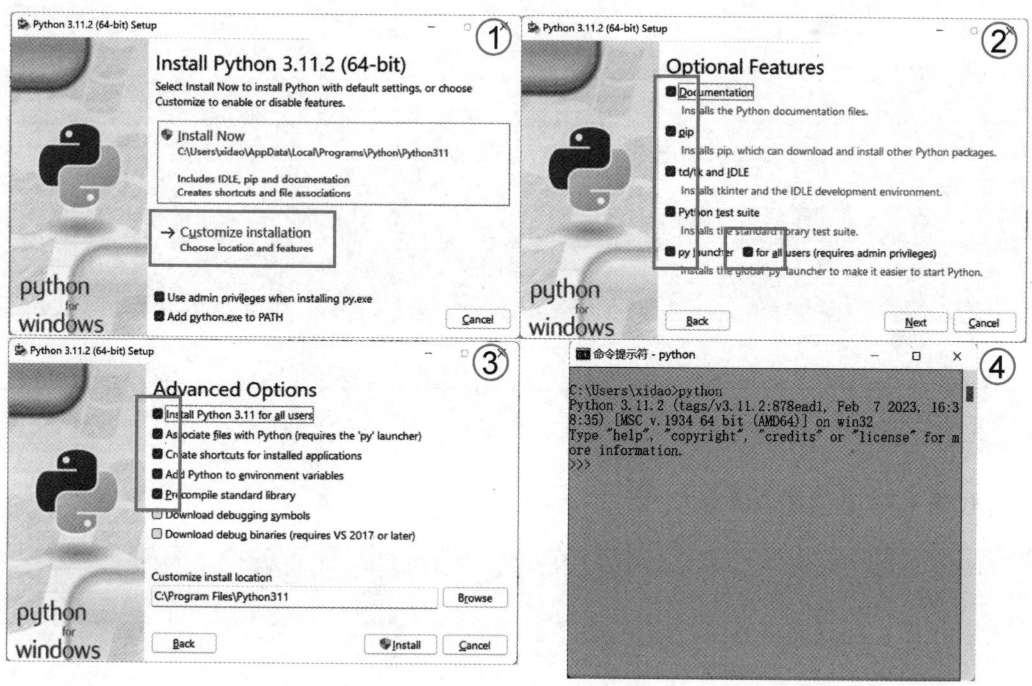

图 1.4　Python 的安装

（3）进入 Optional Features 页面，全部勾选，单击 Next（下一步）按钮。

（4）进入 Advanced Options 页面，勾选前五个，单击 Install（安装）按钮。安装结束后单击 Close（关闭）按钮退出。

（5）按组合键 Win+R，在调出的“运行”对话框中输入 cmd，按 Enter 键，调出“命令提示符”窗口。输入 python 后按 Enter 键，若看到图 1.4 所示的画面④，表示安装成功。

步骤 2 在 Python 下安装 OpenCV、Matplotlib 等必要的软件包。

（1）通过清华大学提供的国内镜像站，安装 Python 的软件包。执行代码 1.1 所示的命令。

【**代码 1.1**】安装必要的 Python 软件包。

```
pip install opencv-python -i
https://pypi.tuna.tsinghua.edu.cn/simple
pip install Matplotlib -i https://pypi.tuna.tsinghua.edu.cn/simple
```

（2）打开“命令提示符”窗口，进入 Python 编程界面，输入如代码 1.2 所示的命令，使用 OpenCV 读取图片。在 Python 中使用特定功能，需要导入包含这些功能的软件包。导入操作通过 import 命令实现，具体见代码 1.2。

【**代码 1.2**】使用 OpenCV 读取图片。

```
import os
import cv2 as cv
import numpy as np
import Matplotlib.pyplot as plt
os.chdir('C:\\Users\\xidao\\Desktop\\t\\')
img = cv.imread("1-2.png")
im = img[:,:,0]                     # 提取一个通道
[x,y]=np.shape(im)                  # 图像尺寸
cv.imshow("2", img)                 # 显示图像
cv.waitKey(0)
```

步骤 3 建立图像的直方图。np.zeros() 可以创建一个空白的数组。我们设定该数组的数据类型为 int32，以防止像素个数太多而出现数据溢出。具体如代码 1.3 所示。

【**代码 1.3**】建立图像的直方图。

```
hist = np.zeros(256, dtype=np.int32)     # 创建空白的直方图
# 统计每一级强度的像素的个数
for i in range(0, x):
    for j in range(0, y):
        v = im[i,j]
        hist[im[i,j]] += 1
```

```
# 查看原始图像的直方图
plt.plot(hist, color="r")
plt.show()
```

步骤 4 建立查找表，具体如代码 1.4 所示。

【代码 1.4】建立查找表。

```
# 将像素按强度排为一个队列。c_hist 存储每个小区间末尾的指针。
c_hist = hist.copy()
for i in range(1, len(hist)):
    c_hist[i] = c_hist[i] + c_hist[i-1]
c_hist2 = c_hist / (x*y) * 255                  # 将指针指向区间 [0,255]
map = np.round( c_hist2 ).astype(np.int16)      # 四舍五入，获得查找表
```

步骤 5 执行对比度矫正。将每一个原始像素作为输入，利用 map() 查找对应输出值。具体操作如代码 1.5 所示。

【代码 1.5】执行对比度校正。

```
# 根据查找表，将原始像素强度映射为新强度
im2 = np.zeros(im.shape, dtype=np.uint8)
for i in range(0, x):
    for j in range(0, y):
        im2[i,j] = map[im[i,j]]
```

步骤 6 查看新图像的直方图，保存实验结果。plt.plot() 能将一串数据可视化为曲线，其中 color ="r" 表示曲线颜色为红色。具体如代码 1.6 所示。

【代码 1.6】查看新图像的直方图，保存实验结果。

```
# 查看新图像的直方图
h2 = cv.calcHist([im2], [0], None, [256], [0, 255])
plt.plot(h2, color="r")
plt.show()
# 保存经过对比度矫正的新图像
cv.imwrite('1-3.png', im2, [cv.IMWRITE_PNG_COMPRESSION, 0])
```

◆ 任务小结 ◆

图像滤波中的直方图均衡化操作，是获取图像后预处理的一个必要操作，它将为后续图像处理应用提供一个高动态、清晰的处理基础。本任务介绍的直方图均衡化操作虽然简单，但图像处理效果却很明显。通过实际动手运行代码，学生可以体验到图像处理

算法的应用，巩固理论知识。程序的成功运行也将提升学生的自信心与继续探索编程的积极性。

◈ 任务自测 ◈

相机图像处理模块通常还包含对图像的 Gamma 矫正，主要是对光照强度进行非线性变换，从而让图像强度更加符合人眼对外界光源的感光特性。查找关于 Gamma 矫正的相关知识，说明 Gamma 矫正的意义。结合代码 1.7，试验不同 Gamma 参数对图像矫正的效果。

【代码 1.7】使用不同 Gamma 参数对图像进行矫正。

```
import os
import cv2 as cv
import numpy as np

os.chdir('C:\\Users\\xidao\\Desktop\\t\\')
img = cv.imread("1-1.png").astype(np.double)
im = img[:,:,0]/255            # 首先归一化至 [0,1]

gamma = 0.5
im2 = np.power(im, gamma)
im3 = im2/np.max(im2) * 255    # 将像素强度恢复至 [0,255]
im4 = im3.astype(np.uint8)     # 取整数

# 保存
cv.imwrite('1-im4.png', im4, [cv.IMWRITE_PNG_COMPRESSION, 0])
```

评价表：理解直方图矫正的原理

组员 ID		组员姓名		项目组			
评价栏目	任务详情	评价要素		分值	评价主体		
					学生自评	小组互评	教师点评
Python 的实际使用能力和对直方图矫正的掌握情况	Python 环境的安装	是否完全掌握		10			
	Python 语言的使用	是否完全掌握		15			
	数字图像的概念	是否完全掌握		15			
	直方图的获取	是否完全掌握		10			
	直方图的矫正方法	是否完全掌握		20			
掌握熟练度	知识结构	知识结构体系形成		5			
	准确性	概念和基础掌握的准确度		5			

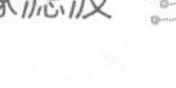

续表

评价栏目	任务详情	评价要素	分值	评价主体		
				学生自评	小组互评	教师点评
团队协作能力	积极参与讨论	积极参与和发言	5			
	对项目组的贡献	对团队的贡献值	5			
职业素养	态度	是否认真细致、遵守课堂纪律、学习态度积极、具有团队协作精神	3			
	操作规范	是否有实训环境保护意识，实训设备使用是否合规，操作前是否对硬件设备和软件环境检查到位，有无损坏机器设备的情况，能否保持实训室卫生	3			
	设计理念	是否突出以人为本的设计理念	4			
总分			100			

任务 1.2 自然图像噪声去除

任务目标

知识目标：了解数字图像噪声来源、分类，掌握中值滤波器和高斯滤波器等知识点。

能力目标：利用 Python 下的软件包 OpenCV 实现自然图像噪声去除。

建议学时

2 学时。

任务要求

通过 OpenCV 中的函数手动添加椒盐噪声和高斯噪声，了解数字图像噪声的来源。通过中值滤波器了解空域滤波的基本原理，掌握椒盐噪声的消除方法。通过高斯滤波器掌握高斯噪声的消除方法，了解这种消除方式的局限性。

知识归纳

1. 数字图像的噪声来源

图像噪声是图像在采集或传输中受到的干扰，它妨碍人们对图像的理解及分析。其中，采集过程中的噪声来源于环境干扰和质量较差的感光元件；传输过程中的噪声来源于所用的传输信道受到噪声污染，如通过无线电传输图像信号，如果遇到恶劣天气状况，则会受到干扰。噪声表现为对原始像素强度的改变，而当这种改变大范围、大数值的存在时，噪声会严重影响图像质量，因此在进行图像处理任务之前，必须对噪声进行消除。

椒盐噪声一般是在图像传感器、传输信道及解码处理等环节产生的，由亮点（“盐粒”）和暗点（“胡椒粒”）组成。盐噪声（salt noise）表现为高灰度点，而椒噪声（pepper noise）表现为低灰度点。一般情况下，两种噪声同时存在，在图像上表现为黑白杂点，如图 1.5（a）所示。

高斯噪声是指概率密度服从高斯分布的一类图像噪声。在图像采集期间，由于照明光线较弱，或受到极端温度的干扰，此时传感器产生的电信号容易包含高斯噪声。服从高斯分布的噪声点，其对原始强度的改变量，呈现“中间多，两端少”的特点，即大部分噪声点的强度位于中值左右，极端的亮点或暗点较少。图 1.5（b）展示了受到高斯噪声影响的图像。

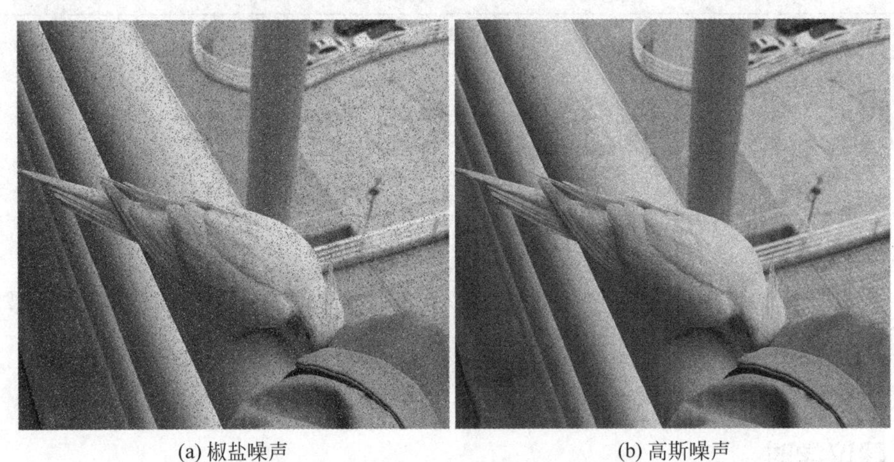

(a) 椒盐噪声　　(b) 高斯噪声

图 1.5　受椒盐噪声影响的图像和受高斯噪声影响的图像

2. 通过中值滤波去除椒盐噪声

中值滤波属于非线性滤波器的一种，其基本操作是使用一个正方形小窗口在图像上滑动，在每个位置，使用小窗口内像素强度的中位数，替代窗口中心的像素强度。如图 1.6 所示，对于一个 3×3 的小窗口，当滑动到如图所示的位置时，首先寻找窗口内部像素强度的中位数。对于像素强度序列［10，15，20，20，200，25，6，30，21］，从小到大排列后是［6，10，15，20，20，21，25，30，200］，所以位于队列中间的中位数是 20。我们将小窗口中心的像素强度替换为 20，实现该像素位置的中值滤波。

中值滤波能有效去除椒盐噪声。从上面的例子可以看到，小窗口中心像素的原始强度是 200，属于强度远高于周围像素的盐噪声点。中值滤波器比较该点的邻域强度，用一个不会过强也不会过弱的中值来替代它。这样，椒盐噪声点被邻域的“正常”像素强度所替代。图 1.7 展示了中值滤波对椒盐噪声的抑制结果。

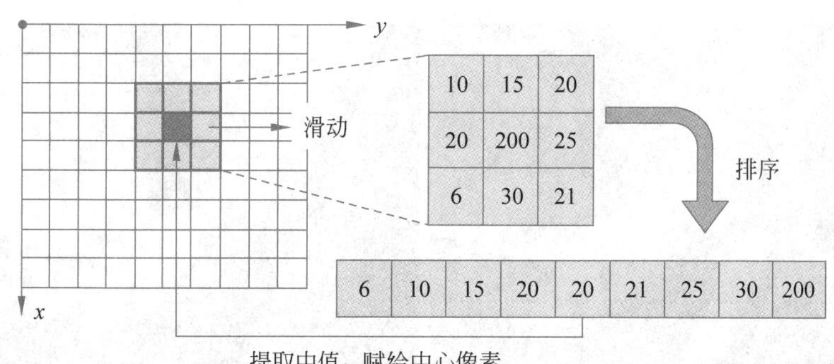

图 1.6　中值滤波原理

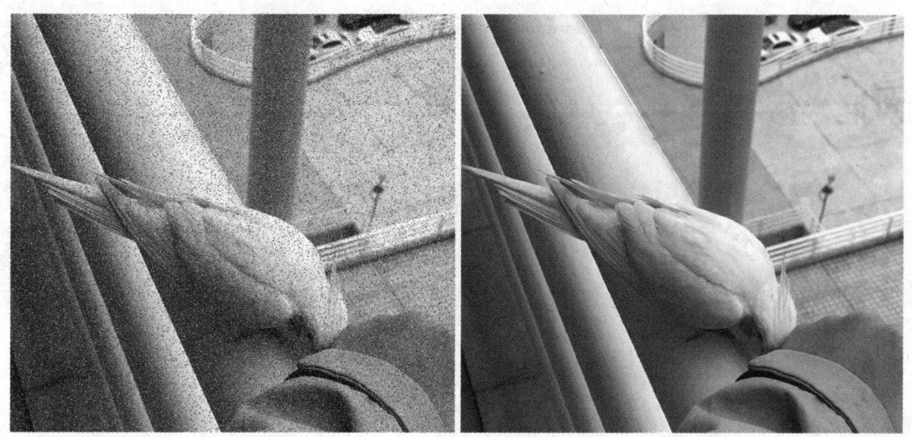
图 1.7　中值滤波对椒盐噪声的抑制结果

3. 通过高斯滤波抑制高斯噪声

高斯滤波属于线性滤波的一种，它的基本操作是对小窗口内的像素强度进行加权求和，进而用计算结果替换位于中心的像素强度。二维高斯函数可以表示为

$$G(x, y)=\frac{1}{2\pi\sigma^2}\mathrm{e}^{-(x^2+y^2)/2\sigma^2} \tag{1.2}$$

式中，x 和 y 分别是像素的横坐标和纵坐标；σ 控制高斯函数的形状：σ 越小，波峰越尖锐，对应滤波范围更小、力度更大。以一个边长为 k 的小窗口为例，加权求和过程可以表示为

$$p'(x, y)=\sum_{s=-k}^{k}\sum_{t=-k}^{k}G(s, t)p(x+s, y+t) \tag{1.3}$$

式中，$p(x, y)$ 和 $p'(x, y)$ 分别为滤波前和滤波后的像素强度，x 和 y 是像素的坐标；$G(s, t)$ 以当前小窗口中心为原点，产生高斯系数，进而与对应位置的原始像素强度相乘，完成加权求和。

使用高斯函数对像素加权平均，意味着将高斯噪声点强度的高低起伏，进行抹平，从而达到抑制这种噪声的目的。然而，这一操作同时也将正常像素进行"抹平"，从而带来图像模糊的副作用。图 1.8 展示了高斯滤波的效果。

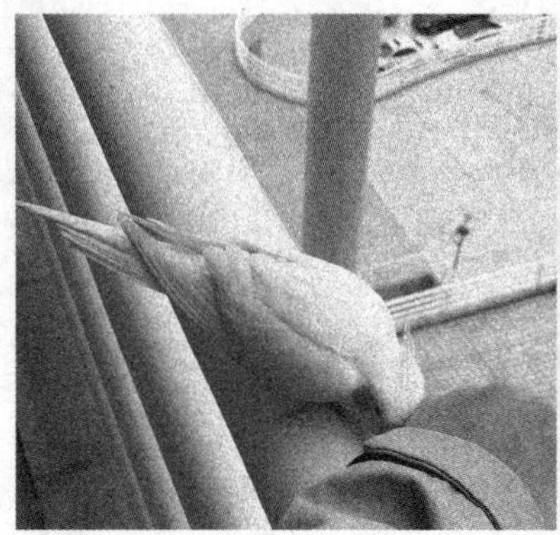
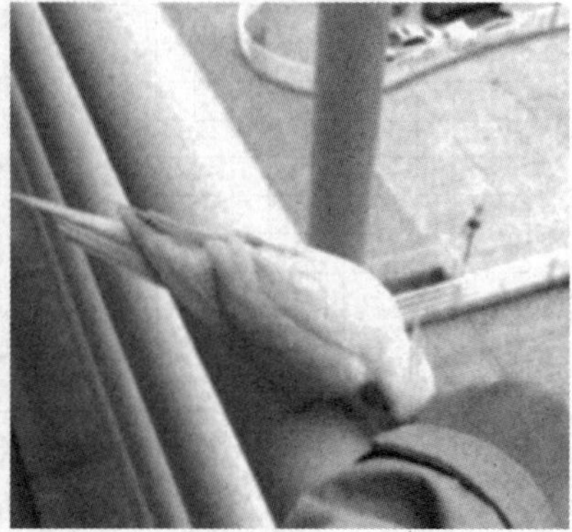

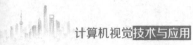

图 1.8　高斯滤波对高斯噪声的抑制结果

任务实施

步骤 1　为原始图像添加椒盐噪声。random.random() 将产生一个 0～1 的随机数。通过设置阈值 th1=0.02，我们将按 0.02 的概率随机将一个像素点置为 0（胡椒噪声），同时按 0.02 的概率将一个像素点置为 255（盐噪声）。具体如代码 1.8 所示。

【**代码 1.8**】为原始图像添加椒盐噪声。

```
import os
import cv2 as cv
import numpy as np
import random
import Matplotlib.pyplot as plt
os.chdir('C:\\Users\\xidao\\Desktop\\t\\')

# 读取原始图像，计算其尺寸
img = cv.imread("1-0.png")
[x,y,z] = img.shape
img_sp = img.copy()                    # 椒盐噪声图像
th1=0.02
th2 = 1 - th1                          # 上下两个阈值

for i in range(0, x):
    for j in range(0, y):
        rdn = random.random()          # 产生一个 [0,1] 的随机数
        if rdn < th1:
            img_sp[i,j,:] = 0          # 若随机数小于 th1，则置为 0
        elif rdn > th2:
            img_sp[i,j,:] = 255        # 若随机数大于 th2，则置为 255

cv.imwrite('1-sp.png', img_sp)         # 保存椒盐噪声图像
```

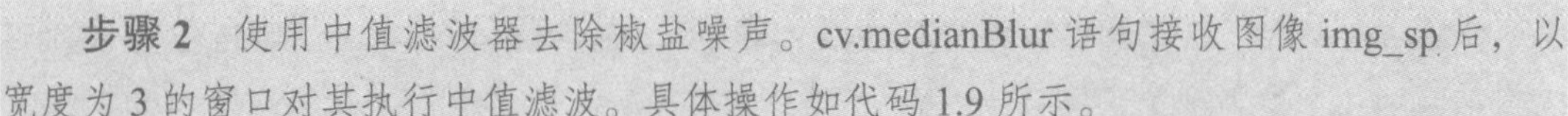

步骤 2 使用中值滤波器去除椒盐噪声。cv.medianBlur 语句接收图像 img_sp 后，以宽度为 3 的窗口对其执行中值滤波。具体操作如代码 1.9 所示。

【代码 1.9】使用中值滤波器去除椒盐噪声。

```
img_sp = cv.imread("1-sp.png")                    # 读取椒盐噪声图像
img_med = cv.medianBlur(img_sp, ksize=3)          # 执行中值滤波，小窗口宽度为 3
cv.imshow("2", img_med)
cv.waitKey(0)                                     # 查看滤波后的图像
cv.imwrite('1-med.png', img_med)                  # 保存滤波后的图像
```

步骤 3 为原始图像添加高斯噪声，具体如代码 1.10 所示。

【代码 1.10】为原始图像添加高斯噪声。

```
img_gs = img.copy()                          # 创建高斯噪声图像
mean=0; var=0.01                             # 设置高斯函数的均值和标准差
im = np.array(img/255, dtype=float) # 为了便于增加噪声，将原始图像归一化至 [0,1]

# 在原始图像范围内，产生高斯噪声
gs_noise = np.random.normal(mean, var ** 0.5, im.shape)
img_gs = im + gs_noise              # 噪声和原始图像叠加

img_gs[img_gs < 0]=0                # 为了防止叠加后出现强度溢出，将小于 0 的像素置为 0
img_gs[img_gs > 1]=1                # 将大于 1 的像素置为 1

img_gs = np.uint8(img_gs*255)  # 将噪声图像强度还原至 [0,255]
cv.imwrite('1-gs.png',img_gs)  # 保存高斯噪声图像
```

步骤 4 使用高斯滤波器抑制高斯噪声。在 cv.GaussianBlur（img_gs,（sz，sz），sig）中，参数（sz，sz）表示滤波窗口的大小。sz 需要设定为奇数。允许两个 sz 不同，从而使滤波窗口成为长方形。sig 表示高斯滤波器的标准差，若将其设置为 0，则程序会自动根据窗口大小确定标准差。具体操作如代码 1.11 所示。

【代码 1.11】使用高斯滤波器抑制高斯噪声。

```
img_gs = cv.imread("1-gs.png")                 # 读取高斯噪声图像
sz = 15
sig = 3                                        # 设置窗口大小 (sz) 和标准差 (sig)
img_gsf = cv.GaussianBlur(img_gs, (sz, sz), sig)          # 执行高斯滤波

# 查看滤波结果
cv.imshow("2", img_gsf)
cv.waitKey(0)
cv.imwrite('1-gsf.png', img_gsf)               # 保存高斯滤波后的图像
```

步骤 5 查看不同高斯参数对滤波效果的影响。通过尝试不同的 sz 与 sig 组合，找到噪声抑制和图像清晰度的平衡点。

任务小结

图像噪声是图像在采集和传输中难以避免的。本任务介绍的去除椒盐噪声和高斯噪声的滤波器，现已经被集成到了相机、摄像机等设备的图像处理器中，成为不可缺少的模块之一。通过学习滤波原理，学生能够对计算机视觉所涉及的数字图像、像素强度、图像噪声等概念有一个初步的了解。

任务自测

滤波方法还有很多，各有不同的功能。请查阅如下相关 OpenCV 函数：medianBlur（中值滤波）、bilateralFilter（双边滤波）、Sobel（高通滤波），掌握这些滤波器的原理与应用场景，最后通过编写程序来实际体验滤波器的功能。

评价表：理解图像去噪的原理

组员 ID		组员姓名		项目组		
评价栏目	任务详情	评价要素	分值	评价主体		
				学生自评	小组互评	教师点评
对两种常见图像噪声来源及去除方式的掌握情况	数字图像产生噪声的原因	是否完全掌握	10			
	椒盐噪声的来源	是否完全掌握	10			
	椒盐噪声的去除方法	是否完全掌握	20			
	高斯噪声的来源	是否完全掌握	10			
	高斯噪声的去除方法	是否完全掌握	20			
掌握熟练度	知识结构	知识结构体系形成	5			
	准确性	概念和基础掌握的准确度	5			
团队协作能力	积极参与讨论	积极参与和发言	5			
	对项目组的贡献	对团队的贡献值	5			
职业素养	态度	是否认真细致、遵守课堂纪律、学习态度积极、具有团队协作精神	3			
	操作规范	是否有实训环境保护意识，实训设备使用是否合规，操作前是否对硬件设备和软件环境检查到位，有无损坏机器设备的情况，能否保持实训室卫生	3			
	设计理念	是否突出以人为本的设计理念	4			
总分			100			

任务1.3 图像边缘增强

任务目标

知识目标：理解数字图像梯度的概念，掌握一阶、二阶导数滤波器等知识点。

能力目标：利用 Python 下的软件包 OpenCV 实现数字图像边缘增强。

建议学时

1 学时。

任务要求

通过将图像的一行像素强度可视化，并计算其一阶导数，理解图像梯度的概念。进一步计算二阶导数，了解两种导数的区别，了解梯度强弱与图像边缘的关系。通过 Python 下的软件包 OpenCV 中的拉普拉斯滤波器，掌握数字图像锐化与细节增强的操作方法。

知识归纳

1. 图像梯度（一阶导数）

梯度概念可以这样理解：人坐在滑梯上，之所以有下滑的趋势，是因为后面比前面要高。滑梯越陡，就越容易往下滑，这个人受到的“梯度”也就越大。对于图像来说，梯子的高度可以类比为图像的强度。如图 1.9 所示，像素强度值大的区域表现为“高山”“高原”，强度值低的部分表现为“山谷”。

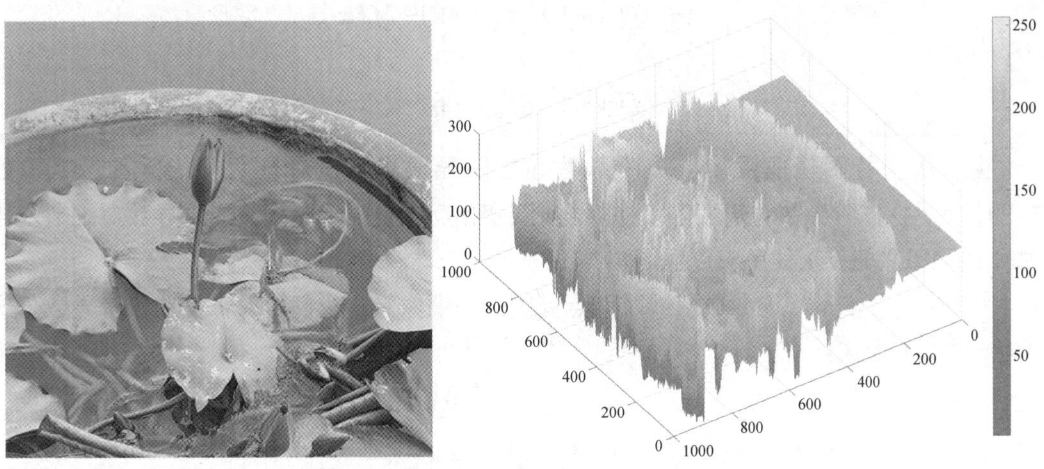

图 1.9 数字图像及其像素强度的可视化效果

如果沿图像某一行提取像素，然后计算前后两个像素的强度差，即可得到行方向上的梯度值：

$$\frac{\partial f}{\partial x}=f(x+1)-f(x) \tag{1.4}$$

此为一阶导数的计算公式。由于图像是二维的，梯度自然也要包括列方向。因此，完整的图像梯度为

$$\boldsymbol{G}(x, y)=\left[\frac{\partial f}{\partial x}, \frac{\partial f}{\partial y}\right] \tag{1.5}$$

式中，$\boldsymbol{G}(x, y)$ 是一个向量，但在实际应用中，我们有时候只关心它有多强，也就是向量 $\boldsymbol{G}(x, y)$ 的模长 $|\boldsymbol{G}(x, y)|$。图 1.10 从左至右依次给出了图 1.9 所示图像的$\frac{\partial f}{\partial x}$、$\frac{\partial f}{\partial y}$和 $|\boldsymbol{G}(x, y)|$。

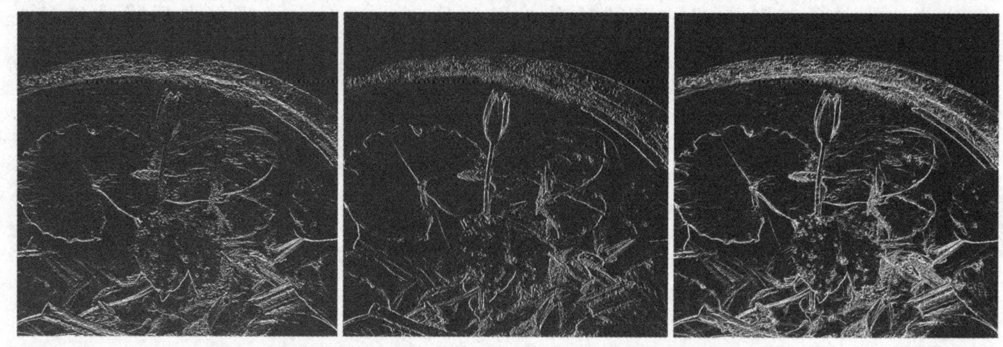

图 1.10 行方向的梯度、列方向的梯度和总体梯度

2. 图像二阶导数与拉普拉斯算子

二阶导数，即在一阶导数基础上，再求一次导数：

$$\begin{cases} \dfrac{\partial^2 f}{\partial^2 x}=f(x+1)+f(x-1)-2f(x) \\ \dfrac{\partial^2 f}{\partial^2 y}=f(y+1)+f(y-1)-2f(y) \end{cases} \tag{1.6}$$

我们从一行图像的强度、一阶导数和二阶导数出发，对比两种梯度的区别。如图 1.11 所示，二阶导数对灰度等级拐点 / 阶跃变化反应更强。此外，二阶导数对细节变化（如细线和孤立的点）的反应更强。

因为求一个点的二阶导数仅涉及该点周围的一圈像素，我们可以将上述二阶导数公式写为滤波器的形式：

$$\begin{bmatrix} 0 & -1 & 0 \\ -1 & 4 & -1 \\ 0 & -1 & 0 \end{bmatrix}$$

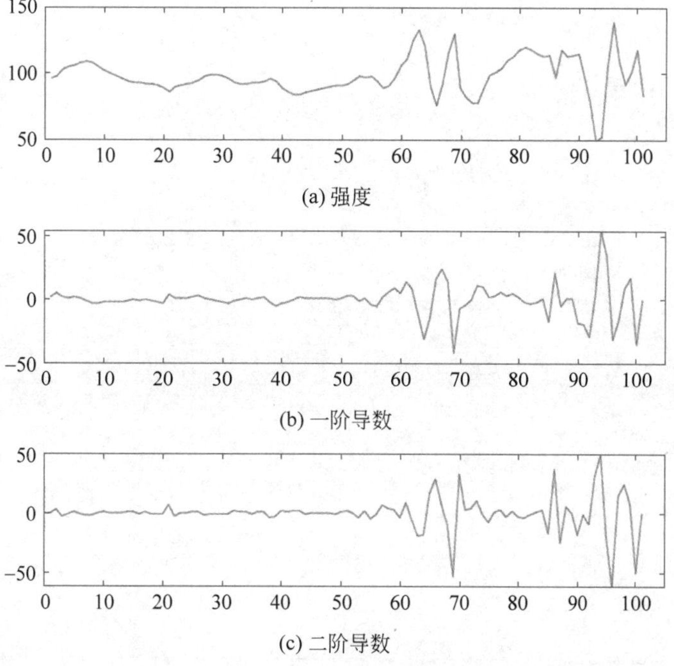

(a) 强度

(b) 一阶导数

(c) 二阶导数

图 1.11　取图像的一行像素，可视化其强度、一阶导数和二阶导数

该滤波器被称为“拉普拉斯滤波器”，通常用于图像锐化。参照任务 1.2 中高斯滤波器的使用方法，对每一个像素执行加权求和，得到滤波后的该点的强度值。图 1.12 展示了用上述滤波器对原始图像的处理结果。

(a) 模糊的灰度图像　(b) 将滤波结果叠加在原始图像　(c) 拉普拉斯滤波结果

图 1.12　滤波器对原始图像的处理结果

任务实施

步骤 1　读取图像，选择其中一行，可视化其强度、一阶导数和二阶导数。plt.subplot(m，n，k)函数可以用来在一个窗口内显示多个子图，其中 m 和 n 表示子图一共有 m 行 n 列，k 表示子图的序号，具体如代码 1.12 所示。

【**代码 1.12**】可视化图像一行像素的强度、一阶导数和二阶导数。

```
import os
import cv2 as cv
import numpy as np
import random
import Matplotlib.pyplot as plt
os.chdir('C:\\Users\\xidao\\Desktop\\t\\')

# 读取原始图像。参数 0 意为读进来的是灰度图像
img = cv.imread("w-1.jpg", 0)
t0 = img[600, 300:400].astype(np.double)
lt = len(t0)

# 计算一阶导数
t1 = t0.copy()
for i in range(0, lt-1):
    t1[i] = t0[i+1] - t0[i]

# 末位未参与计算，置 0
t1[lt-1] = 0

# 计算二阶导数
t2 = t0.copy()
for i in range(1, lt-1):
    t2[i] = t0[i+1] + t0[i-1] - 2*t0[i]

# 二阶导数的首尾均未参与运算，置 0
t2[0] = 0; t2[lt-1] = 0

# 显示强度、一阶导数和二阶导数的曲线
# subplot 中 (3,1,1) 表示共有 3 行 1 列子图。当前子图是第一个
plt.subplot(3, 1, 1)
plt.plot(t0)                # 显示像素强度曲线

plt.subplot(3, 1, 2)
plt.plot(t1)                # 显示一阶导数曲线

plt.subplot(3, 1, 3)
plt.plot(t2)                # 显示二阶导数曲线

plt.show()                  # 显示三个图
```

步骤 2 计算图像的行方向的一阶导数、列方向的一阶导数。cv.filter2D（img, cv.CV_16S, kernelx）可执行滤波操作，其中 kernelx 是预先定义的滤波模板。具体操作如代码 1.13 所示。

【代码 1.13】计算图形的行方向的一阶导数和列方向的一阶导数。

```
# 自定义 x 方向和 y 方向的一阶导数算子
```

```
kernelx = np.array([[-1, 0], [0, 1]], dtype=int)
kernely = np.array([[0, -1], [1, 0]], dtype=int)

# 对图像执行算子，实现求一阶导数
dx = cv.filter2D(img, cv.CV_16S, kernelx)
dy = cv.filter2D(img, cv.CV_16S, kernely)

# 转换为 uint8 格式，便于显示和保存
adx = cv.convertScaleAbs(dx)
ady = cv.convertScaleAbs(dy)

# 显示和保存
cv.imshow("2", adx);
cv.waitKey(0)
cv.imshow("2", ady);
cv.waitKey(0)
cv.imwrite('w-dx.png', adx)
cv.imwrite('w-dy.png', ady)
```

步骤 3 计算图像的整体一阶导数，按照相同的权重将两个方向的梯度相加。cv.addWeighted（adx，0.5，ady，0.5，0）将 adx 和 ady 按各自 0.5 的权重相加，具体操作如代码 1.14 所示。

【代码 1.14】计算图像的整体一阶导数。

```
gxy = cv.addWeighted(adx, 0.5, ady, 0.5, 0)
cv.imshow("2", gxy);
cv.waitKey(0)                          # 显示
cv.imwrite('w-gxy.png', gxy)           # 保存
```

步骤 4 首先使用 cv.GaussianBlur() 对原始图像进行模糊。进而使用 OpenCV 库中的 cv.Laplacian() 对灰度图像进行拉普拉斯滤波处理。具体操作如代码 1.15 所示。

【代码 1.15】对原始图像进行模糊。

```
sz = 5; sig = 2
img_gsf = cv.GaussianBlur(img, (sz, sz), sig)
cv.imwrite('w-gs.png', img_gsf)

# laplacian 算子
t0 = img_gsf.copy().astype(np.double)     # 因为可能存在负数结果，将 img_gsf
                                            转换为 double 类型
t = cv.Laplacian(t0, -1, ksize=3)

# 为了便于显示，将滤波结果归一化至 [0,255]
maxt = np.max(t);  mint = np.min(t)
t2 = (t - mint)/ (maxt-mint) * 255
```

```
cv.imwrite('w-lp.png', t2)                  # 保存拉普拉斯滤波结果
cv.imwrite('w- le.png', img_gsf-t)          # 保存边缘增强结果
```

◆ 任务小结 ◆

二阶导数滤波能对图像中灰度值变化剧烈的区域进行识别，其滤波结果是对图像内物体信息的精炼，可作为特征信息来辅助图像识别、图像匹配等任务。本任务通过一阶导数和二阶导数的求解公式引出拉普拉斯算子，同时也强化了任务 1.2 中关于滤波器实现原理的知识点。

◆ 任务自测 ◆

拉普拉斯滤波器对噪声敏感，即它对孤立像素点的响应要更加强烈（相对于边缘）。因此，对于有噪声的图像，首先应对其去噪，或使用高斯滤波器对其进行平滑。这样，两种滤波器结合使用就是 Laplacian-Gauss（LOG）算子。请尝试对包含高斯噪声的图像进行 LOG 滤波，并与仅使用拉普拉斯算子的效果进行对比。

评价表：理解图像边缘增强的原理

组员 ID		组员姓名		项目组			
评价栏目	任务详情		评价要素	分值	评价主体		
					学生自评	小组互评	教师点评
对数字图像边缘增强方法的掌握情况	数字图像梯度的概念		是否完全掌握	10			
	一阶滤波器的结构		是否完全掌握	10			
	二阶滤波器的结构		是否完全掌握	10			
	使用一阶、二阶滤波器实现图像边缘增强		是否完全掌握	20			
掌握熟练度	知识结构		知识结构体系形成	10			
	准确性		概念和基础掌握的准确度	10			
团队协作能力	积极参与讨论		积极参与和发言	10			
	对项目组的贡献		对团队的贡献值	10			
职业素养	态度		是否认真细致、遵守课堂纪律、学习态度积极、具有团队协作精神	3			
	操作规范		是否有实训环境保护意识，实训设备使用是否合规，操作前是否对硬件设备和软件环境检查到位，有无损坏机器设备的情况，能否保持实训室卫生	3			
	设计理念		是否突出以人为本的设计理念	4			
总分				100			

图像特征提取

项目导读

图像特征提取作为数字图像处理和计算机视觉领域的一个重要研究方向，在科技领域中有着广泛的应用。习近平总书记在党的二十大报告中指出，“推动战略性新兴产业融合集群发展，构建新一代信息技术、人工智能、生物技术、新能源、新材料、高端装备、绿色环保等一批新的增长引擎”，计算机视觉技术作为人工智能的一项核心技术，已经在智能制造、智慧医疗、智慧城市等领域得到广泛应用，助力于国家经济的高质量发展。

图像通常具有大量的冗余信息和噪声，因此如何准确地提取出具有代表性的特征，对后续的图像分析和处理环节来说尤为重要。图像特征通常是一组数值化的描述符，可以反映图像的局部和全局特性，如颜色、纹理、形状等，可以用于图像分类、目标检测、图像匹配等应用。图像特征提取方法通常包括传统的手工设计特征和深度学习自动学习特征。传统的手工设计特征需要对图像进行多次变换和滤波，以提取出不同的特征，如边缘、角点、纹理等。而深度学习自动学习特征则是通过训练神经网络来自动学习图像中的特征，无须手动设计。

本项目主要涉及传统经典图像特征提取方法，内容包括基于霍夫变换的直线和圆特征检测、基于 SIFT 特征点的图像拼接。首先，通过介绍霍夫变换来引入对简单直线和圆形物体的特征提取与检测；然后，在此基础上，引入图像特征点的概念，介绍特征点的作用和选择特征点的标准；最后，通过对 SIFT 特征点的提取、特征向量的获得与匹配，实现两幅图像的拼接。上述任务均提供了 Python 代码，使学生能在自主的练习中掌握实用技术、强化知识体系，同时增强自己动手解决实际问题的信心与积极性。

学习目标

- 掌握霍夫变换的基本原理、基于霍夫变换的直线和圆检测。
- 理解图像特征的概念，了解图像特征好坏的评价标准。
- 了解图像拼接的一般过程。
- 掌握基于 SIFT 特征点的图像拼接算法流程和代码实现。

职业素养目标

- 培养学生善于总结图像中关键信息的能力以及运用特征这一概念实现检测与匹配的思路。
- 利用所学专业知识能够发现问题、针对性地解决问题，提出创新的解决方案。

职业能力要求

- 通过图像特征实现检测与匹配的思路。
- 学会利用 Python 检测图像中的直线和圆形。
- 学会利用 Python 下的软件包 OpenCV 提供的类实现图像拼接。

项目重难点

项目内容	工作任务	建议学时	技能点	重难点	重要程度
图像滤波	任务 2.1　基于霍夫变换的硬币检测	2	基于霍夫特征的直线和圆检测	霍夫变换的原理	★★★☆☆
				直线检测与圆形物体检测方法	★★★★☆
	任务 2.2　基于 SIFT 特征点的图像拼接	2	SIFT 特征点和特征向量	高斯差分金字塔的计算过程	★★★★☆
				SIFT 特征向量的计算与匹配	★★★★☆

任务 2.1　基于霍夫变换的硬币检测

■ 任务目标

知识目标：了解直线和曲线方程在不同参数空间的表示方法，掌握直线的极坐标表示方法、基于霍夫变换的直线检测方法和圆检测方法等知识点。

能力目标：在 Python 下实现硬币检测。

建议学时

2 学时。

任务要求

学习直线方程在平面直角空间和霍夫空间的转换，了解霍夫变换的基本原理。了解极坐标系下的霍夫变换和基于极坐标霍夫变换的直线检测、圆检测。通过改变参数坐标轴，实现基于霍夫变换的硬币检测。

知识归纳

1. 直角坐标系下的霍夫变换

在平面直角坐标系（简称直角坐标系）下，直线的方程可表示为

$$y = ax + b \tag{2.1}$$

式中，a 表示直线的斜率；b 表示直线在 y 轴上的截距。这样，一条直线可以由两个参数（a，b）来描述。如果把 a 和 b 当作自变量，即坐标轴是 a 和 b，那么上述直线在参数坐标系（也称为霍夫空间）内对应一个点（a，b），两种表述方式所对应的信息是一样的。具体情况可参考图 2.1。

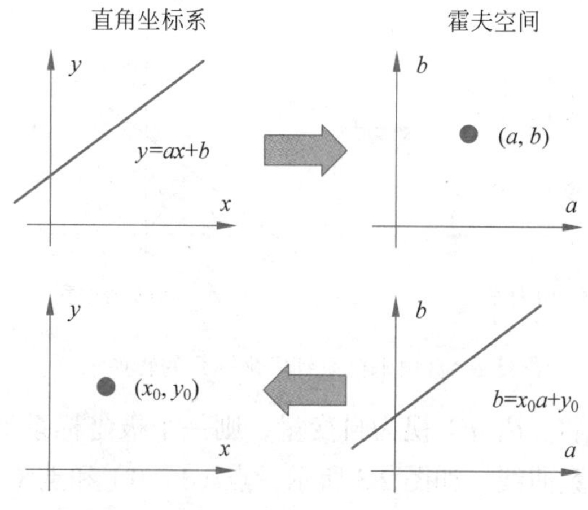

图 2.1 直角坐标系与霍夫空间的转换

可以类比，参数坐标系的一条直线：

$$b = x_0 a + y_0 \tag{2.2}$$

对应直角坐标系里的一个点（x_0，y_0）。更确切地说，对应所有过（x_0，y_0）的直线，如图 2.1 所示。

直角坐标系内的两个点，对应霍夫空间内的两条直线。连接两个点的直线，对应霍夫空间中两条直线的交点。同理，直角坐标系内的三个点若在一条直线上，那它们在霍夫空间中的直线也相交于一点。上述原理引出了通过霍夫变换来检测直线的思路：将直角坐标系下每一个点，转换为霍夫空间的一条直线；若有很多直线相交于一点，说明原图中有很多点共线，那么这在原图中对应一条稳定的直线。通过计算霍夫空间直线相交后的累加值，再寻找极值点，则可以找出原始图像中比较明显的直线模式。

2. 极坐标系下的霍夫变换

如图 2.2 所示，直角坐标系下两个点的横坐标可能相同，为了避免出现斜率无穷大的情况，我们可以将直线方程写为极坐标的形式。如图 2.2 所示，设直线与 x 轴的夹角为 θ'，我们用原点到直线的垂直距离 r 与 θ 来表示（a，b），则

$$\begin{cases} a=\dfrac{\sin\theta'}{\cos\theta'} \\ b=\dfrac{r}{\cos\theta'} \end{cases} \tag{2.3}$$

从图 2.2（b）可以看出，θ 和 θ' 互为补角，故 $\theta'=\theta-90°$，直线的点斜式方程可替换为

$$y=\left(-\frac{\cos\theta}{\sin\theta}\right)x+\frac{r}{\sin\theta'} \tag{2.4}$$

整理后可得

$$r=x\cos\theta+y\sin\theta \tag{2.5}$$

给定一对（θ，r），就能唯一确定一条直线。对于这种极坐标直线方程，若直线垂直于 x 轴，则对应 $\theta=90°$。

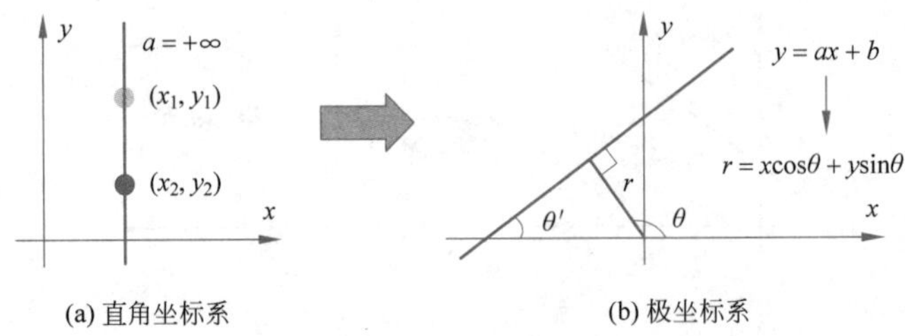

图 2.2　直角坐标系到极坐标系的转换示意

在极坐标系下，若将（θ，r）视为自变量，则一个极坐标系下的点（x，y），对应霍夫空间内的一条三角函数曲线。如图 2.3 所示，点（1，0）和点（2，1）在霍夫空间对应两条三角函数曲线，二者交点对应的（θ，r），正是两点连接线的直角坐标方程的参数。

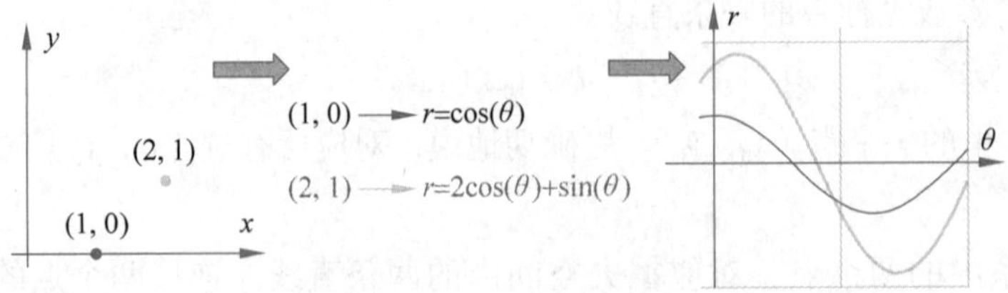

图 2.3　极坐标系与霍夫空间的转换

3. 基于极坐标霍夫变换的直线检测

基于上述分析，极坐标系下位于一条直线上的多个点，在霍夫空间内对应的曲线应相交于一点。如果我们将原始图像中点全部转换为霍夫空间的曲线，则可以通过检查多条直线相交产生的交点，来找出原图中存在的直线。

基于霍夫变换的直线检测方法如下：先对原始图像进行去噪等预处理，使用 Canny 算子提取原图中物体的边缘，再依次将边缘图像中的像素点转换为霍夫空间的曲线，然后累加起来，统计霍夫空间中强度最高的前 20 个点，并将其转换为极坐标下的直线，最后完成直线检测。具体效果如图 2.4 所示。

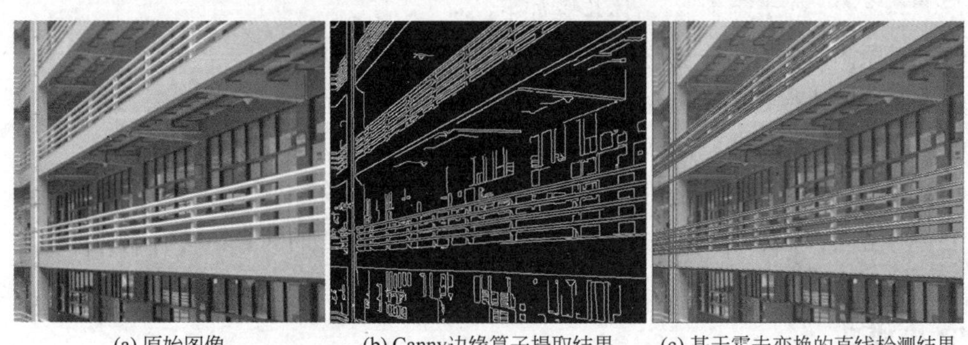

(a) 原始图像　(b) Canny边缘算子提取结果　(c) 基于霍夫变换的直线检测结果

图 2.4　基于霍夫变换的直线检测

小贴士

Canny 算子是一种经典的边缘检测算法，它不仅可以测出边缘的位置和方向，还可以进行非极大值抑制和双阈值处理，使得检测结果更加准确。它的优点是检测效果好，对噪声抗干扰性强，可以得到连续的边缘。缺点是计算量大，实现较为复杂。

4. 基于霍夫变换的圆检测

平面直角坐标系中圆的方程为

$$(x-a)^2+(y-b)^2=r^2 \tag{2.6}$$

式中，(a, b) 为圆心坐标；r 为圆的半径。这个圆在霍夫空间中对应一个三维点 (a, b, r)。若将 (a, b, r) 视为自变量，则直角坐标系下的点 (x_0, y_0) 对应霍夫空间内一个三维圆锥面：

$$(x_0-a)^2+(y_0-b)^2=r^2 \tag{2.7}$$

因此，基于霍夫变换的圆检测的思路与直线检测类似，即首先计算 Canny 边缘，再将边缘图中所有非零点转换为霍夫空间的三维曲面，通过曲面叠加和求取极值，来寻找潜在的圆模式。然而，在三维空间中进行曲面叠加计算量非常大，通常在实际中采用一种优化后的算法，即霍夫梯度法。

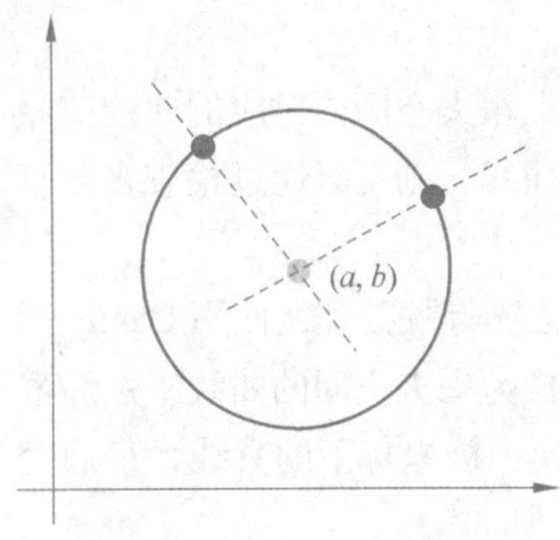

图 2.5　霍夫梯度法确定圆心位置

霍夫梯度法的基本原理是首先估计圆心，再估计半径。圆心的估计基于如下事实：如果一个点属于一个圆，那么这个圆的圆心在过这一点的法向量上。如图 2.5 所示，对于每一个可能属于圆的点，我们计算其图像梯度（即法向量），然后将这条直线累加在一个圆心空间 $N(a, b)$ 上。如果有多个点属于同一个圆，那么过这些点的梯度线，应该交于一点。最后，统计 $N(a, b)$ 空间中的局部极大值点，就是潜在的圆心的位置。估计圆心的具体步骤如下。

（1）对原图执行 Canny 边缘检测，得到二值的边缘图像。

（2）对原图执行 Sobel 算子，计算每一个点的梯度向量。

（3）初始化霍夫圆心空间 $N(a, b)=0$。

（4）过每一个边缘点，沿对应梯度向量做直线，累加在空间 $N(a, b)$ 上。

（5）对空间 $N(a, b)$ 内的点进行强度排序，找出潜在的圆心。

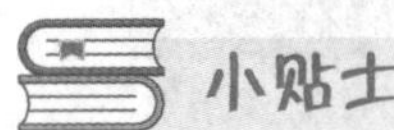

Sobel 算子是一种基于梯度的边缘检测算法。它的优点是简单易实现，可以检测出边缘的粗细和方向。缺点是对噪声比较敏感，而且在边缘方向发生变化的地方，检测结果可能不连续。

确定圆心后，继续确定圆的半径，具体操作如下。

（1）计算所有 Canny 边缘点到圆心的距离。

（2）初始化霍夫半径空间 $N(r)=0$。

（3）将边缘点到圆心的距离累加在空间 $N(r)$ 上。

（4）对空间 $N(r)$ 内的点进行强度排序，找出最有可能的半径值。

将上述方法应用于硬币检测的效果如图 2.6 所示。

(a) 原始图像　　(b) 检测结果

图 2.6　基于霍夫圆变换的硬币检测结果

任务实施

步骤 1 读取阳台栏杆图像，提取 Canny 边缘。提取边缘用到了 cv.Canny()，该函数有三个参数，分别是待处理图像（本任务中是一幅灰度图像）、阈值 1 与阈值 2。其中，阈值 1 用来控制边缘连接，阈值 2 用来控制强边缘的初始分割。具体操作如代码 2.1 所示。

【代码 2.1】读取阳台栏杆图像，提取 Canny 边缘。

```
import os
import cv2 as cv
import numpy as np
import Matplotlib.pyplot as plt
os.chdir('C:\\Users\\xidao\\Desktop\\t\\')

img = cv.imread('h-0.jpg')
gray = cv.cvtColor(img,cv.COLOR_BGR2GRAY)

# Canny 算子提取边缘
edges = cv.Canny(gray,80,220)
```

步骤 2 执行霍夫直线检测。该操作使用了 cv.HoughLines()，其输入参数分别为待处理图像、r 轴的分辨率、θ 轴的分辨率、判定直线的阈值。最后一个阈值参数的含义是，若霍夫空间内一个点的累加值超过该阈值，则判定该点对应一条直线。cv.HoughLines() 的输出 lines 是一个维度为［n，1，2］的矩阵，其中 n 表示检测出的直线的条数，最后两个维度存储每一条直线的 r 和 θ 参数。具体操作如代码 2.2 所示。

【代码 2.2】执行霍夫直线检测。

```
# Hough transform--line
lines = cv.HoughLines(edges, 1, np.pi/180, 160)
lines1 = lines[:,0,:]
```

步骤 3 创建原始图像的副本，在副本上叠加显示检测出的直线。直线绘制用到了函数 cv.line()，其输入分别是画布图像、两个基准点的坐标、直线的颜色和所绘制直线的宽度。执行后，将在画布图像上，将两个基准点用一条线段连接。具体过程如代码 2.3 所示。

【代码 2.3】创建原始图像的副本，在副本上叠加显示检测出的直线。

```
img2=img.copy()
cc=0                                    # 设置显示直线的条数


for rho,theta in lines1[:]:
```

```
    if cc>=30:
        break              # 仅显示前 30 条比较显著的直线检测结果

    # 每次循环计数加一
    cc+=1

    # 套用公式，计算原点到检测到的直线距离最近的点 (x0,y0)
    a = np.cos(theta)
    b = np.sin(theta)
    x0 = a*rho
    y0 = b*rho

    # 分别计算这条直线上，到 (x0,y0) 点距离为 1000 的两个点 (x1,y1) 和 (x2,y2)，以便于
    # 绘制直线
    x1 = int(x0 + 1000*(-b))
    y1 = int(y0 + 1000*(a))
    x2 = int(x0 - 1000*(-b))
    y2 = int(y0 - 1000*(a))

    # 直线绘制
    cv.line(img2, (x1,y1), (x2,y2), (255,0,0), 1)
```

步骤 4 显示处理结果，具体操作如代码 2.4 所示。

【代码 2.4】显示处理结果。

```
# 显示原始图像
plt.subplot(131), plt.imshow(img,)
plt.xticks([]),plt.yticks([])

# 显示 Canny 边缘处理图像
plt.subplot(132), plt.imshow(edges,)
plt.xticks([]),plt.yticks([])

# 显示直线检测结果
plt.subplot(133), plt.imshow(img2,)
plt.xticks([]),plt.yticks([])
plt.show()
```

步骤 5 读取硬币图像，将其转换为灰度模式。对其进行高斯模糊处理，以避免复杂的背景纹理对检测的干扰。具体操作如代码 2.5 所示。

【代码 2.5】读取硬币图像，将其转换为灰度模式。

```
img = cv.imread('h-c.jpg')
gray = cv.cvtColor(img,cv.COLOR_BGR2GRAY)    # 灰度图像
```

```
# 设置高斯核函数，执行高斯滤波
sz = 5
sig = 2
gray2 = cv.GaussianBlur(gray, (sz, sz), sig)
```

步骤 6 使用 cv.HoughCircles( ) 执行霍夫梯度算法，实施圆检测。cv.HoughCircles( ) 的每个输入参数的含义如下。

- gray2：待检测的图像。
- cv.HOUGH_GRADIENT：即霍夫梯度算法。
- dp：图像分辨率与累加器分辨率之比。若 dp=1，则累加器与输入图片有相同的分辨率；若 dp=2，累加器的宽度和高度只有输入图片一半。
- minDist：被检测到的圆心之间的最小距离。
- param1：传递给 Canny 边缘检测的两个阈值中的高阈值，低阈值默认为它的一半。这意味着 cv.HoughCircles( ) 已经在内部整合了边缘提取操作。
- param2：检测阶段圆心的累加器阈值，该值越小，越多错误的圆将被检测出来。
- minRadius 和 maxRadius：需要检测圆的最小半径和最大半径。

具体操作如代码 2.6 所示。

【代码 2.6】执行霍夫梯度算法，实施圆检测。

```
# Hough transform--circle
circles1 = cv.HoughCircles(gray2, cv.HOUGH_GRADIENT, dp=1, minDist=40,
param1=130, param2=45, minRadius=20, maxRadius=120)

# 提取有用信息后，四舍五入，取整
circles = circles1[0, :, :]
circles = np.uint16(np.around(circles))
```

步骤 7 创建图像副本，作为画布来显示圆检测结果。cv.circle( ) 的功能是画圆，其输入参数分别为画布、圆心坐标、半径、颜色和圆线的粗细。具体操作如代码 2.7 所示。

【代码 2.7】创建图像副本，作为画布来显示圆检测结果。

```
img2 = img.copy()
cc=0
for i in circles[:]:
    if cc>=15:
        break              # 取前 15 个最显著的检测结果
    cv.circle(img2, (i[0], i[1]), i[2], (255, 0, 0), 5)            # 画圆
    cv.circle(img2, (i[0], i[1]), 2, (255, 0, 255), 10)            # 画圆心
    cc+=1                  # 每次循环后，计数器加一
```

步骤 8 显示圆检测结果。具体操作如代码 2.8 所示。

【代码 2.8】显示圆检测结果。

```
# 显示原始图像
plt.subplot(121), plt.imshow(img,)
plt.xticks([]),plt.yticks([])

# 显示直线检测结果
plt.subplot(122), plt.imshow(img2,)
plt.xticks([]),plt.yticks([])
plt.show()
```

◆ 任务小结 ◆

在很多计算机视觉任务中，需要快速地检测图像中的直线和圆形等具有明确参数方程的目标，而霍夫变换正是检测这些目标的常用手段。该方法引入了参数空间的概念，将现实中的直线/圆简化为霍夫空间内的一个点（或一个三角函数曲线），通过对直线或曲线的累加得到最显著的目标模式。通过介绍霍夫变换原理，结合两个实际的目标检测任务，让学生对计算机视觉任务中的图像特征检测有一个初步的了解。

◆ 任务自测 ◆

霍夫圆检测不仅可以检测硬币，理论上还可以检测任何圆形的物体。请尝试查找汽车车轮、人眼眼球、调料罐等包含圆形物体的图片，并通过调节 cv.HoughCircles() 的各项输入参数，实现对圆形物体的检测。

评价表：理解基于霍夫变换的物体检测原理

组员 ID		组员姓名	项目组			
评价栏目	任务详情	评价要素	分值	评价主体		
				学生自评	小组互评	教师点评
对霍夫变换直线和圆检测的掌握情况	直线和曲线参数方程	是否完全掌握	10			
	霍夫空间的概念	是否完全掌握	10			
	直线的极坐标表示方法	是否完全掌握	10			
	霍夫直线检测	是否完全掌握	20			
	霍夫圆检测	是否完全掌握	20			
掌握熟练度	知识结构	知识结构体系形成	5			
	准确性	概念和基础掌握的准确度	5			

续表

评价栏目	任务详情	评价要素	分值	评价主体		
				学生自评	小组互评	教师点评
团队协作能力	积极参与讨论	积极参与和发言	5			
	对项目组的贡献	对团队的贡献值	5			
职业素养	态度	是否认真细致、遵守课堂纪律、学习态度积极、具有团队协作精神	3			
	操作规范	是否有实训环境保护意识，实训设备使用是否合规，操作前是否对硬件设备和软件环境检查到位，有无损坏机器设备的情况，能否保持实训室卫生	3			
	设计理念	是否突出以人为本的设计理念	4			
总分			100			

任务 2.2 基于 SIFT 特征点的图像拼接

任务目标

知识目标：掌握特征点的概念、特征选择标准、特征点提取方法、特征点匹配方法及图像拼接等知识点。

能力目标：在 Python 下实现自然图像拼接。

建议学时

2 学时。

任务要求

通过引入图像拼接的应用场景，了解图像拼接的一般步骤。学习图像特征点的概念、特征选择标准及 SIFT 特征点提取方法。最后通过对两幅图像中 SIFT 特征点的匹配，实现两幅图像的拼接。

知识归纳

1. 图像拼接原理

在拍摄集体照时，如果一次拍照不足以把所有人都拍到，就需要在不同位置拍多张照片，然后将这些照片拼接起来。如图 2.7 所示，图像拼接的一般流程是：①待拼接图像获取；②特征点提取；③特征点匹配；④基于匹配点的图像形变与融合。

(a) 待拼接图像获取

(b) 特征点提取

(c) 特征点匹配

(d) 基于匹配点的图像形变与融合

图 2.7　图像拼接的一般流程

现在考虑最简单的情况：两幅待拼接的图像仅有位置的平移。此时，仅需在两幅图像中各找一个相同的点（如建筑物的尖角），然后将这两个点对齐，就能实现图像的拼接。然而，两次拍摄时的相机不仅存在位置的差异，还可能存在旋转、拍摄角度，甚至时间的差异。这样，为了达成图像拼接的目的，需要选择更多的两幅图像中能对应的点。这种能用于图像拼接的、两幅图像上都有的对应点，叫作特征点。当等待拼接的图像数量很多时，手动选择特征点就显得费时费力了。因此，人们开发了许多全自动的特征点提取算法。本任务选择 SIFT（scale invariant feature transform，尺度不变特征变换）作为特征点的自动提取算法。

在两幅图像中提取到各自的特征点，还需要将这些点对应起来，这样才能根据匹配的点进行图像扭曲和融合。能相互匹配的特征点，对应两幅图像中相同的物理位置。若用一个"特征向量"来描述特征点，那么能相互匹配的特征点的特征向量，应该是相似的。实践中，我们可以通过计算两个特征向量的欧氏距离来判断相似性。

相片是将三维空间的信息投影在二维平面上得到的。根据相机的位置、角度不同，拍出的相片间存在诸如平移、旋转、斜切、畸变等差异。现在有了相互匹配的特征点，我们可以根据这些匹配关系，确定两幅待拼接图像之间的变换。这种变换可用一个矩阵来描述。因此，图像拼接的最后一步，就是根据成对的特征点，确定变换矩阵，然后将其中一幅图像变换到另一幅图像的二维坐标系内。

2. 特征点选择标准

"特征点"中的"特"字，已经说明了这个点应该是独特的、有区分度的。这样，在两幅图像中才能找到一样的配对点。寻找图像的局部极大值或极小值点，是一种简单而有效的选择特征点的思路。因为我们要在两幅图像寻找成对的特征点，那么图像的缩放、旋转、形变、光照变化，不应影响特征点的提取。换句话说，特征点应该是稳定的。最后，作为一种实用的程序，特征点的计算应该是高效的。总结起来，一个好的特征点应该具备如下性质：①独特、有区分度；②对图像变形和光照变化稳定；③容易计算。

3. SIFT 特征点提取

SIFT 算法是选择图像的局部极值点作为特征点。由于图像中有区分度的点所对应的实际物体是有大有小的，SIFT 为了找到各种有价值的特征点，需要先创建这幅图像的多尺度高斯差分金字塔（简称多尺度金字塔）。

多尺度金字塔即对原始图像进行多次缩小，形成一个金字塔形的数据结构，如图 2.8 所示。这样，缩小后图像上的大目标，变得与原图像上的小目标一样大。这将允许算法使用同一种尺寸的检测器检测所有有价值的目标。

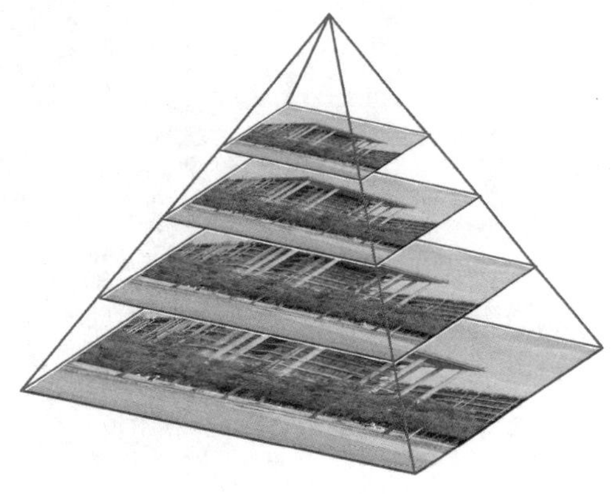

图 2.8 多尺度金字塔示意

SIFT 算法是在原始图像的边缘图上寻找局部极值点，而并非在原始图像上寻找。边缘图能更好地描述目标的形状，可以看作对原始图像的信息提纯。SIFT 算法通过高斯差分的方式计算待拼接图像的边缘图：

$$\text{edge} = I - \text{Gaussian}(I) \tag{2.8}$$

式中，I 和 edge 分别是输入图像和边缘图像；Gaussian（I）表示对 I 进行高斯平滑滤波，其公式为

$$G(x, y) = \frac{1}{2\pi\sigma^2} e^{-\frac{x^2+y^2}{2\sigma^2}} \tag{2.9}$$

式中，σ 控制模糊的程度，σ 越大，模糊效果越明显。Gaussian（I）相当于图像的低频成分，对应灰度变换不大的均匀色块。将低频成分从原图中去除，得到的是图像的高频成分，也就是目标的边缘。用高斯差分的方式提取物体边缘的效果如图 2.9 所示。

(a) 高斯模糊图像

(b) 灰度图像

(c) 高斯差分图像

图 2.9　用高斯差分的方式提取物体边缘的效果

对多尺度金字塔的每一层，SIFT 算法以不同的参数 σ 执行多次高斯模糊，从而得到多张差分图像（见图 2.10）。金字塔的每一层均产生 5 张高斯模糊图像，其参数分别为 $k\sigma$，$k^2\sigma$，$k^3\sigma$，$k^4\sigma$，$k^5\sigma$，k 为比例系数。

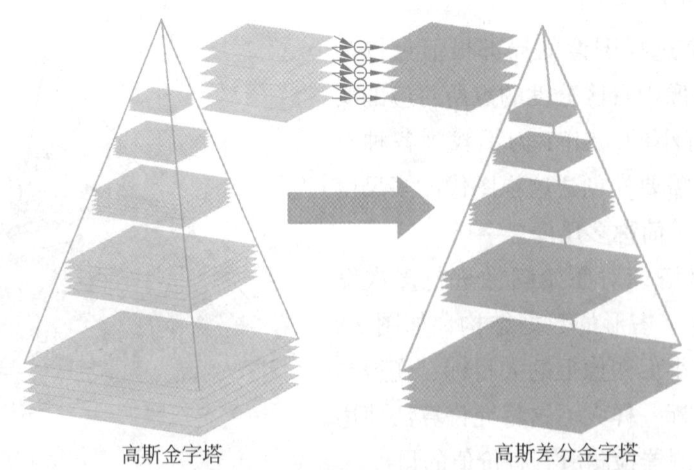

图 2.10　高斯差分金字塔示意

在高斯差分金字塔上选择局部极值点。对于一个像素，考察它的8邻域以及上下两层中3行3列的像素点（共计 $9\times3-1=26$（个））的灰度值。如果这个像素点的灰度值比另外26个临近点都大/小，说明该点是一个局部极大/小值点。找到极值点后，还应对其进行筛选。因为图像是对现实物体的离散采样，通过上述方法找到的极值点，可能并不是连续空间的极值点，而是一个灰度值非常高/低的噪声点。为此，SIFT算法会在候选的极值点处进行曲线拟合，将局部曲率非常不对称的点删除。这样，就完成了图像拼接的特征点的提取。

4. SIFT 特征向量计算

为了进行图像拼接，需要将两幅待拼接图像里的特征点进行配对。此处，我们通过"特征向量"这一概念来描述一个特征点的特点。对于两个能相互匹配的特征点，它们所对应的物理位置是相同的，它们的特征向量也应该是相似的。通过计算两个向量的欧氏距离，我们可以判断两个特征点的相互匹配的程度。

SIFT算法对特征向量的计算分两步。

第一步，寻找特征点位置的"主方向"，如图2.11所示。"主方向"就是特征点附近一个半径为 4.5σ 的圆形邻域内，统计最常出现的梯度方向。在统计时，邻域中每个位置的梯

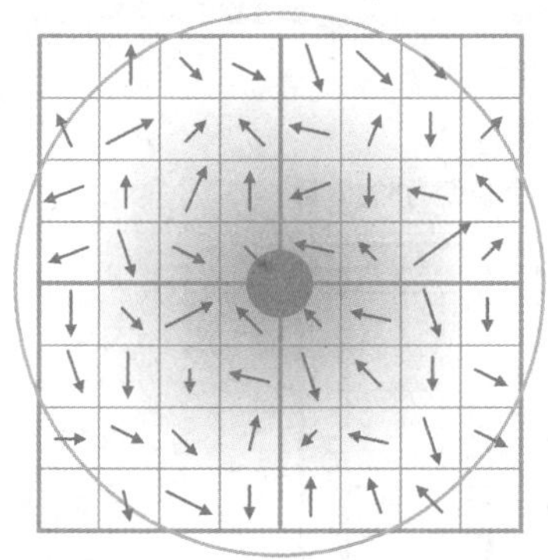

(a) 计算特征点附近8×8邻域内的梯度

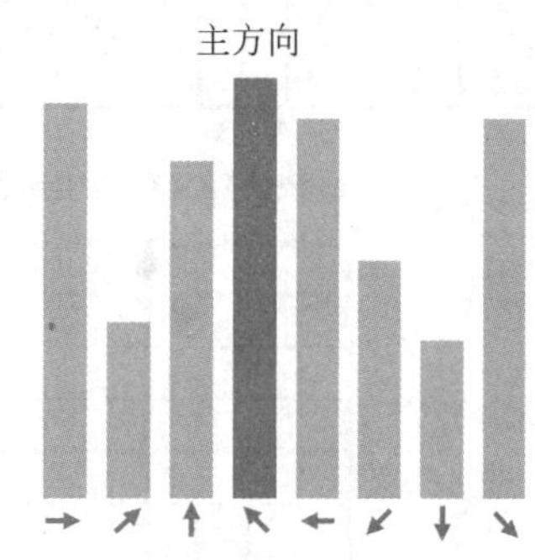

(b) 统计梯度的方向，选择出现频率最高的主方向

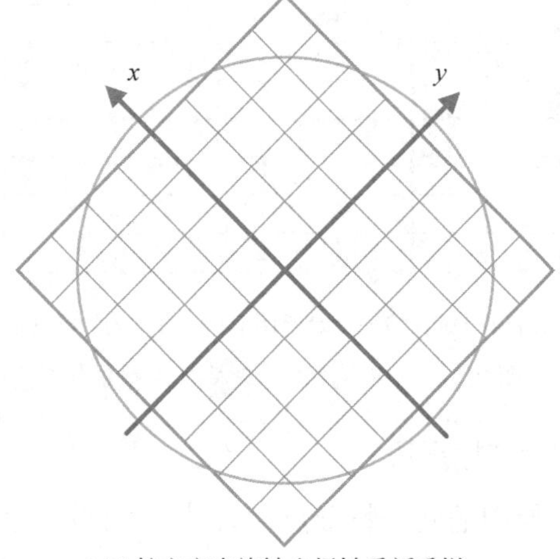

(c) 按主方向旋转坐标轴重新采样

图2.11　SIFT算法计算特征向量的第一步

度值会附加一个高斯系数，从而使距离特征点近的梯度权重更大。这个高斯系数的方差设置为 1.5σ。找到主方向后，将坐标轴旋转至主方向，重新采集特征点附近的梯度信息。按主方向将坐标轴旋转，可减少 SIFT 特征向量对方向的敏感度，从而具有一种更加鲁棒的特征。

第二步，统计特征点附近的梯度信息，将其整合为一个特征向量。如图 2.12 所示，对于一个 4 × 4 方格，我们统计 8 个方向的梯度值。对每个特征点，SIFT 统计附近 16 个方格的梯度信息。因此，SIFT 特征向量的长度为 8 × 16 = 128。

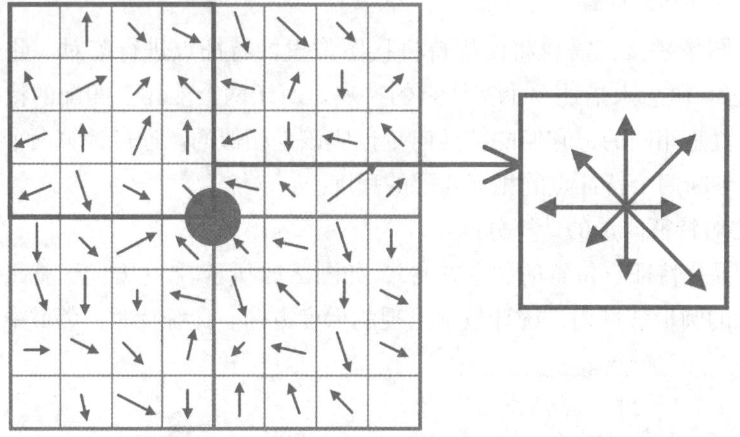

(a) 统计4×4范围的梯度信息，得到一个长度为8的向量

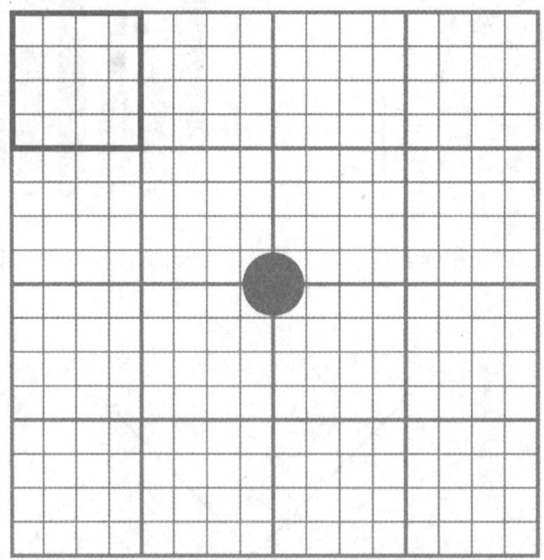

(b) SIFT统计特征点附近16个4×4方格内的梯度信息

图 2.12 SIFT 算法计算特征向量的第二步

5. SIFT 特征点匹配与图像拼接

对于分别位于两幅图像中的两个特征点，若其特征向量之间的欧氏距离越小，则这两个点属于相同物体（即能够相互匹配）的概率就越大。特征空间内两个特征向量的欧氏距

离，等于向量差的模长。为了找到图像 1 中特征点 p_1 只在图像 2 中的匹配点，先计算特征向量 $\boldsymbol{v}_1$ 与图像 2 中所有特征向量的距离。最后，选择距离最近的且距离小于一定预设长度的特征点，作为 p_1 的匹配点。

根据相互匹配的特征点，将待匹配的图像 2 进行位移、旋转、缩放、拉伸、扭曲等操作，将其转换到与图像 1 相同的坐标轴上。最后，将两幅图像相同的部分对齐，实现图像拼接。

任务实施

步骤 1 读取待匹配的两幅图像，将其合并为一个数组。随后，直接调用 OpenCV 的 Stitcher 类实现图像拼接。Stitcher 类整合了上述特征点提取、特征向量计算、特征点匹配和图像形变等操作。具体操作如代码 2.9 所示。

【代码 2.9】读取待匹配的两幅图像，将其合并为一个数组。

```
import os
import sys
import numpy as np
import cv2 as cv
import Matplotlib.pyplot as plt
os.chdir('C:\\Users\\xidao\\Desktop\\t\\')

# imgPath 为图片所在文件夹的相对路径
imgPath = 'C:\\Users\\xidao\\Desktop\\t\\sift\\'
imgList = os.listdir(imgPath)
imgs = []

for imgName in imgList:
    pathImg = os.path.join(imgPath, imgName)
    img = cv.imread(pathImg)
    if img is None:
        print(" 图片不能读取 :" + imgName)
        sys.exit(-1)

    # append() 能将多个数组拼接起来
    imgs.append(img)

# 调用 Stitcher 类，执行图像拼接
stitcher = cv.Stitcher.create(cv.Stitcher_PANORAMA)
_result, img12 = stitcher.stitch(imgs)

# 保存拼接结果
cv.imwrite('C:\\Users\\xidao\\Desktop\\t\\p12.png', img12)
```

步骤 2 单独计算图像的高斯差分图像。具体操作如代码 2.10 所示。

【代码 2.10】单独计算图像的高斯差分图像。

```
# 原始图像读取。此处将图像类型变为 double，目的是方便未来存储负数的灰度值
im1 = cv.imread('sift\\p1.png')
im1 = (im1[:,:,0]).astype(np.double)

# 首先对原始图像进行高斯模糊处理
sz = 8
sig = 3
im2 = cv.GaussianBlur(im1, (sz, sz), sig)

# 执行高斯差分。即原始图像减去模糊后的图像
im3 = im1 - im2

# 对高斯差分图像进行灰度值归一化
t1=np.min(im3)                     # 分别计算高斯差分图像的最小值和最大值
t2=np.max(im3)
im3 = (im3-t1)/(t2-t1) * 255    # 归一化至 [0,255]

# 保存高斯差分图像
cv.imwrite('test\\s1-DOG.png', im3)
```

步骤 3 单独提取 SIFT 特征点和特征向量。此处通过 OpenCV 提供的 xfeatures2d 类来实现。具体操作如代码 2.11 所示。

【代码 2.11】单独提取 SIFT 特征点和特征向量。

```
sift = cv.xfeatures2d.SIFT_create()
img1 = cv.imread('sift\\p1.png')    # 读取两幅待匹配的图像
img2 = cv.imread('sift\\p2.png')

# 获取每一幅图像的特征点及 SIFT 特征向量
# 返回值 tp 包含 SIFT 特征的方向、位置、大小等信息
# des 的 shape 为 (sift_num, 128), sift_num 表示图像检测到的 SIFT 特征数量
(tp1, des1) = sift.detectAndCompute(img1, None)
(tp2, des2) = sift.detectAndCompute(img2, None)

# 在原始图像上绘制特征点，用紫色圆圈表示
sift_1 = cv.drawKeypoints(img1, tp1, im1, color=(255, 0, 255))
sift_2 = cv.drawKeypoints(img2, tp2, im2, color=(255, 0, 255))

# 保存绘制结果
cv.imwrite('sift_1.png', sift_1)
cv.imwrite('sift_2.png', sift_2)
```

步骤 4 对两幅图像的特征点进行匹配。此处使用了 OpenCV 的 BFMatcher 类提供的 *K* 近邻算法。具体操作如代码 2.12 所示。

【代码 2.12】对两幅图像的特征点进行匹配。

```
# 调用 BFMatcher 类，对特征向量集合 des1 和 des2 进行匹配
bf = cv.BFMatcher()
matches1 = bf.knnMatch(des1, des2, k=2)

# 调整 ratio 的数值。若对匹配精度要求较高，可适当降低 ratio 数值
# 若待匹配的特征点数量较多，则可适当提高 rario 数值
# 一般情况下可设置 ratio 为 0.5
ratio1 = 0.5
good1 = []

# 如果最接近和次接近的比值大于一个预设的数值，那么保留这个最接近的值，并将其设置为匹
# 配点
for m1, n1 in matches1:
        if m1.distance < ratio1 * n1.distance:
            good1.append([m1])

# 将相互匹配的特征点用线连接起来，保存匹配结果
match_result1 = cv.drawMatchesKnn(img1, tp1, img2, tp2, good1, None, 
flags=2)
cv.imwrite("sift_match.png", match_result1)
```

任务小结

由于单一相机无法满足拍摄全景照片的需求，图像拼接技术应运而生。图像拼接的关键在于提取和匹配两幅图像中的特征点。本任务介绍了 SIFT 特征点和特征向量的提取方法，并在此基础上讲解了两幅图像特征点的匹配与图像的拼接。读者通过在 Python 中实际体验图像拼接，提高了动手解决实际问题的能力，同时也加深了对理论知识的理解和掌握。

任务自测

上述图像拼接代码仅适用于两幅图像的拼接。实际上，获得一张完整的全景照片，往往需要将多幅图像拼接在一起。请拍摄所在学校建筑物的多幅照片（相邻拍摄顺序的照片之间要有一定的重叠），然后尝试通过串联的方式将这些照片拼接在一起，生成一幅全景照片。

评价表：理解基于 SIFT 特征点的图像拼接原理

组员 ID		组员姓名		项目组			
评价栏目	任务详情	评价要素		分值	评价主体		
					学生自评	小组互评	教师点评
对基于 SIFT 特征的图像拼接的理解情况	数字图像特征点的概念	是否完全掌握		10			
	特征点的选择标准	是否完全掌握		10			
	SIFT 特征点提取方法	是否完全掌握		20			
	基于 SIFT 特征点的图像拼接方法	是否完全掌握		20			
掌握熟练度	知识结构	知识结构体系形成		10			
	准确性	概念和基础掌握的准确度		10			
团队协作能力	积极参与讨论	积极参与和发言		5			
	对项目组的贡献	对团队的贡献值		5			
职业素养	态度	是否认真细致、遵守课堂纪律、学习态度积极、具有团队协作精神		3			
	操作规范	是否有实训环境保护意识，实训设备使用是否合规，操作前是否对硬件设备和软件环境检查到位，有无损坏机器设备的情况，能否保持实训室卫生		3			
	设计理念	是否突出以人为本的设计理念		4			
总分				100			

项目3

图像识别

项目导读

当下科技飞速发展，在全球科技竞争中，各国角逐的焦点在于国家战略科技力量。党的二十大报告提出“强化国家战略科技力量”，让所有人再次看到了党中央建设世界科技强国的坚定决心。近几年来，越来越多图像识别技术的应用场景出现在人们的生产生活中，以新一代信息技术、人工智能为代表的增长引擎被写入党的二十大报告中。举例来说，在医学影像识别领域，图像识别技术可以应用于疾病诊断、影像分析等方面，比如利用图像识别技术对乳腺X光影像进行分析，可以辅助医生快速诊断病人是否患有乳腺癌等。

图像识别是将图像转换成计算机可以理解的信息，帮助计算机识别图像中的物体、场景、文字、人脸等信息，并将它们进行分类和标记的人机交互技术。图像识别技术有许多应用，例如：物体识别是将图像中的物体识别和分类，如将图中的猫和狗区分开来；人脸识别是将人脸图像和数据库中的人脸进行比对，来实现身份识别和身份验证等任务；医学图像分析是将医学图像中出现的异常识别出来；自动驾驶是利用摄像头和传感器捕捉实时画面，并自动检测和分类道路上的车辆、行人、交通标志等物体。图像识别技术的应用和发展已经在各个领域产生了重要影响，带来了许多创新。随着计算机技术的不断发展，图像识别技术将在未来继续发挥不可替代的作用。

学习目标

- 了解图像识别技术的应用场景和实现方法。
- 理解图像识别技术的基本原理和算法，如逻辑回归，卷积神经网络架构等。
- 学会如何应用图像识别技术解决实际问题。

 职业素养目标

- 培养学生自我提升的能力，不断更新和掌握最新的技术和算法，保持对图像识别技术的领先理解和应用。
- 利用所学的知识，能够在实际应用中发现问题、解决问题，帮助人们实现更加智能化、便捷化和安全化的生活。

职业能力要求

- 具备一定的数学思维和编程能力：图像识别技术的基础是数学和计算机科学，需要有较强的数学思维和编程能力。
- 具备数据分析和处理能力：图像识别技术需要大量的数据支持，需要学会对数据进行分析和处理。
- 掌握理论知识和项目实践：通过项目实践将理论知识应用到实际问题上。

项目重难点

项目内容	工作任务	建议学时	技能点	重难点	重要程度
图像识别	任务 3.1　基于逻辑回归的手写数字识别	2	逻辑回归模型的搭建及训练	理解逻辑回归模型的原理，并会用 PyTorch 实现	★★★★★
				利用 Matplotlib 可视化数据和模型性能	★★★★☆
	任务 3.2　基于卷积神经网络的人脸识别	2	基于 ResNet 的孪生网络搭建	自定义 Dataset 和 DataLoader	★★★★★
				对比损失函数	★★★★☆

任务 3.1 基于逻辑回归的手写数字识别

任务目标

知识目标：了解逻辑回归算法的原理和实现方法，能够使用 PyTorch 进行模型的构建、训练、评估和可视化，掌握深度学习框架的基本使用方法。

能力目标：能够使用逻辑回归对图像进行分类，能够对模型进行评估并对模型的超参数进行调整和优化。

■ **建议学时**

2 学时。

■ **任务要求**

本任务主要是基于机器学习和深度学习算法实现的，任务要求主要包括以下几个方面：MNIST 数据集的获取和加载；熟练使用 Matplotlib 绘图，可视化结果或者数据集；需要使用逻辑回归算法对处理后的数据进行模型训练，并进行模型优化，以提高模型的识别准确和泛化能力；对训练好的模型进行评估和测试，根据测试结果进行模型调整和优化。

知识归纳

1. 感知机

感知机是一个能够接收多个输入，输出一个二元值，表示输入数据属于哪一类的算法。接收两个输入的感知机结构如图 3.1 所示，可以看到，感知机有两个输入，分别是 x_1 和 x_2，输出为 y。感知机并不是把两个输入简单地直接相加，而是分别对其赋予权重值 w_1 和 w_2，这两个权重表示输入的重要性，显然，权重越大，则对应的输入重要性越大，更能影响输出结果。两个输入首先分别乘以固定的权重，再相加，最后送入图 3.1 中间的〇（〇表示神经元或者神经节点）中。只有当这个总和超过设定的阈值 θ 时，才会输出 1，否则输出 0。用数学表达式可以表示为 $y=h(w_1x_1+w_2x_2)$。可以看到感知机利用函数 $h(x)$ 将输入的总和转换为输出，这就是激活函数。

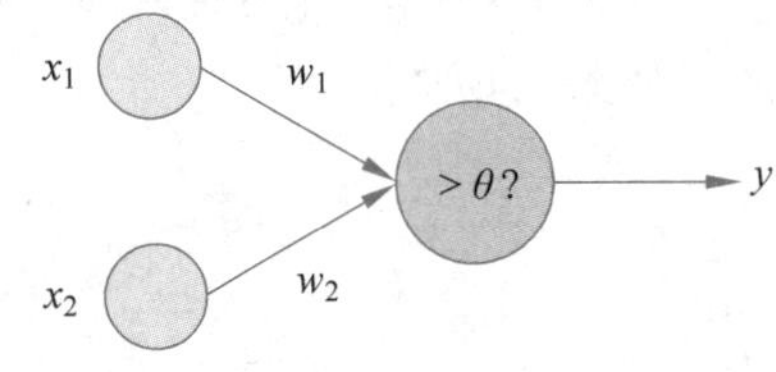

图 3.1 感知机的结构示意

2. 神经网络

对于复杂函数的表示，感知机的权重需要人工设定，而神经网络可以通过训练数据自动学习到合适的权重参数，处理更加复杂的问题。图 3.2 为一个神经网络结构的例子，可以看到图中的神经网络结构与感知机结构是类似的，将感知机组成一层或多层网络结构，就是神经网络。图 3.2 为 3 层神经网络，其中，输入层实现了信号的输入，中间层完成输入的计算，输出层则为神经元的输出。

那么，每层之间的信号传递是如何实现的呢？如图 3.3 所示为输入层到中间层的第一个神经元的信号传递过程。x_1、x_2、x_3 分别表示为输入层的三个神经元，$w_{11}^{(1)}$ 表示前一层的第 1 个神经元 x_1 到后一层的第 1 个神经元 $a_1^{(1)}$ 的权重，$w_{12}^{(1)}$ 表示前一层的第 2 个神经元 x_2 到后 1 层的第 1 个神经元 $a_1^{(1)}$ 的权重，a 表示中间层的加权和，再通过激活函数转换后的信号用 z 表示。那么显然可以得到 $a_1^{(1)}=w_{11}^{(1)}x_1+w_{12}^{(1)}x_2$，$z_1^{(1)}=h(a_1^{(1)})$。

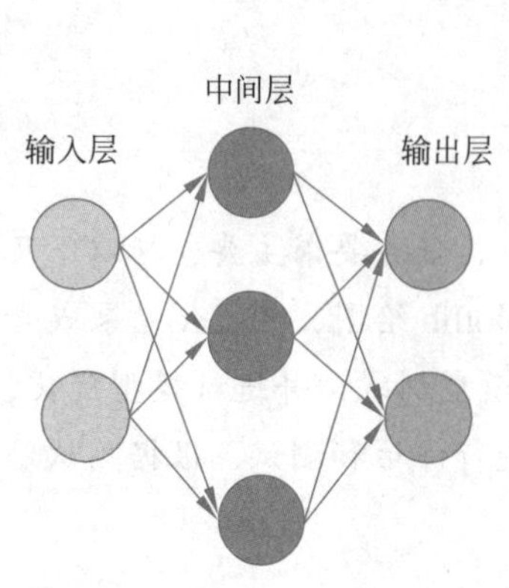

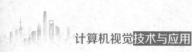

图 3.2　两个输入的神经网络示例

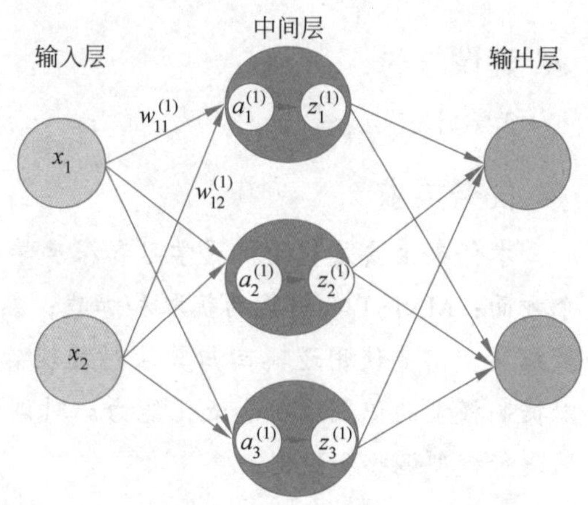

图 3.3　输入层和中间层的一个神经元的信号传递示意

3. 逻辑回归

逻辑回归是一种线性分类器，通过 Sigmoid( ) 可以把数据特征映射到 0～1 中，在手写数字识别任务中，我们需要识别出十个类别的手写数字，即 0～9。每次从输入层输入 28 × 28 像素，通过单层神经元得到连续的输出值，再通过 Softmax 层的处理将模型的输出转换为类别概率分布。具体来说，Softmax 层对模型原始输出进行归一化，将每个类别得分转换为相应类别的概率，即可得到本次输入分别为 0～9 每个数字对应的概率，预测值即为概率最大的节点，即概率越大表示输入的图片更接近某个数字。

为了更好地理解用逻辑回归解决手写数字识别任务，下面给出该任务的算法结构示意图，如图 3.4 所示。

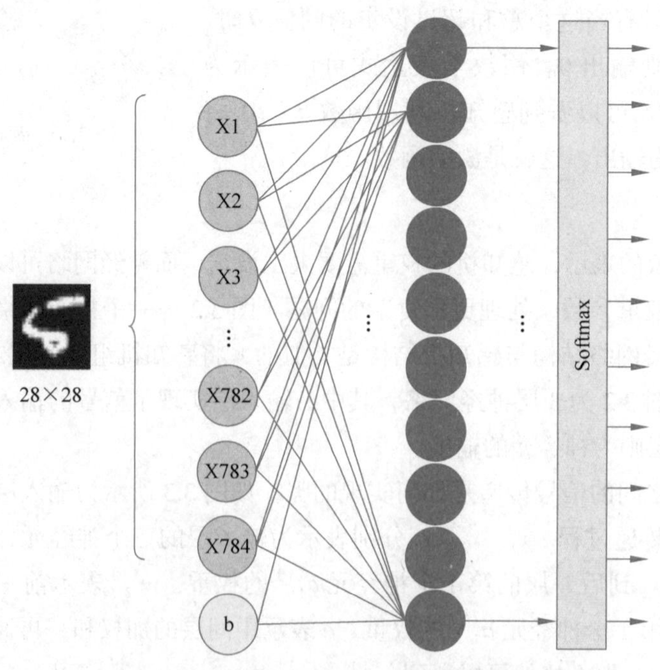

图 3.4　利用逻辑回归解决手写数字识别算法框架

4. MNIST 数据集

MNIST 数据集是用于手写数字识别任务的经典数据集，由美国国家标准和技术研究院（National Institute of Standards and Technology，NIST）收集和处理。该数据集包含 60000 个训练样本和 10000 个测试样本。每个样本大小为 28 × 28 像素。这些手写数字图像的数字为 0～9，并且每个数字的样本数量基本相等。为了保证 MNIST 数据集的多样性和可靠性，这些图像是来自 250 个不同的人手写数字图片，不同的书写风格和字体大小，如图 3.5 所示。

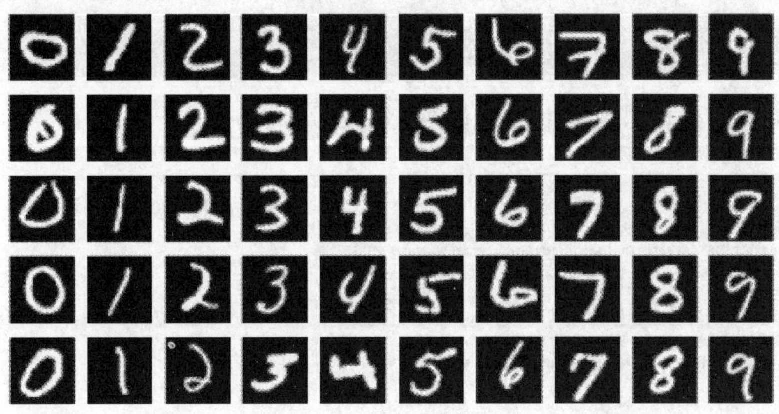

图 3.5　MNIST 数据集中所有类别数字的不同图像

1）数据获取

数据获取的方式有很多，在这里将直接使用 PyTorch 自带的 MNIST 数据集加载。

torchvision 库包含了 MNIST 数据集以及其他常用的视觉数据集和数据处理的工具。因此，我们可以利用 torchvision 很方便地加载 MNIST 数据集。transforms 模块用于对数据集进行变换，这里我们用 ToTensor 函数将图像转换为张量，并对每个通道进行均值方差归一化，使得均值为 0.5，标准差为 0.5，这样可以使得数据分布更加接近标准正态分布。使用 torch.utils.data 模块中的 DataLoader 函数可以将 Dataset 对象转换为一个可迭代的数据加载器，便于我们在训练模型的时候批量加载数据。其中，我们将 batch_size 设置为 100 进行训练，shuffle 参数指定在每个 epoch 中是否需要打乱数据顺序，一般情况下，我们在训练时，都会将数据打乱，增加数据的随机性和泛化能力。具体如代码 3.1 所示。

【代码 3.1】用 PyTorch 读取 MNIST 数据集。

```
import torchvision
import torchvision.transforms as transforms

batch_size = 100

train_dataset = torchvision.datasets.MNIST(root='data', train=True,
transform=transforms.Compose([transforms.ToTensor(), transforms.
```

```
Normalize((0.5,),(0.5))]), download=True)

test_dataset = torchvision.datasets.MNIST(root='data', train=False,
transform=transforms.Compose([transforms.ToTensor(), transforms.
Normalize((0.5,),(0.5))]))

# 设置数据加载器
train_loader = torch.utils.data.DataLoader(dataset=train_dataset,
batch_size=batch_size, shuffle=True)

test_loader = torch.utils.data.DataLoader(dataset=test_dataset, batch_
size=batch_size, shuffle=False)
```

这样，即可加载 MNIST 数据集，如图 3.6 所示。

```
Downloading http://yann.lecun.com/exdb/mnist/train-images-idx3-ubyte.gz
Downloading http://yann.lecun.com/exdb/mnist/train-images-idx3-ubyte.gz to data/MNIST/raw/train-images-idx3-ubyte.gz
100%|██████████| 9912422/9912422 [00:02<00:00, 3355479.08it/s]
Extracting data/MNIST/raw/train-images-idx3-ubyte.gz to data/MNIST/raw

Downloading http://yann.lecun.com/exdb/mnist/train-labels-idx1-ubyte.gz
Downloading http://yann.lecun.com/exdb/mnist/train-labels-idx1-ubyte.gz to data/MNIST/raw/train-labels-idx1-ubyte.gz
100%|██████████| 28881/28881 [00:00<00:00, 89732.67it/s]
Extracting data/MNIST/raw/train-labels-idx1-ubyte.gz to data/MNIST/raw

Downloading http://yann.lecun.com/exdb/mnist/t10k-images-idx3-ubyte.gz
Downloading http://yann.lecun.com/exdb/mnist/t10k-images-idx3-ubyte.gz to data/MNIST/raw/t10k-images-idx3-ubyte.gz
100%|██████████| 1648877/1648877 [00:01<00:00, 906594.81it/s]
Extracting data/MNIST/raw/t10k-images-idx3-ubyte.gz to data/MNIST/raw

Downloading http://yann.lecun.com/exdb/mnist/t10k-labels-idx1-ubyte.gz
Downloading http://yann.lecun.com/exdb/mnist/t10k-labels-idx1-ubyte.gz to data/MNIST/raw/t10k-labels-idx1-ubyte.gz
100%|██████████| 4542/4542 [00:00<00:00, 65918784.66it/s]
Extracting data/MNIST/raw/t10k-labels-idx1-ubyte.gz to data/MNIST/raw
```

图 3.6 加载 MNIST 数据集的结果

2）数据可视化

在学会加载 MNIST 数据集后，为了探究 MNIST 中的图片具体是什么样的，我们可以可视化 MNIST 数据集中的一些样本。具体如代码 3.2 所示。

【代码 3.2】可视化 MNIST 数据集。

```
import Matplotlib.pyplot as plt
# 通过数据加载器获取数据集
examples = enumerate(test_loader)
batch_idx,(imgs,labels) = next(examples)

# 绘制图像
fig = plt.figure()
for i in range(16):
    plt.subplot(4,4,i+1)
    plt.tight_layout()
    plt.axis('off')
```

```
    plt.imshow(imgs[i][0],cmap = 'gray',interpolation='none')
    plt.title("Ground Truth:{}".format(labels[i]))
plt.show()
```

首先，通过 enumerate() 获取一批数据，接着，使用 plt.subplot() 将图像绘制在 4 行 4 列的子图中，imgs 是从 test_loader 加载图像数据的一个 batch，其中包含了一批图像的张量，表示为（batch_size，channel，height，width），imgs[i][0] 表示获取 batch 中的第 *i* 个图像的张量，cmap='gray' 表示使用灰度颜色绘制图像，interpolation='none' 表示不使用插值算法，这样可以显示原始像素，最后，用 plt.show() 就可以将图像显示。

得到的结果如图 3.7 所示。

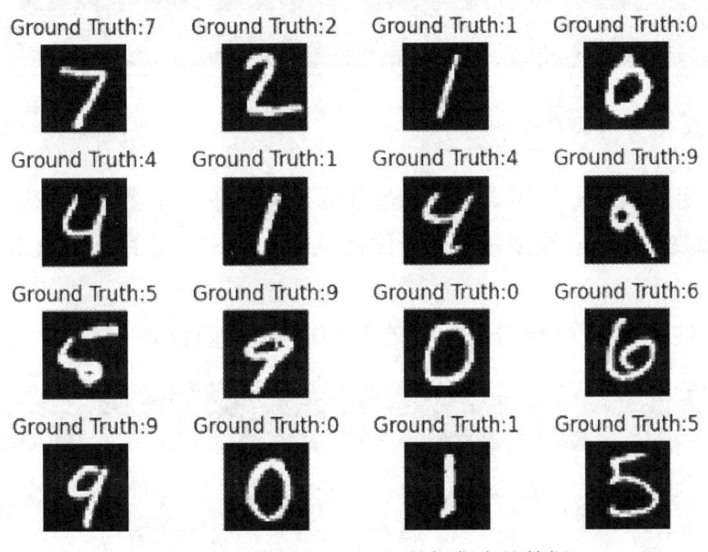

图 3.7　预览部分 MNIST 数据集中的数据

任务实施

步骤 1　使用 torchvision.datasets 加载数据集，可以参考任务 3.1 中知识归纳的内容。

步骤 2　利用 DataLoader 类，使得数据集可被迭代，参考任务 3.1 中知识归纳的内容。

步骤 3　设置超参数，具体参考代码 3.3。

【代码 3.3】设置本实验的超参数。

```
input_size = 784          # 手写体数据集每张图像分辨率为 28*28=784
num_classes = 10          # 数据集共 10 个类别，表示数字 0~9
num_epochs = 50
batch_size = 100
learning_rate = 0.001
```

步骤 4 创建一个用来定义逻辑回归模型结构的类，并将该模型实例化，如代码 3.4 所示。

【代码 3.4】构建逻辑回归模型。

```
# Logistic 回归模型
class LogisticRegression(torch.nn.Module):
    def __init__(self,input,output):
        super(LogisticRegression,self).__init__()
        self.Linear = torch.nn.Linear(input,output)
    def forward(self,x):
        outputs = self.Linear(x)
        return outputs
model = LogisticRegression(input_size,num_classes)
```

步骤 5 定义损失函数和优化器。

做多分类任务，我们一般可以用交叉熵作为损失函数。在建立好逻辑回归模型后，为了得到较好的参数，可以对模型做进一步优化，这里，我们使用 SGD 优化器，如代码 3.5 所示。

【代码 3.5】使用 SGD 优化器以及用交叉熵作为损失函数。

```
criterion = nn.CrossEntropyLoss()   # 使用交叉熵作为损失函数
optimizer = torch.optim.SGD(model.parameters(), lr=learning_rate)
```

步骤 6 编写训练函数和测试函数。

几个较为重要的函数：optimizer.zero_grad() 是把梯度清零；loss.backward() 是把损失反向传播，如果不使用这个函数，梯度值为 None；optimizer.step() 是通过优化器更新 x 的值，那么当优化器得到反向传播的梯度信息时，则优化器将起作用；因此，loss.backward() 要放在 optimizer.step() 之前，而在反向传播之前，又需要将梯度先清零，即 optimizer.zero_grad()，如代码 3.6 所示。

【代码 3.6】训练和测试函数。

```
train_losses=[]
train_acc=[]
test_losses=[]
test_acc=[]
def train(model,train_data_loader,optimizer,criterion):
    train_loss = 0
    train_acc=0
    for i, (images, labels) in enumerate(train_data_loader):
        images = images.reshape(-1, 28 * 28)
```

```
            # 前向传递
            outputs = model(images)
            loss = criterion(outputs, labels)
            # 后向传播和优化
            optimizer.zero_grad()
            loss.backward()
            optimizer.step()
            train_loss +=loss.item()
            train_acc += (outputs.argmax(1)==labels).type(torch.float).sum().
                         item()
        train_acc /= len(train_dataset)
        train_loss /= len(train_data_loader)
        return train_acc,train_loss

    def test(model,test_data_loader,criterion):
        test_loss = 0
        correct = 0
        total = 0

        with torch.no_grad():
            for images, labels in test_data_loader:
                images = images.reshape(-1, 28 * 28)
                outputs = model(images)
                test_loss +=criterion(outputs,labels).item()
                #print(outputs.data.size())
                _, predicted = torch.max(outputs.data, 1)
                total += labels.size(0)
                correct += (predicted == labels).sum().item()
                test_losses.append(test_loss)
            correct /= len(test_dataset)
            test_loss /= len(test_data_loader)
            print('Accuracy of the model on the 10000 test images: {} %'.
            format(100 * correct / total))
        return correct,test_loss
```

可以看到，训练函数和测试函数的结构非常相似，但是测试函数不需要传入优化器，因为测试的时候不需要再进行权重更新了，只需要把训练集训练好的模型拿过来进行测试即可。因此，在测试函数中，with torch.no_grad() 表示停止梯度更新，节省内存消耗。

步骤 7 训练并将每一个 epoch 的结果打印出来。

在训练过程中，对模型进行训练和测试。每次训练完一个 epoch 后，在训练集和测试集上分别计算训练和测试的损失和精度，并保存，如代码 3.7 所示。

【代码 3.7】训练、测试及评估模型。

```
for epoch in range(num_epochs):
    model.train()
    epoch_train_acc,epoch_train_loss=train(model=model,n_epoch=num_epochs,
    train_data_loader=train_loader,optimizer=optimizer,criterion=criterion)

    model.eval()
    epoch_test_acc,epoch_test_loss=test(model=model,test_data_loader=
    test_loader,criterion=criterion)

    train_acc.append(epoch_train_acc)
    train_losses.append(epoch_train_loss)
    test_acc.append(epoch_test_acc)
    test_losses.append(epoch_test_loss)
    print('Epoch:{:2d}, Train_acc:{:.1f}%, Train_loss:{:.4f}, Test_acc:
    {:.1f}%,Test_loss:{:.4f}'.format(epoch+1, epoch_train_acc*100, epoch_
    train_loss, epoch_test_acc*100, epoch_test_loss))
```

将上述代码整合后进行运行，可以得到如图 3.8 所示的结果。可以看到，模型最终的准确率接近 91%。可以继续调参，如提高迭代次数等，从而进一步提高准确率。

```
Epoch:47, Train_acc:90.5%, Train_loss:0.3382, Test_acc:90.9%, Test_loss:0.3231
Accuracy of the model on the 10000 test images: 0.009094 %
Epoch:48, Train_acc:90.5%, Train_loss:0.3371, Test_acc:90.9%, Test_loss:0.3221
Accuracy of the model on the 10000 test images: 0.009097 %
Epoch:49, Train_acc:90.6%, Train_loss:0.3361, Test_acc:91.0%, Test_loss:0.3216
Accuracy of the model on the 10000 test images: 0.009095 %
Epoch:50, Train_acc:90.6%, Train_loss:0.3351, Test_acc:91.0%, Test_loss:0.3205
```

图 3.8　部分训练结果

步骤 8　结果可视化。

完成所有训练和测试后，可以使用 Python 的 Matplotlib 库将训练和测试的精度和损失可视化，如图 3.9 所示，以便分析模型训练过程的表现，如代码 3.8 所示。

【代码 3.8】利用 Matplotlib 库可视化结果，方便评估。

```
import Matplotlib.pyplot as plt
fig = plt.figure()
epochs_range = range(num_epochs)
plt.subplot(1,2,1)
plt.plot(epochs_range,train_acc,color='blue')
plt.scatter(epochs_range,test_acc,color='red')
plt.legend(['Train ACC','Test ACC'],loc='lower right')
plt.xlabel('Epoch')
```

```
    plt.ylabel('Training / Test Accuracy')

    plt.subplot(1,2,2)
    plt.plot(epochs_range,train_losses,color='purple')
    plt.scatter(epochs_range,test_losses,color='green')
    plt.legend(['Train Loss','Test Loss'],loc='upper right')
    plt.xlabel('Epoch')
    plt.ylabel('Training / Test LOSS')
    plt.tight_layout()
    plt.show()
```

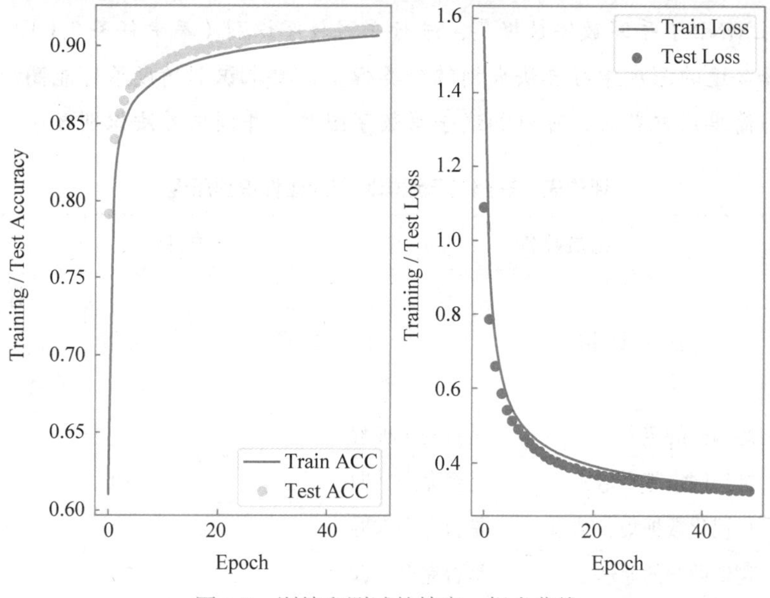

图 3.9 训练和测试的精度、损失曲线

步骤 9 保存模型。

为了便于开发人员在之后的时间里能够随时拿出模型，进一步优化和改进模型，也能够方便开发人员在调试期间回滚到之前的模型状态，更好地排查和解决问题，可以对模型进行保存。实现模型保存的命令是 torch.save (model.state_dict( )，'LR_model.ckpt')。

以上基本实现了针对 MNIST 数据集的逻辑回归模型，运行后即可体验。任务 3.2 将学习一个较为基础的具有多层结构的神经网络。

任务小结

图像识别是当前非常热门的技术领域之一，在实际生活中有相当多的应用场景，仅仅凭课堂上讲授的机器学习和深度学习的原理，难以让学生真正领悟及掌握。任务需要学生进行大量的实验，包括数据预处理、特征提取、模型训练、测试、评估模型，等等。通过这些实验，学生可以掌握实验技能，了解实验设计、实验实施、实验结果分析等方面的知识，锻炼解决问题能力，提高创造性思维能力。

任务 3.1 用到一个简单而有效的算法——逻辑回归，适用于二分类和多分类问题。在该任务中能够快速地学会数据预处理、特征提取、模型设计和训练、模型测试和评估等手段，为下一个任务打下基础。

◆ 任 务 自 测 ◆

自行选择深度学习算法设计实现手写数字识别系统，具体要求如下。

（1）使用 MNIST 手写数字数据集，进行手写数字识别（参考任务 3.1）。

（2）选择合适的深度学习算法来训练分类模型，要求识别精度尽可能高。

（3）编写简单用户界面，可以加载手写数字图片，并调用算法识别数字。

评价表：理解基于逻辑回归的图像识别原理

组员 ID		组员姓名		项目组		
评价栏目	任务详情	评价要素	分值	评价主体		
				学生自评	小组互评	教师点评
图像识别逻辑回归模型的组成要素和网络结构的理解和掌握情况	感知机的定义	是否完全理解	10			
	神经网络基本结构	是否完全掌握	10			
	可视化数据集、结果	是否完全掌握	10			
	逻辑回归的原理	是否完全掌握	20			
	深度学习模型训练、测试整体流程	是否完全掌握	20			
掌握熟练度	知识结构	知识结构体系形成	5			
	准确性	概念和基础掌握的准确度	5			
团队协作能力	积极参与讨论	积极参与和发言	5			
	对项目组的贡献	对团队的贡献值	5			
职业素养	态度	是否认真细致、遵守课堂纪律、学习积极、具有团队协作精神	3			
	操作规范	是否有实训环境保护意识，有无损坏机器设备的情况，能否保持实训室卫生	3			
	设计理念	是否体现以人为本的设计理念	4			
总分			100			

任务 3.2 基于卷积神经网络的人脸识别

任务目标

知识目标：理解孪生网络的结构和原理、卷积神经网络架构，熟悉 ResNet 网络结构，掌握基于距离度量的人脸识别方法等。

能力目标：掌握深度学习的基础知识和卷积神经网架构实现人脸识别，并提高实验的设计和分析能力。

建议学时

2 学时。

任务要求

本任务主要是基于机器学习和深度学习算法实现的，不同项目有不同需求，这里对需求的获得不做强调。本任务假设需求已经确定，开发者需要结合相关算法实现以下内容。

- 数据集预处理：自定义 Dataset 和 DataLoader，以方便模型的输入。
- 搭建模型：利用 PyTorch 实现基于 ResNet 的孪生网络结构，包括特征提取，特征向量的距离度量等。
- 训练模型：选择适当的学习率、损失函数、优化器等，用训练集对模型进行训练。
- 测试和评估模型：使用测试集对模型进行测试，计算模型的准确率、损失等，评估模型的性能。
- 可视化测试结果。
- 模型的优化和改进：开发者根据实验结果对模型进行优化和改进，包括调整模型参数等。

知识归纳

1. CAS-PEAL 人脸数据集

CAS-PEAL 人脸数据集是一个包含 1040 个人、99450 张人脸图像的数据集，由中国科学院计算技术研究所于 2007 年发布。该数据集中的每个图像都包含一个人的头部姿势、表情、光照和背景等多种变化。每张图像都有一个唯一的标识符。CAS-PEAL 数据集是为了研究和开发用于人脸识别、表情识别和头部姿势估计等应用而建立的，已经被广泛评估和开发各种人脸相关应用中。下面仅简单介绍该数据集的几个子库。

1）姿态子库

该子库是在平视、抬头、低头三种姿态变换下进行拍摄的，姿态变化图像如图 3.10 所示。

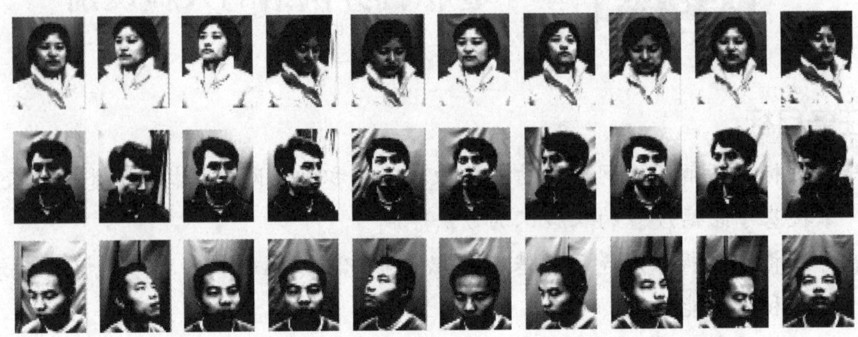

图 3.10　CAS-PEAL 数据集中三个人十张不同姿态图像

2）表情子库

在同等环境下，志愿者需要做出五种表情，分别是笑、惊讶、闭眼、张嘴、皱眉。这样的表情会使得面部特征发生较大的变化，便于研究面部表情识别。表情子库示例如图 3.11 所示。

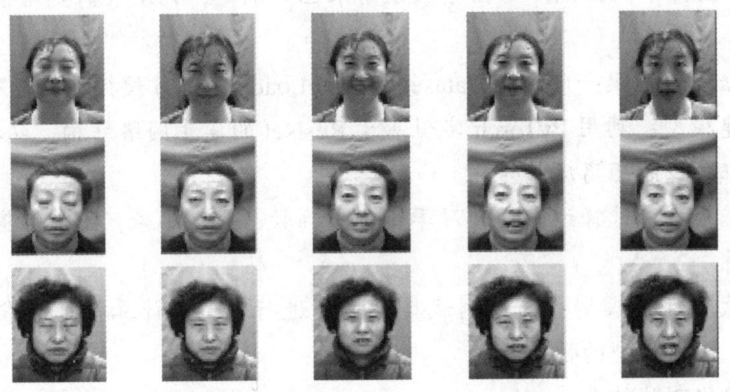

图 3.11　CAS-PEAL 数据集中三个人五种不同表情的人脸图像

3）饰物子库

在相同背景下，每个志愿者佩戴六种不同的饰物进行拍照，如图 3.12 所示。

图 3.12　CAS-PEAL 数据集中三个人佩戴六种不同饰物的人脸图像

该数据集可从网上进行下载获取，有多个子目录，包括正脸子库和姿态子库，其中正脸子库又包含了标准、表情、光照、饰物、背景、距离、时间的子库，每张图像都是640×480像素大小，保存为BMP格式。饰物子库可视化的实现如代码3.9所示。

【代码3.9】创建Python脚本image_show.py，可视化饰物子库。

```
# 定义数据集目录路径
exp_dir='./src/CAS-PEAL-R1/CAS-PEAL-R1/FRONTAL/Accessory'
transform = transforms.Compose([
    transforms.Resize((224, 224)),
    transforms.Grayscale(),
    transforms.ToTensor(),
    transforms.Normalize(mean=[0.485], std=[0.229])    # 对张量标准化
])
images = []
image_path = os.listdir(exp_dir)
for j,person_image in enumerate(sorted(image_path)):
    if j == 18:
        break
    person_path = os.path.join(exp_dir,person_image)
    image = Image.open(person_path)
    image = transform(image)
    images.append(image)
images = torch.stack(images)
fig,axs = plt.subplots(3,6,figsize=(15,8))
for i in range(3):
    for j in range(6):
        # axs[i,j].imshow(images[i*8+j].permute(1,2,0))
        axs[i, j].imshow(images[i * 6 + j].squeeze(),cmap='gray')
        axs[i,j].axis('off')
plt.show()
```

2. 人脸识别

1）人脸识别简介

人脸识别是一种生物特征识别技术，通过对人脸图像进行分析和比对，识别和验证人的身份。通常，人脸识别技术包含以下步骤，如图3.13所示。

（1）人脸图像采集：采用摄像头或其他输入设备获取人脸图像。

（2）预处理：对采集到的图像进行去噪、增强、归一化等处理，方便后续分析和比对。

（3）人脸检测：对图像中的人脸进行检测和定位。

（4）特征提取：将人脸图像转换成数字特征向量。

（5）特征比对和识别：将人脸的特征向量和存储在人脸数据库中的进行比对，确定身份。

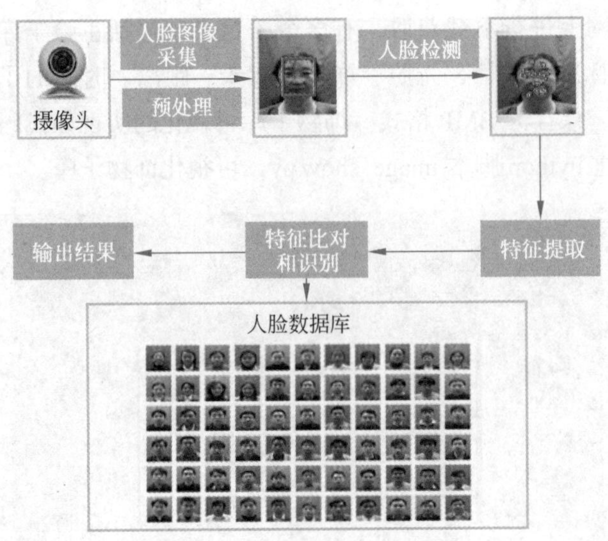

图 3.13　人脸识别技术流程

2）实现人脸识别的方法

一般分为基于距离度量和基于分类的人脸识别两种方法。

基于距离度量的人脸识别方法常用 Siamese 网络和 Triplet 网络，通过人脸图像生成对应的编码，然后度量这两个编码之间的距离区分人脸。同一个人的编码距离较近，不同人的编码距离较远。如图 3.14 所示，利用了 Triplet Loss 训练人脸识别，也就是同时输入三张照片，其中两张属于同一个人的，另一张属于另一个人的，然后要使得属于不同人的照片的编码距离大于同一个人照片的编码距离，经过训练后，同一个人的编码虽然不能完全相同但距离非常接近。本实验将采用孪生网络的实现方法，如图 3.15 所示，输入同一个人的不同图像，经过卷积神经网络（convolution neural network，CNN），将人脸图像进行编码，嵌入到一个高维向量空间，通过对比损失（contrastive loss）函数，使得最后编码的高维向量空间中，不同类的图像距离增大，同类图像距离缩小，再计算两个图像的距离以衡量它们的相似度。当相似度达到一定的阈值即判断为同一个人，否则不是同一个人。

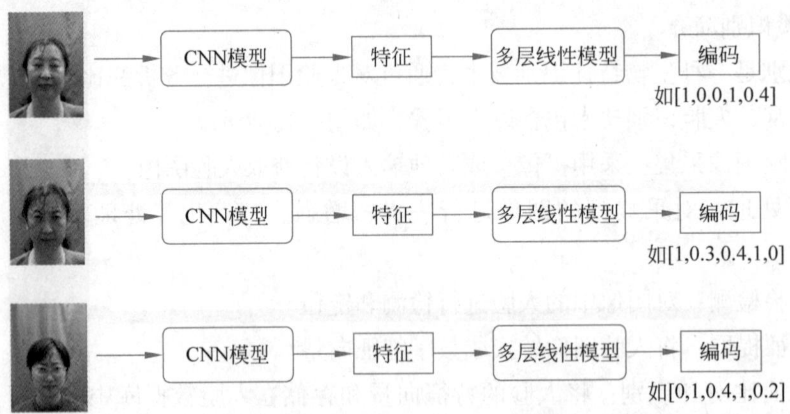

图 3.14　基于距离度量的、使用 Triplet Loss 训练人脸识别模型示意

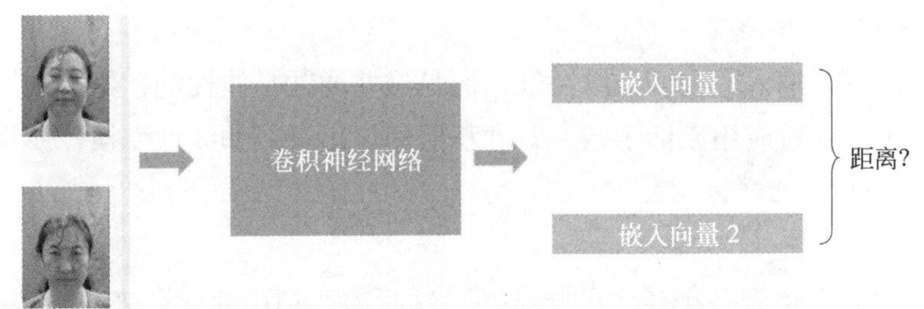

图 3.15 基于距离度量的、使用孪生网络训练人脸识别模型示意

基于分类的人脸识别方法则和识别物体的模型方法相似，通过人脸图像生成对应的编码，然后添加一个输出分类的线性模型，将编码映射到不同的人脸类别上，如图 3.16 所示。

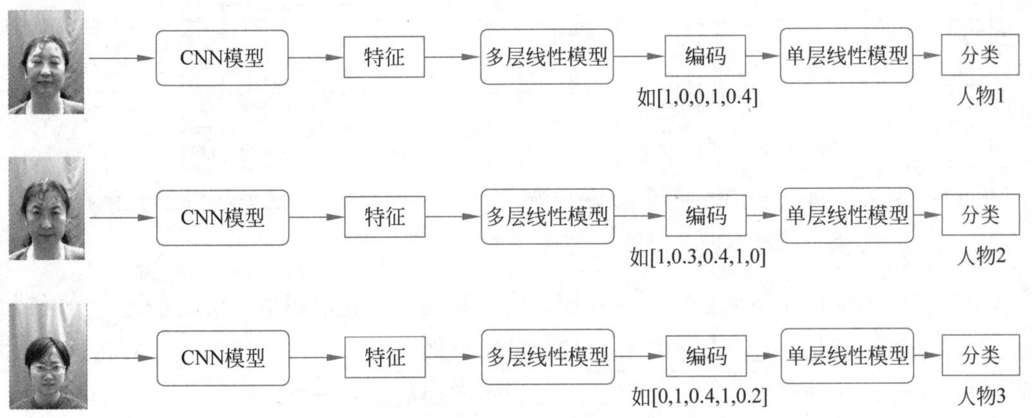

图 3.16 基于分类的人脸识别模型示意

3. 卷积神经网络

卷积神经网络通常由卷积层、激活函数、池化层和全连接层等组成，如图 3.17 所示。卷积层主要负责提取特征；激活函数则可以引入非线性变换，提高模型的表达能力；池化层对提取到的特征进行采样，减小特征图的大小；全连接层则将特征图映射到目标类别，实现分类。

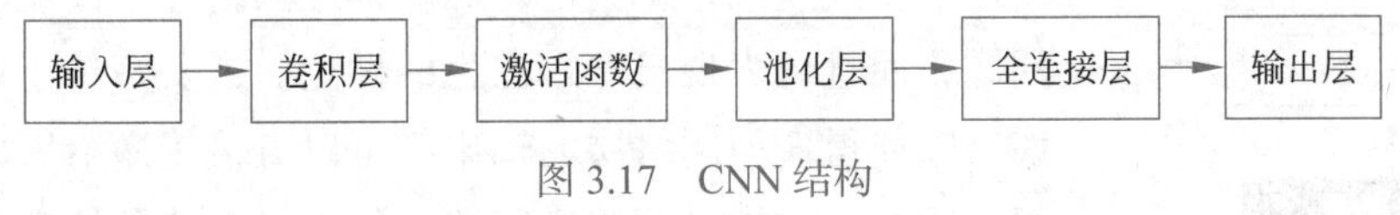

图 3.17 CNN 结构

1）卷积层

卷积操作是卷积层的核心，通过输入数据和卷积核进行卷积运算，从而在输入数据中提取特定的特征。下面给出二维卷积的示例，如图 3.18 所示。输入一个 4×4 的二维图像，使用一个卷积核为 2×2 的卷积进行卷积操作，得到一个 3×3 的特征图。具体操作就是将卷积核在输入图像上滑动，并将对应的元素相乘并相加。

2）激活函数

卷积层可以提取输入数据的低维特征，但是这些通常是线性的，不能很好地区分不同的类别或者对象。通过应用激活函数，对卷积层的输出进行非线性变换，使得模型可以学习更加复杂的特征。

3）池化层

卷积层处理后会得到一个较大的特征图，这时需要利用池化层来减少特征图的维度。将一个较大的特征图压缩成一个较小的特征图，有助于减少模型的过拟合，提高模型的泛化能力，并减少计算量。下面将给出最大池化的示例，如图 3.19 所示。特征图大小为 4×4，应用 2×2 的池化窗口，按照步幅为 2 来移动窗口，每次选择每个窗口的最大值作为输出，最终得到最大池化结果为 2×2 的特征图，其中每个值代表相应池化窗口内的最大值。

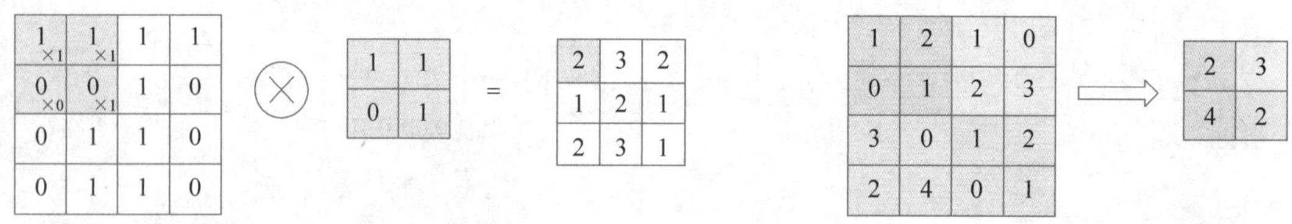

图 3.18　输入 4×4 二维图像的卷积操作的示例　　　　图 3.19　最大池化示例

4）全连接层

全连接层通常用于下游任务，其作用是将卷积层和池化层提取到的特征进行分类或预测。具体来说，就是将卷积层和池化层输出的特征图展开为一个一维向量，并将这个向量输入到一个全连接神经网络中，最后通过分类器实现最终的分类。

4. ResNet

ResNet 是卷积神经网络架构之一，其全称是残差网络，特点在于采用了残差学习的思想。传统的神经网络，基本上是堆叠多层来逐步提高网络的表达能力，但是随着网络深度增加，就会出现梯度爆炸和梯度消失的问题。在早期的研究中，人们通常通过添加批归一化层来解决该问题，然而，这种方法仍然会出现网络退化问题。相比之下，残差网络作为一种深度神经网络，不仅能够避免退化问题，而且还表现出非常出色的性能。这要归功于残差学习模块，它使得任何网络层的输出都可以直接传递给后面的网络学习。因此，在神经网络进行前向传播时，特征信息可以在任意两层进行传播，从而缓解了网络退化问题。如图 3.20 所示是一个残差块，该残差块可以简单表示为

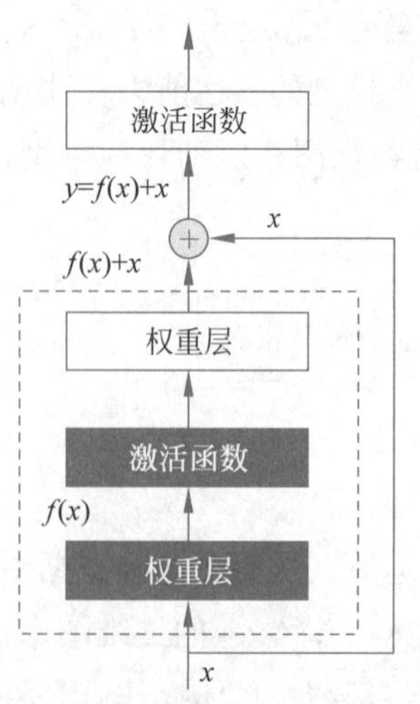

图 3.20　ResNet 的基础架构（即残差块）

$$\begin{cases} y=f(x)+x \\ f(x)=y-x \end{cases} \tag{3.1}$$

其中，x 表示网络中模型的输入；y 表示网络中模型的输出。

图 3.20 中的权重层即为 $f(x)$ 部分。只要 $f(x)=0$，那么 $y=x$，y 就是一个恒等映射，也就是说模型“什么都没有学习到”，这样不会随着网络的叠加使得梯度爆炸或消失。在残差块中将输入与权重层的输出相加后再传递给下一层的输入。

任务实施

步骤 1 在官网上下载 CAS-PEAL-R1 数据集，并且可视化数据集，查看数据是什么样的。

步骤 2 将数据集按 8∶2 的比例划分为训练集和测试集。

下面将表情子库中的 1884 张正脸照片作为数据集，按照 8∶2 划分测试集和训练集。并将每个人的所有照片放在同一个目录下，即不同人的照片在不同的目录下，目录名为每个人的序号，如图 3.21 所示，实现如代码 3.10 所示。创建 split_data.py 脚本文件。

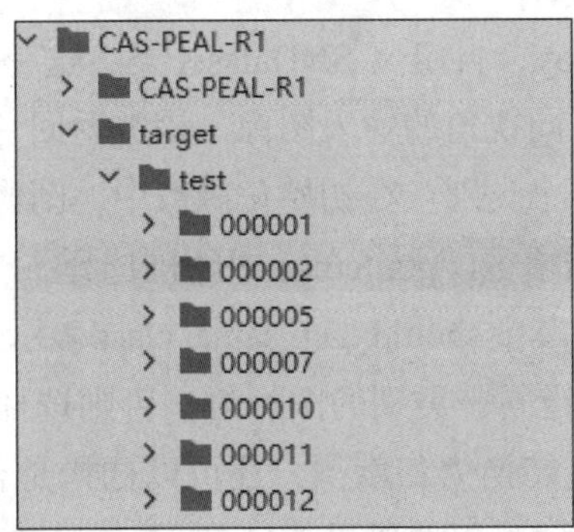

图 3.21 按比例划分好的测试集和训练集的目录

【代码 3.10】数据集划分。

```
import os
import random
import shutil
data_dir = './src/CAS-PEAL-R1/CAS-PEAL-R1/FRONTAL/Expression'
target_dir = './src/CAS-PEAL-R1/target'
# 创建目标文件夹
if not os.path.exists(target_dir):
    os.makedirs((target_dir))

person_dirs = os.listdir(data_dir)
num_images= len(person_dirs)
num_train = int(num_images*0.8)

random.shuffle(person_dirs)
```

```
    train_list = person_dirs[:num_train]
    test_list = person_dirs[num_train:]
    for train_image in train_list:
        os.makedirs(os.path.join(target_dir, "train"), exist_ok=True)
        num_person = train_image[3:9]
        os.makedirs(os.path.join(target_dir,"train",num_person),exist_ok=True)
        src_image = os.path.join(data_dir, train_image)
        shutil.copy(src_image,os.path.join(target_dir,"train",num_person))
    for test_image in test_list:
        os.makedirs(os.path.join(target_dir, "test"), exist_ok=True)
        num_person = test_image[3:9]
        os.makedirs(os.path.join(target_dir, "test", num_person), exist_ok=
        True)
        src_image = os.path.join(data_dir, test_image)
        shutil.copy(src_image,os.path.join(target_dir,"test",num_person))
```

步骤 3 自定义 Dataset。

新建 Python 文件 models.py，自定义 SNDataset 类，这是为了在训练模型时，提供输入数据，即同一个人的两个不同视角的输入图像。该类返回一个图像对和一个标签，该标签表示两个图像是否属于同一个类别。在初始化函数中，图像可以选择转换为灰度图像和反转颜色，并且可以设置数据增强。getitem( ) 中随机选择一个图像对，然后根据 pos_rate 的值随机选择另一个图像对，其中 should_get_same_class 表示是否选择同一类别的图像对，如果该值小于 pos_rate，则选择同一类别的图像对，否则选择不同类别的图像对。当找到两个图像对后，就可以将它们转换为灰度图，还可以选择是否需要数据增强和颜色反转。最后，将两个图像和标签返回。过程如代码 3.11 所示。

【代码 3.11】自定义 Dataset。

```
class SNDataset(Dataset):
    def __init__(self,imageFolderDataset,transform=None,should_invert=True,
    pos_rate=0.5):
        self.imageFolderDataset = imageFolderDataset
        self.transform = transform                    # 数据增强
        self.should_invert = should_invert            # 表示是否需要反转图像颜色
        self.positive_rate = pos_rate                 # 表示同一类别的图像占比

    def __getitem__(self,index):                      # 获取指定索引处的数据
        img0_tuple = random.choice(self.imageFolderDataset.imgs)
                                                      # 随机选一个图像对
        should_get_same_class = random.random()       # 保证同类样本约占一半
        if should_get_same_class < self.positive_rate:
            while True:
                # 直到找到同一类别
```

```
                img1_tuple = random.choice(self.imageFolderDataset.imgs)
                if img0_tuple[1]==img1_tuple[1]:
                    break
        else:
            while True:
                # 直到找到非同一类别
                img1_tuple = random.choice(self.imageFolderDataset.imgs)
                if img0_tuple[1] !=img1_tuple[1]:
                    break

        img0 = Image.open(img0_tuple[0])
        img1 = Image.open(img1_tuple[0])
        img0 = img0.convert("L")
        img1 = img1.convert("L")

        if self.should_invert:
            img0 = PIL.ImageOps.invert(img0)
            img1 = PIL.ImageOps.invert(img1)

        if self.transform is not None:
            img0 = self.transform(img0)
            img1 = self.transform(img1)

        return img0, img1, torch.from_numpy(np.array([int(img1_tuple[1]!=
        img0_tuple[1])],dtype=np.float32))

    def __len__(self):
        return len(self.imageFolderDataset.imgs)
```

步骤 4 定义数据增强变换。

在训练过程中，我们使用数据增强来增加训练集的多样性，这将提高模型的鲁棒性。在这个实验中，我们将使用一些基本的数据增强，如高斯模糊，当然，还可以选择随机水平翻转、随机垂直翻转和随机裁剪等，这些都可以进行实验。实现过程如代码 3.12 所示，新建 Python 脚本文件 train.py，导入本次实验所需要的库。

【代码 3.12】数据增强变换。

```
import torch
import torchvision
import torch.nn as nn
from torch import optim
import torch.nn.functional as F
import torchvision.transforms as transforms
from torch.utils.data import DataLoader,Dataset
```

```
import matplotlib.pyplot as plt
from models import *

# 训练集路径
train_dir = "./data/orl_faces/train/"
folder_dataset = torchvision.datasets.ImageFolder(root=train_dir)

transform = transforms.Compose([transforms.Resize((100,100)), transforms.
ToTensor(),transforms.Normalize((0.4515), (0.1978)), transforms.
GaussianBlur(3)])
sia_dataset = SNDataset(imageFolderDataset=folder_dataset, transform=
transform, should_invert=False, pos_rate=0.5)

train_dataloader= DataLoader(sia_dataset, shuffle=True, batch_size=
train_batch_size)
```

步骤 5 加载数据集。我们将 CAS-PEAL-R1 的训练集加载到 SNDataset 中，然后使用 DataLoader 类将其打包成批次，我们将使用一个大小为 32 的批次。实现如代码 3.13 所示。

【代码 3.13】加载数据集并将数据集打包成批次。

```
sia_dataset = SNDataset(imageFolderDataset=folder_dataset, transform=
transform, should_invert=False, pos_rate=0.5)

train_dataloader= DataLoader(sia_dataset, shuffle=True, batch_size=
batch_size)
```

步骤 6 建立模型。使用 ResNet18 作为我们的基础网络，这是一种比较流行的深度卷积神经网络架构，并使用两个 ResNet18 网络来构建孪生网络。每个网络都处理不同的输入图像，然后通过一种距离度量来比较它们的特征向量，从而进行人脸识别。

在 models.py 上建立模型，定义两个类：一个是 ResBlock 类，用来实现残差块；另一个是搭建 ResNet 网络的 ResNet 类。在 ResBlock 类的初始化函数中，定义了残差块，包含两个连续的卷积层。每个卷积层后面跟着 BatchNormalization（批归一化）和 ReLU 激活函数。还定义了 shortcut 连接，用于跳过残差块的卷积层，直接将输入 x 加到残差块的输出上。ResNet 定义了一个完整的 ResNet 模型，包含了多个 ResBlock 基本块，按照 ResNet18 搭建即可。在 ResNet 的构造函数中，首先，定义了一个卷积层和池化层；其次，通过调用 make_layer() 构造了多个残差块，在 make_layer() 中，通过重复调用 ResBlock 类构造多个残差块，并将这些残差块串联在一起；最后，在 ResNet 类中定义了一个全连接层，用于输出模型的预测结果。在前向传播过程中，输入通过卷积层、池化层和多个残差块后，进入全连接层，最终输出预测结果。实现如代码 3.14 所示。

【代码 3.14】建立模型。

```
class ResBlock(nn.Module):
    def __init__(self, inchannel, outchannel, stride=1):
        super(ResBlock, self).__init__()
        # 这里定义了残差块内连续的两个卷积层
        self.left = nn.Sequential(
            nn.Conv2d(inchannel, outchannel, kernel_size=3, stride=stride,
            padding=1, bias=False),
            nn.BatchNorm2d(outchannel),
            nn.ReLU(inplace=True),
            nn.Conv2d(outchannel, outchannel, kernel_size=3, stride=1,
            padding=1, bias=False),
            nn.BatchNorm2d(outchannel)
        )
        self.shortcut = nn.Sequential()
        if stride != 1 or inchannel != outchannel:
            # shortcut，这里为了跟两个卷积层的结果结构一致，要做处理
            self.shortcut = nn.Sequential(
                nn.Conv2d(inchannel, outchannel, kernel_size=1,
                stride=stride, bias=False),
                nn.BatchNorm2d(outchannel)
            )

    def forward(self, x):
        out = self.left(x)
        # 将两个卷积层的输出跟处理过的 x 相加，实现 ResNet 的基本结构
        out = out + self.shortcut(x)
        out = F.relu(out)

        return out
class ResNet(nn.Module):
    def __init__(self, ResBlock, num_classes=16):
        super(ResNet, self).__init__()
        self.inchannel = 64
        self.conv1 = nn.Sequential(
            # 输入图像尺寸为 1 * 100 * 100，其中 1 为输入图像的通道数，100×100 为
            # 输入图像的高度和宽度
            nn.Conv2d(1, 64, kernel_size=3, stride=1, padding=1, bias=False),
            nn.BatchNorm2d(64),
            nn.ReLU(inplace=True),
            nn.MaxPool2d((2,2))
            # 经过第一个卷积层后特征图的尺寸为 64 * 50 * 50
        )
        self.layer1 = self.make_layer(ResBlock, 64, 2, stride=2)
        # 经过第一个残差层后特征图的尺寸为 64 * 25 * 25
```

```
        self.layer2 = self.make_layer(ResBlock, 128, 2, stride=2)
        # 经过第二个残差层后特征图的尺寸为 128 * 12 * 12
        self.layer3 = self.make_layer(ResBlock, 256, 2, stride=2)
        # 经过第三个残差层后特征图的尺寸为 256 * 6 * 6
        self.layer4 = self.make_layer(ResBlock, 512, 2, stride=2)
        # 经过第四个残差层后特征图的尺寸为 512 * 3 * 3
        self.fc = nn.Linear(512, num_classes)
    # 这个函数主要是用来生成多个残差块的层
    def make_layer(self, block, channels, num_blocks, stride):
        strides = [stride] + [1] * (num_blocks - 1)
        layers = []
        for stride in strides:
            layers.append(block(self.inchannel, channels, stride))
            self.inchannel = channels
        return nn.Sequential(*layers)

    def forward_one_input(self, x):
        out = self.conv1(x)
        out = self.layer1(out)
        out = self.layer2(out)
        out = self.layer3(out)
        out = self.layer4(out)
        out = F.avg_pool2d(out, 3)
        out = out.view(out.size(0), -1)
        out = self.fc(out)
        return out

    def forward(self, input1, input2):
        output1 = self.forward_one_input(input1)
        output2 = self.forward_one_input(input2)
        return output1, output2
```

步骤 7 选择损失函数。使用对比损失函数来训练我们的孪生网络，这是一种用于训练孪生网络的常见方法，可以很好地处理孪生网络中两对图像的关系。在 train.py 上实现如代码 3.15 所示。对比损失函数的目标是使得同一类别的图像特征向量更加接近，使得不同类别的图像特征向量更加分离。在前向传播方法中，使用 F.pairwise_distance( ) 计算两个特征向量之间的欧氏距离；然后，利用样本标签区分相似样本和不同样本，以此来计算对比损失函数，从而来确定两个输入样本是否属于同一个类别，如果是属于，则它们的特征向量之间的距离应该尽可能小；反之，则距离应该尽可能大。

【**代码 3.15**】实现对比损失函数。

```
class ContrastiveLoss(torch.nn.Module):
    def __init__(self, margin=2.0):
```

```
        super(ContrastiveLoss, self).__init__()
        self.margin = margin

    def forward(self, output1, output2, label):
        euclidean_distance = F.pairwise_distance(output1, output2,
        keepdim = True)
        loss_contrastive = torch.mean((1-label) * torch.pow(euclidean_
        distance, 2) + (label) * torch.pow(torch.clamp(self.margin -
        euclidean_distance, min=0.0), 2))

        return loss_contrastive
```

步骤 8 在 train.py 上，定义超参数、优化器、损失函数以及实例化 ResNet 网络。实现如代码 3.16 所示。

【代码 3.16】定义超参数、优化器、损失函数以及实例化 ResNet 网络。

```
batch_size = 8
number_epochs = 50
net = ResNet(ResBlock).cuda(device)
criterion = ContrastiveLoss()                                    # 定义损失函数
optimizer = optim.Adam(net.parameters(), lr = 0.0005)   # 定义优化器
```

步骤 9 训练模型。训练的代码和任务 3.1 所描述的框架大致相同，这里不再赘述。在 train.py 上实现如代码 3.17 所示。运行代码，可得到如图 3.22 所示的结果。

【代码 3.17】模型训练。

```
counter = []
loss = []
n_iteration = 0
device = 0

for epoch in range(0, number_epochs):
    for i, data in enumerate(train_dataloader, 0):
        img0, img1 , label = data
        img0, img1 , label = img0.cuda(device), img1.cuda(device),
        label.cuda(device)    # 数据移至 GPU
        optimizer.zero_grad()
        output1,output2 = net(img0, img1)
        loss_contrastive = criterion(output1, output2, label)
        loss_contrastive.backward()
        optimizer.step()
        if i % 10 == 0 :
            n_iteration +=10
            counter.append(n_iteration)
```

```
            loss.append(loss_contrastive.item())
    print("Epoch number: {} , Current loss: {:.4f}\n".format(epoch+1,
    loss_contrastive.item()))
```

```
Epoch number: 40 , Current loss: 0.0390

Epoch number: 41 , Current loss: 0.0107

Epoch number: 42 , Current loss: 0.0130

Epoch number: 43 , Current loss: 0.1000
```

图 3.22 训练的部分结果

步骤 10 可视化训练中的 loss 的变化。利用 Matplotlib 库绘制损失变化图，如图 3.23 所示。在 train.py 上实现如代码 3.18 所示。

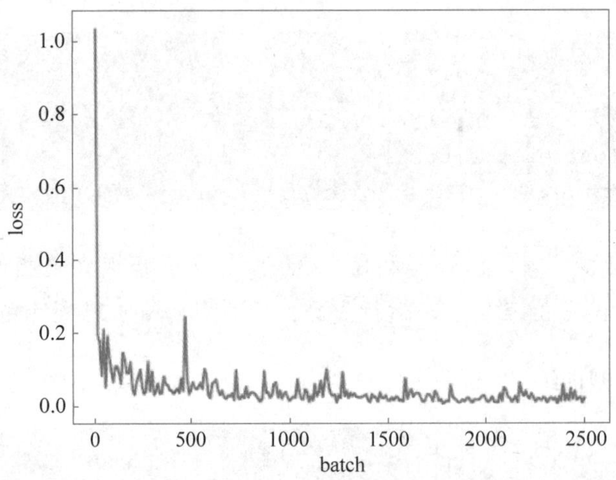

图 3.23 训练集损失变化曲线

【代码 3.18】用 Matplotlib 库绘制损失变化图。

```
def show_plot(iteration,loss,path=None):
    plt.plot(iteration,loss)
    plt.ylabel("loss")
    plt.xlabel("batch")
    if path:
        plt.savefig(path)
    plt.show()
show_plot(counter, loss, './loss.jpg')
```

步骤 11 测试、评估模型性能。

在测试阶段，我们将使用训练好的孪生网络比较两张图像的特征向量，并使用欧氏距离来度量它们之间的距离。如果距离小于阈值，则认为这两张图像是同一个人的。

我们的测试集有 20 个人的图像，每人 10 张人脸图像，这 20 个人的人脸图像并未出现在训练集中，现在用 test 文件夹中的 20 个人的图像进行测试，实现如代码 3.19 所示。大致步骤如下：首先，将测试集加载到自定义的 SNDataset 中，用 DataLoader 封装成测试集加载器；其次，利用迭代器，遍历测试集数据，每次从测试集加载器中读取两张人脸图片并拼接成一张图片，方便后面可视化；然后，将两张图片输入网络模型中，计算输出特征向量的欧氏距离；最后，调用 imshow()，将拼接的图片显示出来，并在图像上方添加欧氏距离的标注，即可以看到两张图像区别度是多少。如图 3.24 所示。

【代码 3.19】模型测试。

```
testing_dir = "./data/orl_faces/test/"
folder_dataset_test = torchvision.datasets.ImageFolder(root = testing_dir)

transform_test = transforms.Compose([transforms.Resize((100,100)),
transforms.ToTensor()])
siamese_dataset_test = SNDataset(imageFolderDataset=folder_dataset_test,
transform=transform_test, should_invert=False)
test_dataloader = DataLoader(siamese_dataset_test,shuffle=True,batch_size=1)

dataiter = iter(test_dataloader)

x0, _, _ = next(dataiter)
for i in range(21):
    _,x1,label1 = next(dataiter)
    concate1 = torch.cat((x0,x1),0)
    output1,output2 = net(x0.cuda(),x1.cuda())
    distance = F.pairwise_distance(output1,output2)
    imshow(torchvision.utils.make_grid(concate1),'Differency:{:.2f}'.format
    (distance.item()))
```

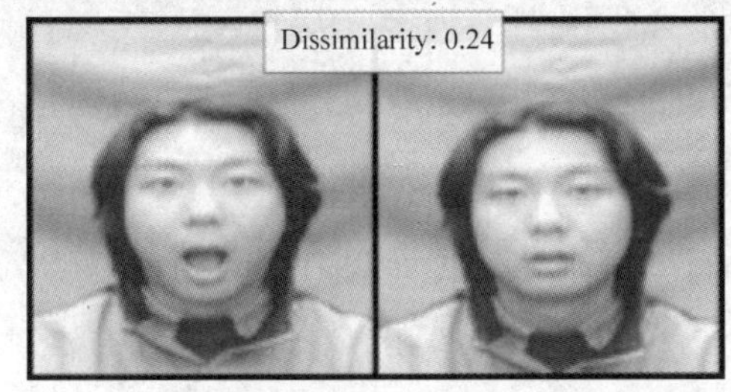

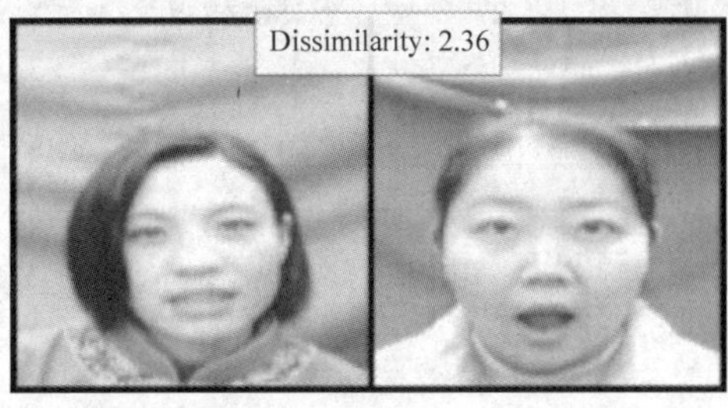

图 3.24 测试例子部分结果

评估测试集的准确率并进行可视化，实现如代码 3.20 所示。可视化结果如图 3.25 所示。

【代码 3.20】评估模型并用 Matplotlib 库绘制测试集准确率曲线图。

```
def validate(test_loader, net, threshod=1.0):
    data_buf = []
    epoch_acc = []
    TP, FP, TN, FN = 0,0,0,0
    for it in test_loader:
        data_buf.append(it)
    for i, it1 in enumerate(data_buf):
        if i % 10 == 0:
            FAR = FP / (FP + TN) if FP + TN != 0 else -1
            FRR = FN / (FN + TP) if FN + TP != 0 else -1
            print(f"round {i} -- FAR: {FAR}, FRR: {FRR}")
        for j, it2 in enumerate(data_buf):
            if i!= j:
                y = (it1[1] == it2[1])
                x0, x1 = it1[0], it2[0]
                output1,output2 = net(x0.cuda(device),x1.cuda(device))
                euclidean_distance = F.pairwise_distance(output1, output2)
                pred = (euclidean_distance < threshod)
                if y:
                    if pred:
                        TP += 1
                    else:
                        FN += 1
                else:
                    if pred:
                        FP += 1
                    else:
                        TN += 1
        epoch_acc.append((TP + TN) / (FP + TN + FN + TP))
    FAR = FP / (FP + TN)
    FRR = FN / (FN + TP)

    print(f"total: {FP + TN + FN + TP}")
    print(f"FAR: {FAR}, FRR: {FRR}, correct rate: {(TP + TN) / (FP + TN +
    FN + TP)}")
    return epoch_acc
fig = plt.figure()
fig = plt.figure()
epoch_range = range(len(test_loader))
plt.plot(epoch_range,test_acc,color = 'red')
plt.legend(['Test ACC'],loc = 'lower right')
plt.xlabel('Batch')
plt.ylabel('Accuracy')
plt.show()
```

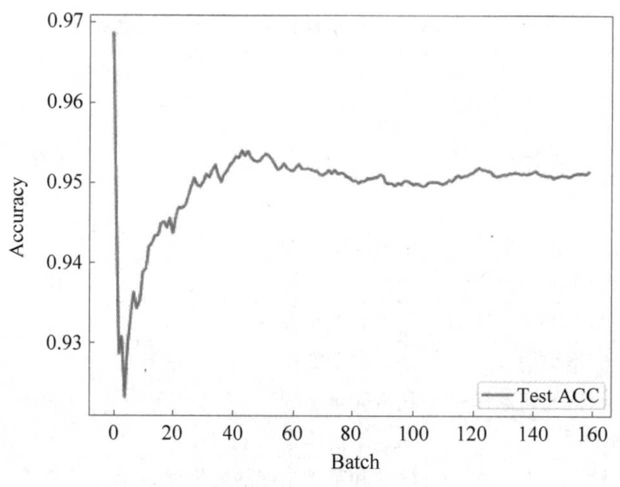

图 3.25 测试集准确率曲线

本次任务实施完成，读者可以自行运行代码并检查效果。

任务小结

任务 3.2 通过采用 ResNet 结构构建孪生网络，在训练过程中采用对比损失函数，通过最小化相同人脸图像的欧氏距离，并最大化不同人脸图像的欧氏距离，使得模型能更好地学习人脸特征。该实验解决的人脸识别问题实际上是人脸识别技术中的人脸验证、比对部分，对于人脸检测等环节，如人脸的定位、对齐等，由于篇幅有限，未进行展开，读者可以沿用该实验步骤对后续实验进行扩充。

不断实验才能深入理解和掌握图像识别领域的知识和技能，同时可以帮助我们不断改进和优化现有模型和算法。

任务自测

（1）2015 年 Google 发表的 Facenet 论文提出了使用 Triplet Loss 来训练人脸识别模型，该模型适用于人脸验证、识别、聚类等问题。简单来说就是选取两个人的三张图片，然后选用 Triplet Loss 的损失函数就可以训练模型，聚类人脸。请试着查询资料，基于三元组思想，完成对任务 3.2 的改进。

（2）面部表情通常是人们情感和内心状态的表现，如快乐、生气、惊讶、害怕等。面部表情识别旨在识别人脸图像中的面部表情，自动判断人的情感状态和内心状态。面部表情识别技术可以应用于多个领域，如人机交互、情感分析等。在人机交互领域，面部表情识别可以帮助计算机更好地理解用户的情感状态和意图，从而提供更加智能化和人性化的服务。请尝试用卷积神经网络解决面部表情识别问题。

评价表：理解基于卷积神经网络的图像识别原理

组员 ID		组员姓名		项目组			
评价栏目	任务详情	评价要素		分值	评价主体		
					学生自评	小组互评	教师点评
图像识别逻辑回归模型的组成要素和网络结构的掌握情况	人脸识别的一般流程	是否完全掌握		5			
	人脸识别的两大方法	是否完全掌握		10			
	卷积神经网络的结构	是否完全掌握		15			
	孪生网络结构	是否完全掌握		20			
	损失函数如何选择	是否完全掌握		20			
掌握熟练度	知识结构	知识结构体系形成		5			
	准确性	概念和基础掌握的准确度		5			
团队协作能力	积极参与讨论	积极参与和发言		5			
	对项目组的贡献	对团队的贡献值		5			
职业素养	态度	是否认真细致、遵守课堂纪律、学习积极、具有团队协作精神		3			
	操作规范	是否有实训环境保护意识，有无损坏机器设备的情况，能否保持实训室卫生		3			
	设计理念	是否体现以人为本的设计理念		4			
总分				100			

图像分割

项目导读

作为世界制造大国和科技创新强国，我国在计算机视觉技术研究和应用方面取得了显著进步，其中一个重要方面就是图像分割技术。图像分割技术可以应用于多个领域，如医疗、农业、安防等，为人民生活带来便利和福祉，体现了中国以人民为中心、科技兴国、创新驱动发展的战略。通过“网络游戏正能量引领计划”，国家鼓励网络游戏开发者利用图像分割等先进技术制作出富有教育意义和文化内涵的游戏作品，传承红色基因和中华优秀传统文化。

图像分割是一种计算机视觉技术，它将一张图像分割成多个不同的部分或区域，每个部分或区域具有独有的特征或属性。通过图像分割技术，可以将图像中的目标从背景中分离出来，为目标识别、跟踪、分析和处理等应用提供基础。图像分割技术的应用非常广泛，主要分为两部分：一部分是基于传统图像分割算法对图像的特征进行分割，如传统的车牌识别技术；另一部分是基于深度学习技术，自动学习图像的特征从而进行分割，例如，在医学影像分析中，可以使用图像分割技术对肿瘤、血管等进行分割和三维重建，为病理分析和手术模拟提供基础；在自动驾驶领域，可以使用图像分割技术对道路、障碍物等进行分割和识别，为车辆的感知和决策提供基础。

学习目标

- 了解图像分割技术及其运用场景和实现方法。
- 能够使用 Python 编写图像分割算法、图像处理方法。
- 能够结合目标实际需求编写图像分割代码。

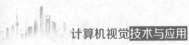

职业素养目标

- 掌握计算机视觉、图像处理等相关领域知识应用的能力，保持对图像分割技术的探索和应用兴趣。
- 能够将图像分割技术运用到现实中，帮助人们实现智能化生活。

职业能力要求

- 具有一定的数学思维和编程能力，了解图像处理的各种知识与方法。
- 具有独立思考和解决问题的能力。
- 具有不断学习和探索的能力。

项目重难点

项目内容	工作任务	建议学时	技能点	重难点	重要程度
图像分割	任务 4.1　车牌分割	2	图像处理以及数据分析	使用 OpenCV 库对图片的像素特征进行判断分割	★★★★☆
	任务 4.2　医学图像分割	4	基于 Unet 网络的视网膜血管分割	自定义 Dataset 读取数据，Unet 网络的搭建	★★★★★

任务 4.1　车牌分割

任务目标

知识目标：了解传统车牌分割所经历的步骤，掌握代码编写等方法。

能力目标：熟练运用 OpenCV 库对图像进行分析。

建议学时

2 学时。

任务要求

本任务主要是基于传统图像分割算法下的车牌分割技术进行实施的，开发者需要了解车牌分割的各个步骤以及对应的作用，不涉及深度学习的内容。本任务针对车辆图片，通过传统的分割算法将车牌图片分割出来，方便后续的识别。本任务假设需求已经确定，开发者需要学习使用 Python 实现以下功能。

- 图像预处理：包括图像增强、去噪、二值化等操作，以提高车牌图像的质量。
- 特征提取：从预处理后的车牌图像中提取特征，如车牌形状、车牌大小等。
- 字符分割：将车牌图像中的字符分离出来。通常采用基于边缘检测或基于字符间距的方法来实现。
- 传统车牌识别技术主要基于图像处理和模式识别技术，需要人工设计和优化参数，达到较好的分割效果。

知识归纳

1. CCPD 数据集

CCPD 数据集是一个大型的、多样化的、经过仔细标注的中国城市车牌开源数据集，主要分为 CCPD2019 数据集和 CCPD2020（CCPD-Green）数据集。CCPD2019 数据集车牌类型仅有普通车牌（蓝色车牌），CCPD2020 数据集车牌类型仅有新能源车牌（绿色车牌）。本次实验用到的车牌照片选自 CCPD2020 数据集。

2. 边缘检测

基于边缘检测的分割算法通过检测包含不同区域的边缘来解决分割问题。通常边缘上的像素灰度值变化比较明显，最简单的边缘检测算法是微分算子法，利用相邻区域的像素值不连续特性，使用一阶或二阶导数来检测边缘点。

常见的边缘检测算法有 Sobel 算子、Canny 算子等，如图 4.1 所示（具体介绍见任务 2.1 中的知识归纳部分）。

(a) 原始图像

(b) 基于Sobel算子

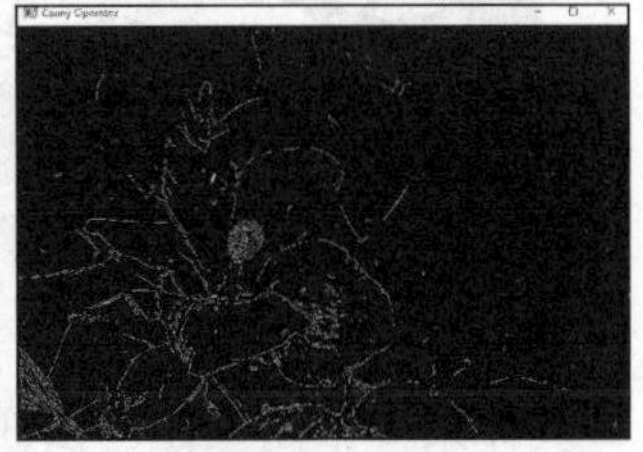

(c) 基于Canny算子

图 4.1 常见的边缘检测算法

读者可以根据任务要求的不同，使用不同的边缘检测算子以达到更好的分割结果。

3. 腐蚀与膨胀

腐蚀和膨胀是数字图像处理中两种基本的形态学操作，如图 4.2 所示，常用于去除噪声、分割图像、提取特征等。

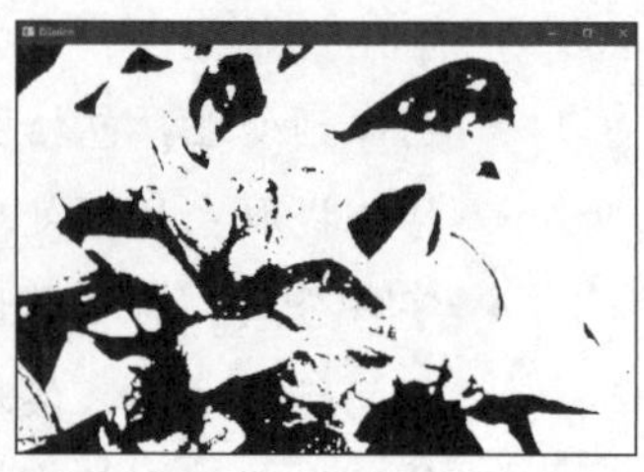

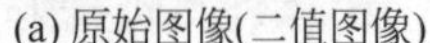

(a) 原始图像(二值图像)　　(b) 腐蚀　　(c) 膨胀

图 4.2　形态学的两种基本操作

腐蚀操作是指将图像中所有的白色区域（高亮部分）缩小一定的程度，从而使白色区域变小，黑色区域变大，这个过程被称为“腐蚀”。膨胀操作是腐蚀操作的逆过程，它将图像中所有的白色区域扩大一定的程度，从而使白色区域变大，黑色区域变小。

简而言之，腐蚀是原图中的高亮区域被蚕食，效果图拥有比原图更小的高亮区域；膨胀就是对图像高亮部分进行“领域扩张”，效果图拥有比原图更大的高亮区域。

使用腐蚀与膨胀操作可以消除图像中的小噪点，使图像更加清晰。

4. 闭操作

闭操作是图像处理中的另一种形态学操作，通常用于对二值化图像进行处理。它的基本思想是对图像中的所有像素点执行某种操作（如膨胀或腐蚀），然后对结果进行反操作，以消除操作时引入的边界效应，从而获得更加精确的结果，如图 4.3 所示。

(a) 原始图像　　(b) 闭操作

图 4.3　闭操作前后对比

具体来说，闭操作可以通过以下步骤进行。

（1）对图像执行膨胀操作，扩大所有对象。

（2）对膨胀后的图像执行腐蚀操作，缩小所有对象。

（3）将腐蚀后的图像与原图像进行逐像素的“或”操作，以消除膨胀时引入的边界效应。

使用闭操作可以消除对象边界上的噪声和空洞，从而使对象更加连续和完整；可以使对象变得更加圆滑，减少锯齿和毛刺等不规则边缘现象；可以改善对象的形状和大小，使其更加符合实际需要。

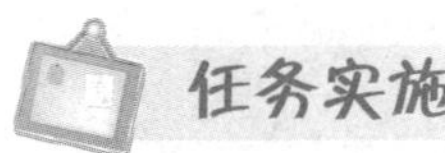

任务实施

本任务使用的 Python 版本为 3.8.13，使用 Anaconda 环境，集合了科学计算领域流行的 Python 包以及集成环境管理应用，OpenCV 版本为 4.6.0，图片数据取自数据集 CCPD。

步骤 1　安装 OpenCV 库（已经安装的可以跳至步骤 2）。

（1）打开计算机的命令提示符界面，输入 python，在 Python 命令行内输入 import cv2，若出现如图 4.4（a）所示的界面，则代表尚未安装 OpenCV 库；若出现如图 4.4（b）所示的界面，则说明已经安装好。

```
Anaconda Prompt (anaconda) - python

(base) C:\Users\10562>python
Python 3.8.13 (default, Mar 28 2022, 06:59:08) [MSC v.1916 64 bit (AMD64)] :: Anaconda, Inc. on win32
Type "help", "copyright", "credits" or "license" for more information.
>>> import cv2
Traceback (most recent call last):
  File "<stdin>", line 1, in <module>
ModuleNotFoundError: No module named 'cv2'
>>>
```

(a) 尚未安装OpenCV库

```
Anaconda Prompt (anaconda) - python

(base) C:\Users\10562>python
Python 3.8.13 (default, Mar 28 2022, 06:59:08) [MSC v.1916 64 bit (AMD64)] :: Anaconda, Inc. on win32
Type "help", "copyright", "credits" or "license" for more information.
>>> import cv2
>>>
```

(b) 已经安装OpenCV库

图 4.4　检查是否安装 OpenCV

（2）输入命令 exit() 退出 Python 环境；使用命令 pip install opencv-python 安装 OpenCV 库，若显示为图 4.5，则安装完毕；最后，再输入 python 进入 Python 命令界面，输入 import cv2，若没有报错，则安装成功。

```
(base) C:\Users\10562>pip install opencv-python
Collecting opencv-python
  Using cached opencv_python-4.7.0.72-cp37-abi3-win_amd64.whl (38.2 MB)
Requirement already satisfied: numpy>=1.17.0 in d:\code\anaconda\lib\site-packages (from opencv-python) (1.23.1)
Installing collected packages: opencv-python
Successfully installed opencv-python-4.7.0.72
```

图 4.5　安装 OpenCV

步骤 2　打开 VSCode，创建一个 Python 文件，进行图像灰度处理。

（1）导入所需要用到的库。

【**代码 4.1**】导入使用库。

```
import cv2
import numpy as np
```

numpy 是 Python 语言中用于科学计算的一个常用的库，它提供了一个高性能的多维数组对象和一系列的工具，能够轻松地处理大规模数据。熟练运用库可以方便我们的数学计算。

（2）读取图片，并转化为灰度图。

【代码 4.2】读取图片并转化为灰度图。

```
img = cv2.imread("./car.jpg")
gray = cv2.cvtColor(img,cv2.COLOR_RGB2GRAY)
img_copy = img.copy()
```

其中，cv2.imread( ) 可以读取指定目录的图片；cv2.cvtColor( ) 是用于颜色空间转换的函数，参数 COLOR_RGB2GRAY 可以将彩色 RGB 图片转化为灰度图，原始图像显示如图 4.6（a）所示，灰度图如图 4.6（b）所示。img_copy 用于保存原始图片样本，方便后续再次使用。

（3）提取图像边缘信息，形成边缘轮廓。

【代码 4.3】使用 Sobel 算子提取图像边缘信息。

```
sobel_img = cv2.Sobel(gray, cv2.CV_16S, 1, 0)
abs_sobel = cv2.convertScaleAbs(sobel_img)
```

通过计算图像像素之间的梯度，可以得到物体的边缘信息。使用 Sobel 算子，计算图像的梯度，CV_16S 为输出图像的深度，对 x 方向取 1 阶导数。所得到的图像为梯度图，再通过 convertScaleAbs( ) 将梯度图像转化为便于显示的图像，展示效果如图 4.6（c）所示。

（4）将灰度图像进行二值化处理。

【代码 4.4】二值化处理。

```
ret, binary = cv2.threshold(abs_sobel, 0, 255, cv2.THRESH_OTSU)
```

threshold( ) 是用于图像二值化处理的函数，可以将灰度图像转化为黑白图像，参数 THRESH_OTSU 可以自行找到一个较好的阈值。具体的参数可以参考 OpenCV 的官方文档。灰度图像经二值化处理的结果如图 4.6（d）所示。

(a) 原图

(b) 灰度图

(c) 使用Sobel算子

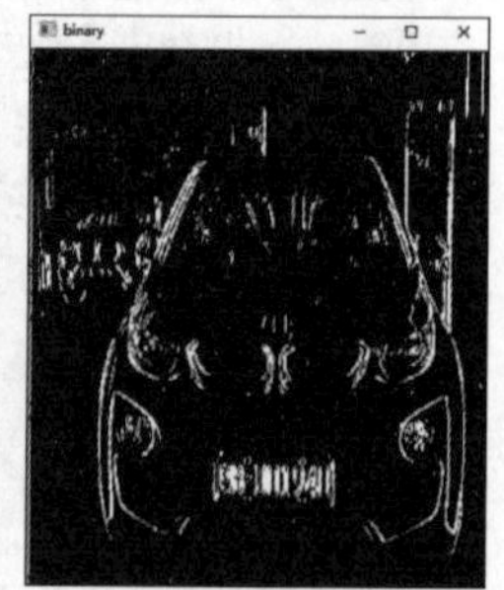

(d) 二值化

图 4.6　中间结果展示

可以看到，我们的输入图片已经由彩色的 RGB 图片分割成了带边缘信息的图片。

步骤 3 对图像进行形态学转换。

（1）进行闭操作。

【代码 4.5】对图像进行闭操作。

```
kernel = cv2.getStructuringElement(cv2.MORPH_RECT,(30,10))
image = cv2.morphologyEx(binary,cv2.MORPH_CLOSE,kernel,iterations=1)
```

getStructuringElement() 用于创造一个特定形状和大小的数据，用于形态学操作；morphologyEx() 用于进行闭操作运算。进行闭操作后的图片如图 4.7（a）所示。

（2）腐蚀与膨胀。

【代码 4.6】将图像腐蚀、膨胀。

```
kernel_x = cv2.getStructuringElement(cv2.MORPH_RECT,(55,7))     # x 方向
kernel_y = cv2.getStructuringElement(cv2.MORPH_RECT,(1,11))     # y 方向
image = cv2.dilate(image,kernel_x)                              # 膨胀
image = cv2.erode(image,kernel_x)                               # 腐蚀
image = cv2.erode(image,kernel_y)
image = cv2.dilate(image,kernel_y)
# 高斯平滑
image = cv2.medianBlur(image,21)
```

对图像从 x 轴方向（图 4.7（b））和 y 轴方向（图 4.7（c））分别进行腐蚀、膨胀操作，使得图像闭合区域更加圆滑。最后使用高斯平滑，让区域之间更加独立，方便后续的分离识别操作，如图 4.7（d）所示。

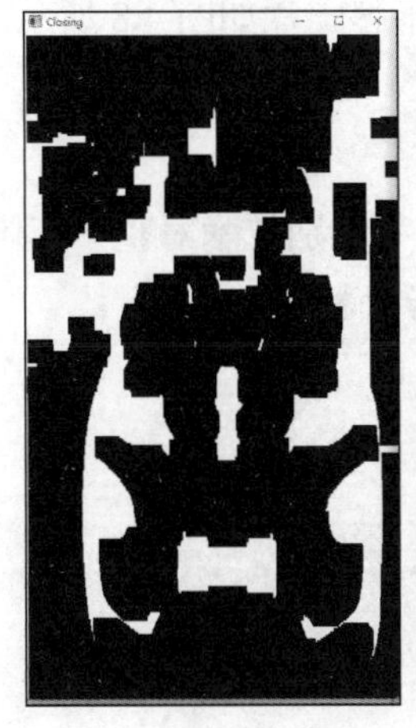
(a) 闭操作

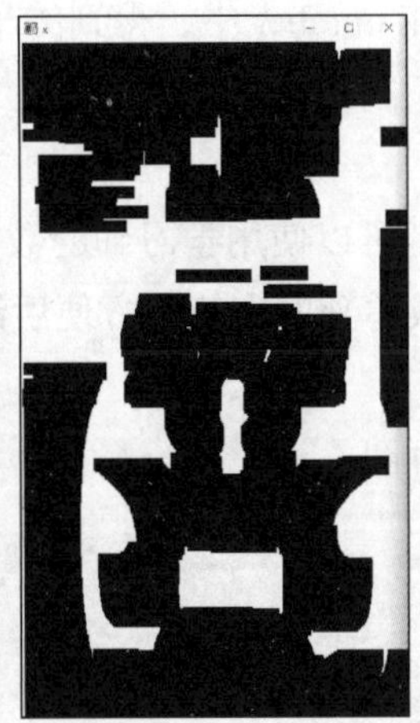
(b) x方向腐蚀、膨胀

(c) y方向腐蚀、膨胀

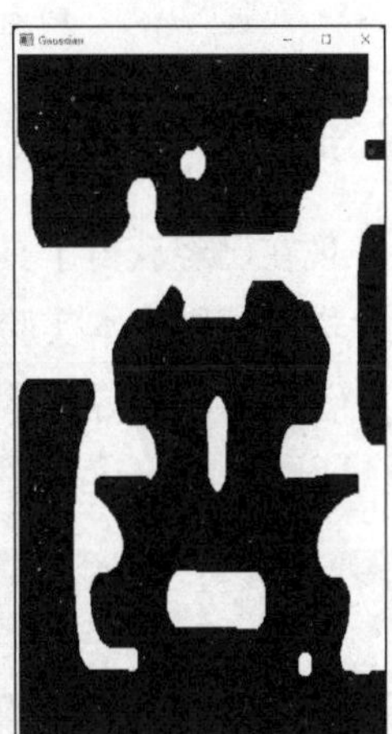
(d) 高斯平滑

图 4.7 腐蚀、膨胀与高斯平滑

步骤 4 提取车牌照片。

经过腐蚀、膨胀操作后，图像已经变成了单独的几何图像区域，现在我们需要从这些区域中选取最有可能是车牌图像的进行定位。

【代码 4.7】提取车牌图片。

```
ontours, hierarchy = cv2.findContours(image, cv2.RETR_EXTERNAL, number = [ ],
cv2.CHAIN_APPROX_SIMPLE)
for contour in ontours:
        # 得到矩形区域：左顶点坐标、宽和高
        rect = cv2.boundingRect(contour)
        # 判断宽与高的比例是否符合车牌标准，筛选符合条件的图片
        if rect[2]>rect[3]*3 and rect[2]<rect[3]*5:
            # 截取车牌并显示
            number = img_copy[rect[1]:(rect[1]+rect[3]),rect[0]:(rect[0]+
            rect[2])]
            cv2.imshow('license plate', number)
            cv2.waitKey()
```

findContours() 用于在图像中寻找闭合区域的轮廓，参数 RETR_EXTERNAL 表示只检测外部轮廓，方便我们找到车牌的矩形区域；CHAIN_APPROX_SIMPLE 只保留轮廓上的关键点。

接着遍历所得到的区域列表 ontours，boundingRect( ) 用于获得能包围轮廓的最小矩形框，并获取到各个区域的最小矩形坐标，返回的 x、y、w、h 四个参数为矩形的左顶点坐标和宽度及长度。接下来再根据车牌的形状进行判断，车牌的宽度为高度的三到五倍。筛选符合条件的矩形，这样我们就得到了车牌的图片，保存在 number 中，得到的车牌图片如图 4.8 所示。

图 4.8 车牌图片

步骤 5 将车牌按照字符进行分割。

现在已经获得了具体的车牌图像，开发者可以使用学习到的数字识别技术对整个车牌图片进行识别。本实验继续将车牌图片分割成单独的字符，方便后续操作。

（1）得到图像像素分布直方图。

【代码 4.8】读取图像像素信息，获取直方图。

```
# 转换为二值图
gray = cv2.cvtColor(number,cv2.COLOR_RGB2GRAY)
ret, binary = cv2.threshold(gray, 0, 255, cv2.THRESH_OTSU)
# 记录每一列的黑白像素值
white = [ ]                    # 记录每一列的白色像素总和
black = [ ]                    # 记录每一列的黑色像素总和
height = binary.shape[0]
```

```
width = binary.shape[1]
white_max = 0                    # 仅保存每列，取列中白色最多的像素总数
black_max = 0                    # 仅保存每列，取列中黑色最多的像素总数
# 循环计算每一列的黑白色像素总和
for i in range(width):
    w_count = 0                  # 这一列白色总数
    b_count = 0                  # 这一列黑色总数
    for j in range(height):
        if binary[j][i] == 255:
            w_count += 1
        else:
            b_count += 1
    white_max = max(white_max, w_count)
    black_max = max(black_max, b_count)
    white.append(w_count)
    black.append(b_count)
```

将图像转化为二值图像，方便后续的分割操作，由于二值图像中只有 0 和 255 两个像素值，我们可以通过统计黑白像素的分布来划分字符所在的区域。累加计算每一列的像素值，如图 4.9 所示，大致可以看出每个字符位于直方图的位置。

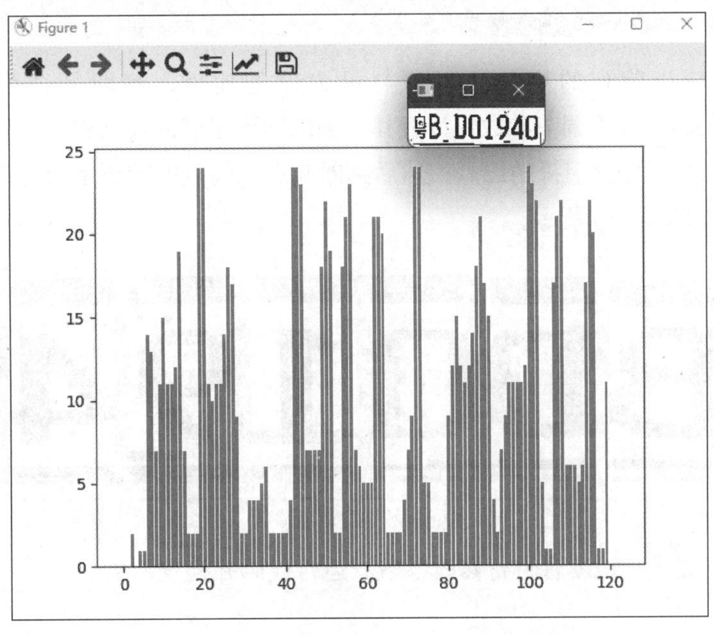

图 4.9　像素分布直方图

（2）通过直方图信息对图像进行分割。

【代码 4.9】根据直方图信息进行分割。

```
segmentation_spacing =0.9        # 判断边界的比例
distance = 5                     # 判断起点终点距离是否合理
```

```
# 参数为分割字符的开始位，计算出字符结束位
def find_end(start):
    end = start + 1
    for m in range(start_+1, width - 1):
        if (white[m]) > (segmentation_spacing * white_max):
            end = m
            break
    return end
# 遍历查找字符
characters = [ ]                # 用于单独存储字符
i = 0
while i < width-1:
    i +=1
    if (black[i]>(1-segmentation_spacing)*black_max):
        start = i
        end = find_end(start)
        i = end
        if end - start >distance:
            character = binary[1:height,start:end]
            characters.append(character)
            cv2.imshow('character',character)
            cv2.waitKey()
```

先通过比较当前列的黑色像素值与最大值的比例，判断是否为字符的起点，segmentation_spacing 为可调节参数，设置其比例以达到更好的效果；再比较白色像素值与最大值的比例，找到分割字符的终点；然后判断起点与终点的距离是否合理；最后得到分离的字符图片，如图 4.10 所示。

图 4.10　分离车牌号

本次任务已完成，请读者自行修改参数、运行代码并检查结果。

任务小结

本任务采用传统车牌识别技术方案，主要包括车牌定位、字符分割、字符识别等步骤。在实现过程中，我们采用了 OpenCV 库和 Python 语言，对图像进行预处理、车牌定位、字符分割处理。通过实验测试，我们得到了较好的识别结果。但是，由于受光照、天气、拍摄角度等因素的影响，仍存在误识别的情况，需要进一步改进和优化算法。

本任务主要是使用传统的数字图像处理技术分割车牌信息，当然随着算力的增加以及深度学习的不断发展，一些传统的分割方法在效果上已经不及基于深度学习的分割方法了，但是图像处理的思路是非常值得我们学习的。在未来，我们可以尝试采用深度学习等新兴技术来改进传统车牌识别技术，提高识别率和鲁棒性。同时，我们也可以进一步探索传统车牌识别技术在车辆管理、交通安全等领域的应用，推动传统车牌识别技术的发展和应用。

任务自测

题目：根据已学知识自行构建流程用于银行卡卡号分割。

要求：

（1）使用 Python 语言，编写用于分割银行卡卡号的代码，得到卡号图片。

（2）将卡号图片分割成单独的数字字符，方便后续识别。

评价表：基于传统分割技术的车牌识别

组员 ID		组员姓名		项目组		
评价栏目	任务详情	评价要素	分值	评价主体		
				学生自评	小组互评	教师点评
车牌分割的主要流程和所用方法掌握情况	图像分割定义	是否完全掌握	10			
	边缘检测算子方法	是否完全掌握	10			
	腐蚀与膨胀的作用	是否完全掌握	15			
	像素分布直方图的作用	是否完全掌握	15			
	整体流程	是否完全掌握	20			
掌握熟练度	知识结构	知识结构体系形成	5			
	准确性	概念和基础掌握的准确度	5			
团队协作能力	积极参与讨论	积极参与和发言	5			
	对项目组的贡献	对团队的贡献值	5			
职业素养	态度	是否认真细致、遵守课堂纪律、学习积极、具有团队协作精神	3			
	操作规范	是否有实训环境保护意识，有无损坏机器设备的情况，能否保持实训室卫生	3			
	设计理念	是否体现以人为本的设计理念	4			
总分			100			

任务 4.2 医学图像分割

任务目标

知识目标：熟悉卷积神经网络架构及 Unet 网络结构，掌握数字视网膜图像血管提取等医学图像分割任务。

能力目标：能够实现图像分割，并提高实验设计和分析能力。

建议学时

4 学时。

任务要求

本任务主要是基于机器学习和深度学习算法实现的，不同项目有不同需求，这里对需求的获得不作强调。本任务假设需求已经确定，开发者需要结合相关算法实现以下内容。

- 数据集预处理：自定义 Dataset 数据集，重写 Data_Loader()。
- 搭建模型：利用 PyTorch 实现基于 Unet 网络结构，包括特征提取、特征融合、图像重建等。
- 训练模型：选择适当的学习率、损失函数、优化器等，划分训练集对模型进行训练。
- 测试和评估模型：使用测试集对模型进行测试，计算模型的准确率、损失等，评估模型的性能。
- 可视化测试结果。
- 模型的优化和改进：开发者根据实验结果对模型进行优化和改进，包括调整学习率大小，损失函数的类型等。

知识归纳

1. DRIVE 数据集

DRIVE（digital retinal images for vessel extraction）数据集是用于视网膜血管分割任务的常用数据集之一。该数据集包含了 40 个受试者的绿光眼底图像和手动标注的血管分割掩码。 DRIVE 数据集中的眼底图像分辨率为 565×584 像素，包括了视网膜中心区域和周边区域，如图 4.11 所示。手动标注的血管分割掩码中，血管像素标记为 1，非血管像素标记为 0，如图 4.12 所示。数据集中的图像来自不同的医院和设备，涵盖了多种视网膜疾病和病变状态，包括血管闭塞、糖尿病视网膜病变、黄斑变性等。DRIVE 数据集广泛应用于医学图像分割、深度学习模型训练等方面，是评估视网膜血管分割算法性能的重要基准数据集之一。

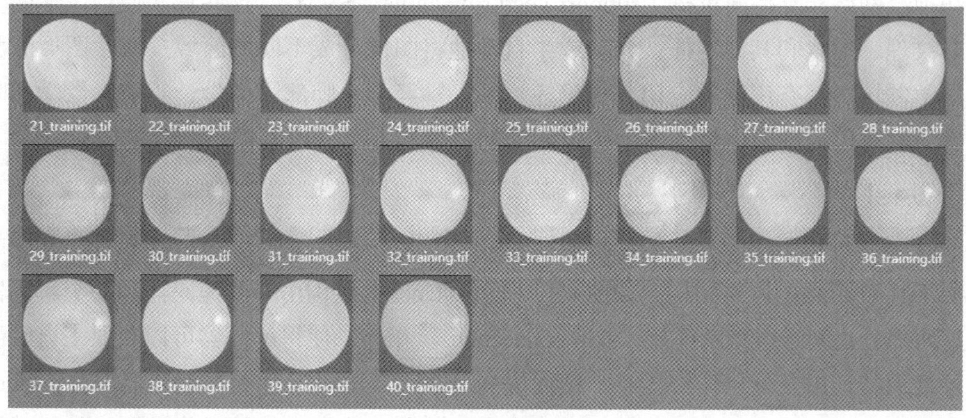

图 4.11 视网膜血管

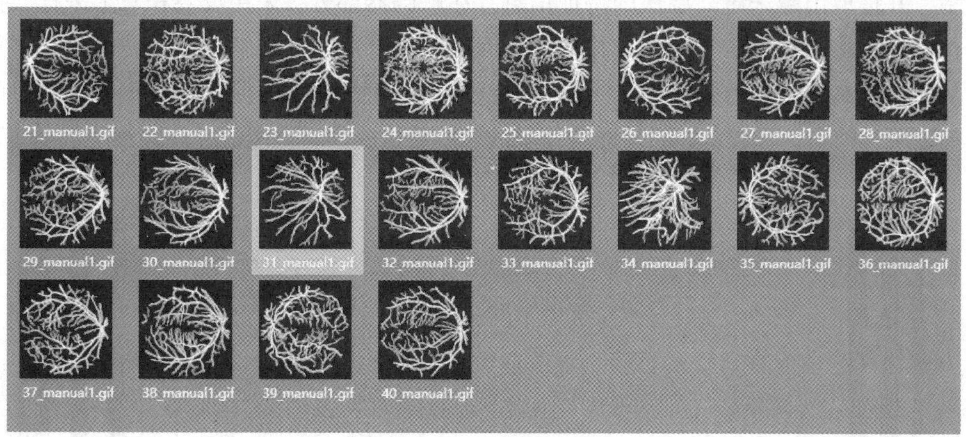

图 4.12 血管分割

1）数据获取

DRIVE 数据集的官方网站提供了下载链接，注册完成后可以在网站上找到包含训练集和测试集的两个压缩文件，分别包含训练集图像与训练集标签和测试集图像与 mask 掩膜。

2）数据集划分

由于官方只给了 20 张样本的真实值用于训练数据，自带的测试集只有图片，没有标签值用于模型的效果展示。现将训练集按照 8∶2 的比例划分为 4 个样本为测试集（exam）用于计算正确率，16 个样本用于训练。本次实验没有使用数据集中的 mask 掩膜，而是通过数据预处理的方式得到真实值。

2. 医学图像分割

医学图像分割是指将医学图像中的不同组织或器官分割成不同区域的过程。这个过程通常是通过计算机算法自动或半自动完成的。医学图像分割可以帮助医生更准确地诊断疾病，规划手术和治疗方案。医学图像分割通常使用一些基于机器学习和深度学习的算法，如卷积神经网络和支持向量机（support vector machine，SVM）。这些算法使用医学图像的颜色、纹理、形状和其他特征，自动或半自动地将图像分成不同的区域。医学图像分割在许多医学领域中都有广泛的应用，如癌症诊断、神经学、肺部影像学、心脏影像学和眼科影像学，它可以帮助医生更准确地确定病变的位置和大小，以及评估治疗的效果。

3. Unet

Unet 是一种用于图像分割的卷积神经网络，由 Ronnenberger 等在 2015 年提出，它的名字来源于其 U 形状的网络结构，如图 4.13 所示。Unet 的结构由一个编码器和一个解码器组成，这两部分之间通过跳跃连接（skip connections）相连，使得解码器可以获取来自编码器的高层抽象特征以及低层详细信息，从而提高分割结果的准确性。在编码器部分，Unet 采用类似于常见卷积神经网络的结构，通过卷积、池化、激活函数等操作，逐步降低图像的分辨率，并提取出越来越高层次的特征信息。在解码器部分，采用反卷积、上采样、拼接等操作，逐步将图像分辨率提高，并将来自编码器的特征信息与解码器的特征信息进行拼接，从而得到高精度的分割结果。Unet 被广泛应用于医学图像分割、道路识别、卫星图像分析等领域，因为它具有良好的性能和较少的参数数量，同时也能够处理较小的数据集。

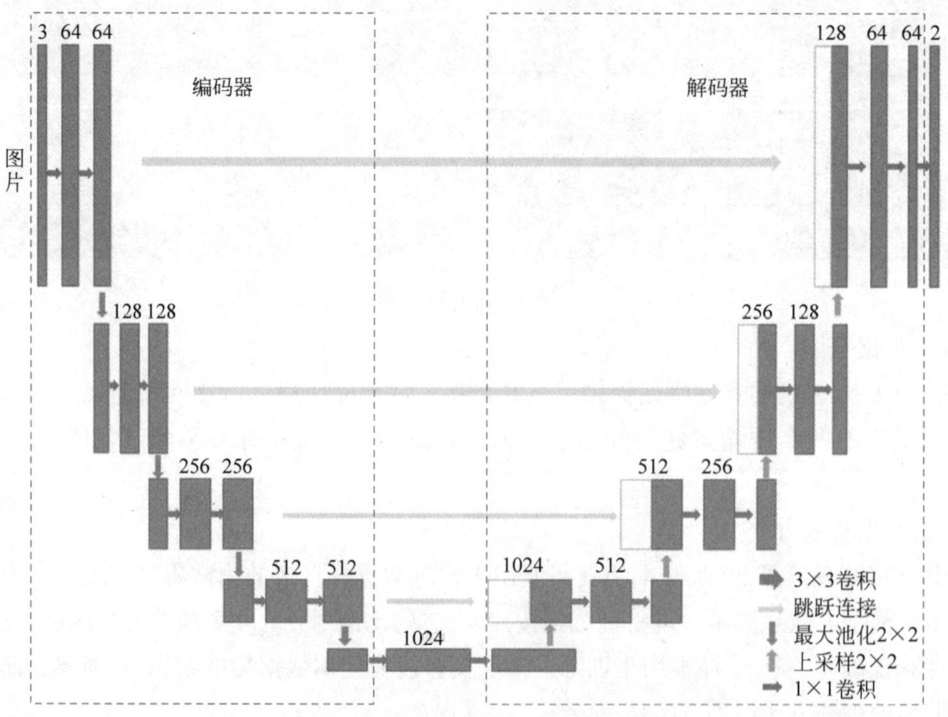

图 4.13　Unet 的结构

任务实施

步骤 1 在官方网站上下载 DRIVE 数据集，解压数据集文件，将数据集解压成如图 4.14（a）所示格式，并检查数据集是否完整。

步骤 2 将数据集按照 8∶2 的比例划分为训练集（training）和测试集（exam），划分过后结构如图 4.14（b）所示，实现过程如代码 4.10 所示。创建 split_data.py 脚本文件。

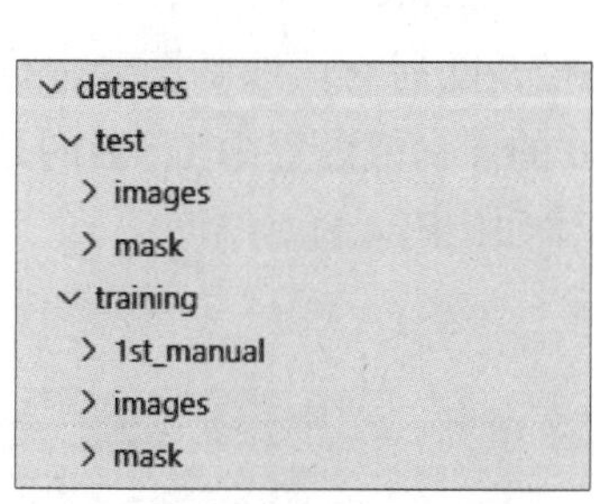

(a) 数据集结构

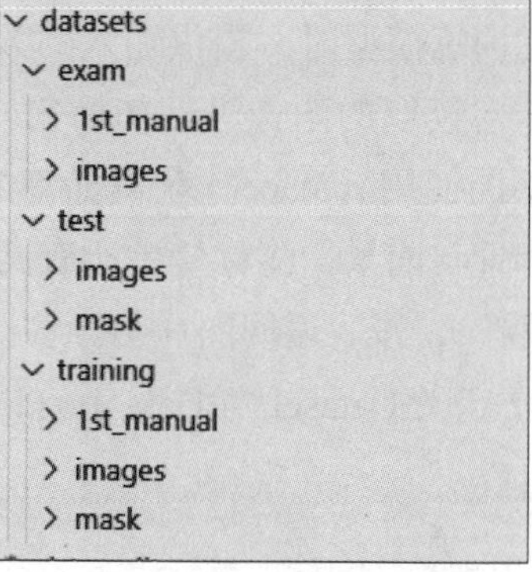

(b) 划分后数据集结构

图 4.14 数据集划分

【代码 4.10】划分数据集。

```
import os
# 数据集
dataset_path = './datasets'
exam_path = dataset_path+'/exam'
# 创建 exam 文件夹
if not os.path.exists(exam_path):
    os.mkdir(exam_path)
    os.mkdir(exam_path+'/images')
    os.mkdir(exam_path+'/1st_manual')
else:
    pass
train_path = dataset_path+'/training'
train_image_path = train_path+'/images'
train_label_path = train_path+'/1st_manual'
exam_image_path = exam_path+'/images'
exam_label_path = exam_path+'/1st_manual'

for path in os.listdir(train_image_path)[-4:]:
    oldpath = os.path.join(train_image_path,path)
    newpath = os.path.join(exam_image_path,path)
```

```
    os.replace(oldpath,newpath)

for path in os.listdir(train_label_path)[-4:]:
    oldpath = os.path.join(train_label_path,path)
    newpath = os.path.join(exam_label_path,path)
    os.replace(oldpath,newpath)
```

步骤 3 定义 Dataset。

创建 Python 文件 dataset.py，自定义 Data_Loader 类，该类继承 Dataset 类，通过重写其函数，可以在训练模型时，提供输入的数据和标签。在初始化函数 __init__() 中，可以设置图像增强，对读取的图像进行初始化。方法 __getitem__() 中，选择一个图像，根据其文件名字的不同使用 replace() 获得标签的路径，随后对读取的图像进行处理。在数据集中只区分了背景与前景，将标签中所有高于 0 的像素值设置为 1，目的是将图片分割成两类（背景与前景），最后返回图片与标签。具体如代码 4.11 所示。

【代码 4.11】定义 Dataset 与 Data_Loader。

```
import os
from torch.utils.data import Dataset
from PIL import Image
from torchvision import transforms

data_transform = {
    "train": transforms.Compose([transforms.ToTensor(),transforms.Normalize
    ((0.5, ), (0.5, ))]),
    "test": transforms.Compose([transforms.ToTensor()])
}

# 数据处理文件
class Data_Loader(Dataset):                              # 加载数据
    def__init__(self,root,transforms_train=data_transform['train'],
    transforms_test=data_transform['test']):      # 初始化
        imgs = os.listdir(root)                          # 读取图像的路径
        self.imgs = [os.path.join(root,img) for img in imgs]
                                                         # 取出路径下所有的图片
        self.transforms_train = transforms_train         # 预处理
        self.transforms_test = transforms_test

    def __getitem__(self, index):                        # 获取数据、预处理等
        image_path = self.imgs[index]                    # 根据 index 读取图片
        label_path = image_path.replace('images', '1st_manual')
                                                         # 生成 label_path
        label_path = label_path.replace('training.tif','manual1.gif')
```

```
        image = Image.open(image_path)              # 读取图片和对应的 label 图
        label = Image.open(label_path)

        image = self.transforms_train(image)        # 样本预处理

        label = self.transforms_test(label)         # label 预处理
        label[label > 0] = 1

        return image, label

    def __len__(self):                              # 返回样本的数量
        return len(self.imgs)
```

步骤 4 建立模型。

本次实验将使用 Unet 作为我们的主干网络进行分割。Unet 的首次提出就是被使用在医学分割任务上，其简单的模型有着十分不错的效果。

（1）在 model.py 上建立模型。首先建立一个 DoubleConv 类，类里集成了两次卷积操作，这两次卷积操作都不影响特征的大小，每次卷积后加上了 BatchNorm2d 和 ReLU 激活函数，以便搭建模型，如代码 4.12 所示。

【代码 4.12】自定义卷积模块。

```
class DoubleConv(nn.Module):                        # 连续两次卷积
    def __init__(self,in_channels,out_channels):
        super(DoubleConv,self).__init__()
        self.double_conv = nn.Sequential(
            nn.Conv2d(in_channels,out_channels,kernel_size=3,padding=1,
            bias=False),
            nn.BatchNorm2d(out_channels),       # 用 BN 代替 Dropout
            nn.ReLU(inplace=True),

            nn.Conv2d(out_channels,out_channels,kernel_size=3,padding=1,
            bias=False),
            nn.BatchNorm2d(out_channels),
            nn.ReLU(inplace=True)
        )

    def forward(self,x):
        x = self.double_conv(x)
        return x
```

（2）接下来定义一个 Down 模块，主要进行下采样工作，缩小图片的尺寸，长和宽都缩小为原来的 1/2，再集成上面介绍的自定义卷积模块，在下采样后进行两次卷积操作，更加方便我们建立模型。如代码 4.13 所示。

【代码 4.13】下采样模块。

```
class Down(nn.Module):    # 下采样
    def __init__(self,in_channels,out_channels):
        super(Down, self).__init__()
        self.downsampling = nn.Sequential(
            nn.MaxPool2d(kernel_size=2,stride=2),
            DoubleConv(in_channels,out_channels)
        )
    def forward(self,x):
        x = self.downsampling(x)
        return x
```

（3）接着自定义 UP 模块，主要实现上采样功能，扩大图片的尺寸，长和宽都变为原来的两倍。ConvTranspose2d 是 PyTorch 中的二维转置卷积层，也称为反卷积层。与标准的卷积层相比，ConvTranspose2d 可以实现上采样（即放大）操作，使得输入张量的空间维度扩大，从而增加特征图的尺寸。将通道数减半，以便于与下采样时得到尺寸相同的特征进行拼接操作。

确保在前项传播过程中一段代码拼接的尺寸相同，具体来说，这段代码首先计算出两个张量在水平和垂直方向上的大小差异，然后将较小的张量在四周填充 0，使得其大小与较大的张量一致。这里的填充量是通过差值除以 2 得到的，可以保证填充后的图像在水平和垂直方向上均匀地分布。最后得到的两个张量大小相同，可以进行拼接等操作。如代码 4.14 所示。

【代码 4.14】上采样模块。

```
class Up(nn.Module):                                # 上采样
    def __init__(self, in_channels, out_channels):
        super(Up,self).__init__()
        self.upsampling = nn.ConvTranspose2d(in_channels,in_channels//2,
        kernel_size=2, stride=2)                    # 转置卷积
        self.conv = DoubleConv(in_channels, out_channels)

    def forward(self, x1, x2):
        x1 = self.upsampling(x1)
        diffY = torch.tensor([x2.size()[2] - x1.size()[2]])
                                                    # 确保任意尺寸的图像输入
        diffX = torch.tensor([x2.size()[3] - x1.size()[3]])

        x1 = F.pad(x1, [diffX // 2, diffX - diffX // 2,
                        diffY // 2, diffY - diffY // 2])

        x = torch.cat([x2, x1], dim=1)              # 从 channel 通道拼接
```

```
        x = self.conv(x)
        return x
```

（4）最后，根据以上建立的模块，搭建出 Unet。如代码 4.15 所示。

【代码 4.15】构建 UNet。

```
class UNet(nn.Module):    # Unet
    def __init__(self, in_channels = 3, num_classes = 1):
        super(UNet, self).__init__()
        self.in_channels = in_channels
        self.num_classes = num_classes

        self.in_conv = DoubleConv(in_channels, 64)

        self.down1 = Down(64, 128)
        self.down2 = Down(128, 256)
        self.down3 = Down(256, 512)
        self.down4 = Down(512, 1024)

        self.up1 = Up(1024, 512)
        self.up2 = Up(512, 256)
        self.up3 = Up(256, 128)
        self.up4 = Up(128, 64)

        self.out_conv = nn.Conv2d(64,num_classes,kernel_size=1)

    def forward(self, x):

        x1 = self.in_conv(x)
        x2 = self.down1(x1)
        x3 = self.down2(x2)
        x4 = self.down3(x3)
        x5 = self.down4(x4)

        x = self.up1(x5, x4)
        x = self.up2(x, x3)
        x = self.up3(x, x2)
        x = self.up4(x, x1)
        x = self.out_conv(x)
        return x
```

步骤 5 实现训练代码。

（1）加载数据集。根据步骤 3 中建立的 Dataset 数据集的代码可以让我们快速加载数据集，包括数据集和测试机，实现如代码 4.16 所示。

【代码 4.16】加载训练集与测试集。

```
# 加载训练集
trainset = Data_Loader("./datasets/training/images")
train_loader = torch.utils.data.DataLoader(dataset=trainset,batch_size=1,
shuffle=True)
trainset_len = len(trainset)
# 加载测试集
testset = Data_Loader("./datasets/exam/images")
test_loader = torch.utils.data.DataLoader(dataset=testset,batch_size=1)
```

（2）选择优化器以及损失函数。使用合适的优化器和损失函数可以让训练达到稳定的效果并提高分割效果。本次实验主要用到了 RMSprop 优化器和 BCEWithLogitsLoss 损失函数，读者可以替换不同的优化器和损失函数查看效果，也可以调整其中的 leaning rate（lr）调整学习的速度。如代码 4.17 所示。

【代码 4.17】定义优化器与损失函数。

```
# 加载优化器和损失函数
# 定义优化器
optimizer = optim.RMSprop(net.parameters(), lr=0.00001,weight_decay=1e-8,
momentum=0.9)
criterion = nn.BCEWithLogitsLoss()  # 定义损失函数
```

（3）初始化网络模块与保存网络参数。定义 device 将模型放在 GPU 上训练，若没有 GPU 则使用 CPU，创建网络模型，设置保存路径，通过 best_acc 保存训练出准确率最好的模型。如代码 4.18 所示。

【代码 4.18】加载训练模块并创建网络

```
# 网络训练模块
device = torch.device('cuda' if torch.cuda.is_available() else 'cpu')
                                                # GPU or CPU
net = UNet(in_channels=3, num_classes=1)        # 加载网络
net.to(device)                                  # 将网络加载到 device 上
# 保存网络参数
save_path = './UNet.pth'                        # 网络参数的保存路径
best_acc = 0.0                                  # 保存最好的准确率
```

（4）开始训练。这里定义的准确率仅仅是基于相同像素位置上模型结果与真实值是否相同计算的，实际运用中不是简单的计算。这里仅提供一个大致的准确率展示，将每次训练的损失保存在 total_loss 中，方便绘制 loss 曲线。具体训练如代码 4.19 所示。

【代码 4.19】训练与测试代码。

```
# 用于保存损失，可视化 loss
total_loss = []
```

```
for epoch in range(40):
    # 训练
    net.train()
    running_loss = 0.0
    for image,label in train_loader:
        optimizer.zero_grad()                          # 梯度清零
        pred = net(image.to(device))                   # 前向传播
        loss = criterion(pred, label.to(device)) # 计算损失
        loss.backward()                                # 反向传播
        optimizer.step()                               # 梯度下降
        running_loss += loss.item()                    # 计算损失和
    total_loss.append(running_loss)
    net.eval()                                         # 测试模式
    acc = 0.0                                          # 正确率
    total = 0
    with torch.no_grad():
        for test_image, test_label in test_loader:

            outputs = net(test_image.to(device)) # 前向传播

            outputs[outputs >= 0] = 1                  # 将预测图片转为二值图像
            outputs[outputs < 0] = 0

            # 计算预测图片与真实图片像素点一致的精度 :acc = 相同的 / 总个数
            acc += (outputs == test_label.to(device)).sum().item() /
                   (test_label.size(2) * test_label.size(3))
            total += test_label.size(0)

    accurate = acc / total                             # 计算整个 test 上面的正确率
    print('[epoch %d] train_loss: %.3f  test_accuracy: %.3f %%' %
        (epoch + 1, running_loss/trainset_len, accurate*100))

    if accurate > best_acc:                            # 保留最好的精度
        best_acc = accurate
        torch.save(net.state_dict(), save_path)  # 保存网络参数
```

（5）绘制 loss 曲线。使用 Matplotlib 绘制图像并保存，如代码 4.20 所示，loss 曲线如图 4.15 所示。

【代码 4.20】画出 loss 曲线。

```
plt.plot(range(1,len(total_loss)+1),total_loss)
plt.ylabel("loss")
plt.xlabel("epoch")
plt.savefig('train_loss')
plt.show()
```

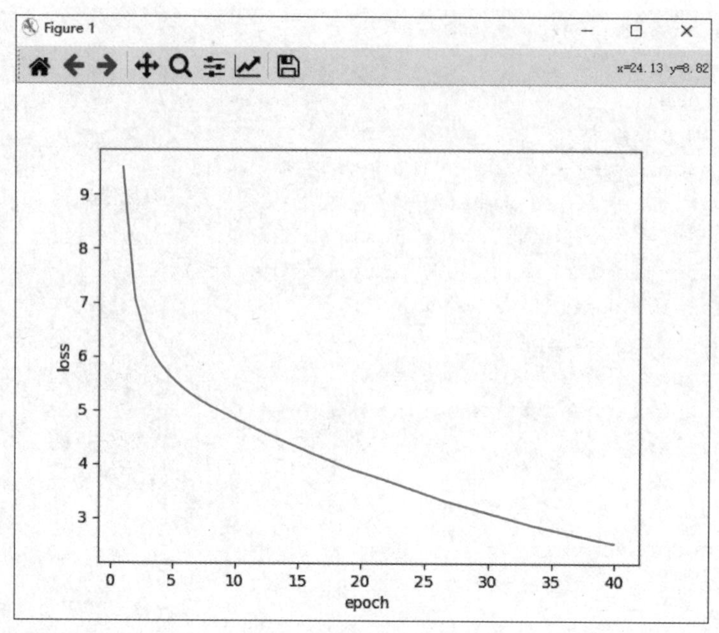

图 4.15　loss 曲线

（6）验证模型效果。训练保存了 best_acc 轮的模型参数。使用模型时先建立好模型，再添加训练好的参数，传入图片进行预测，这里只使用一张图片查看模型效果，简单查看一下不同阶段下模型的预测效果。需要注意的是，读取图片后，需要为图片增加维度，否则将图片输入网络时会出现错误，最后将结果转化为方便显示的格式。具体如代码 4.21。原图和不同阶段下的分割，加载在 epoch 为 5、20、40 时保存参数的结果如图 4.16 所示。

【代码 4.21】预测。

```
import numpy as np
import torch
import cv2
from model import UNet
from torchvision import transforms
from PIL import Image

transform = transforms.Compose([
        transforms.ToTensor(),
        transforms.Normalize((0.5,),(0.5))
    ])

# 加载模型
device = torch.device('cuda' if torch.cuda.is_available() else 'cpu')
net = UNet(in_channels=3, num_classes=1)
net.load_state_dict(torch.load('UNet_40.pth', map_location=device))
                                          # 通过加载不同阶段的权重文件，保存不同的结果
net.to(device)
```

```
# 测试模式
net.eval()
with torch.no_grad():

    img = Image.open('./datasets/test/images/01_test.tif')
                                           # 读取预测的图片
    img = transform(img)                   # 预处理
    img = torch.unsqueeze(img,dim = 0)     # 增加 batch 维度

    pred = net(img.to(device))             # 网络预测

    pred = torch.squeeze(pred)             # 将 (batch、channel) 维度去掉
    pred = np.array(pred.data.cpu())       # 保存图片需要转为 cpu 处理

    pred[pred >=0 ] =255                   # 转为二值图像
    pred[pred < 0 ] =0

    pred = np.uint8(pred)                  # 转为图片的形式
    cv2.imwrite('./res.png', pred)         # 保存图片
```

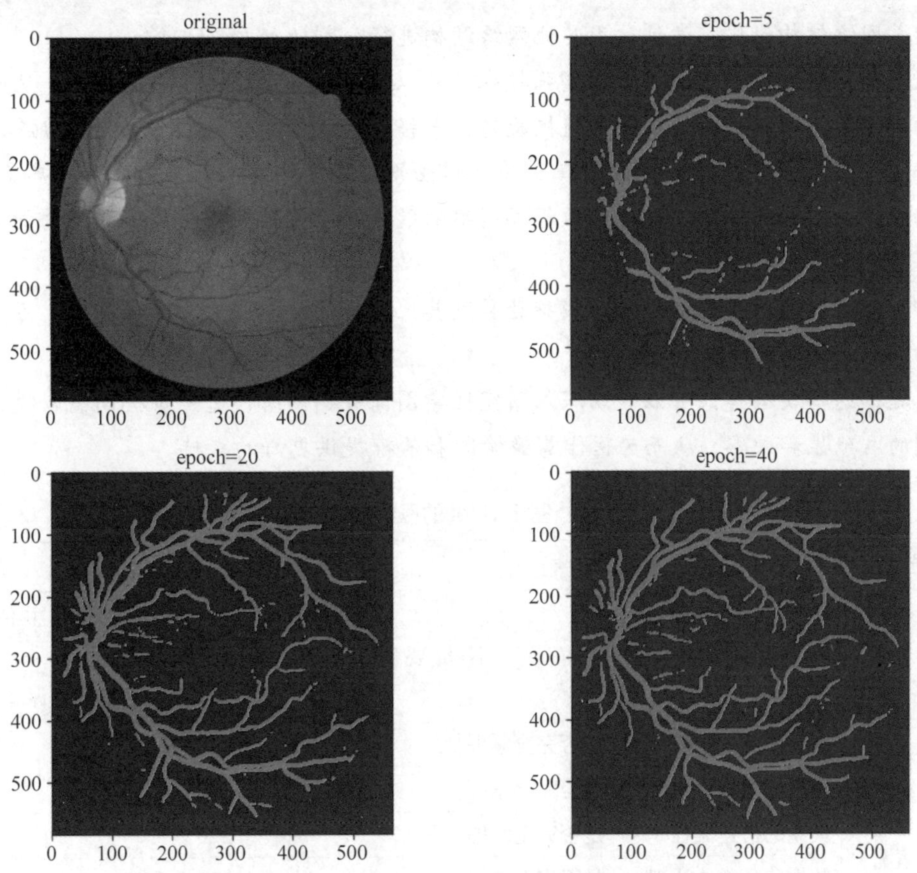

图 4.16　原始图像与分割结果

本次任务实施完成，读者可以自行运行代码并查看结果。

◆ 任务小结 ◆

医学图像分割是指通过计算机视觉和图像处理技术，将医学影像中有意向区域从背景中分离出来，以辅助医学诊断和治疗。医学图像分割还需要考虑一系列实际问题，如数据获取、标注、样本不平衡等问题。因此，医学图像分割是一个非常具有挑战性的任务，需要综合运用多个领域的知识和技能。

任务 4.2 通过使用 Unet 分割视网膜图像，先简单介绍了 Unet 的网络结构和使用的数据集，接着编写了 Dataset 进行训练，最后搭建网络进行训练。由于篇幅有限，本任务只是用了简单的数据集以及网络结构进行训练，读者可以自行根据流程优化现有的模型和算法。

◆ 任务自测 ◆

使用 Unet 对视网膜血管图像进行分割后，以下一些实验建议可以帮助深入研究医学图像分割网络。

（1）网络结构优化：尝试改用其他网络结构进行分割，如 Unet++ 等。

（2）数据增强：通过使用数据增强技术，可以在数据集中生成更多的样本，从而提高网络的泛化能力。例如，可以使用随机旋转、平移、缩放、翻转、噪声等技术增强数据。

（3）多任务学习：尝试将视网膜血管分割任务与其他相关任务（如视网膜病变检测）结合起来进行多任务学习。这样可以提高网络的效率和准确性，同时减少模型的训练时间和数据量。

（4）迁移学习：将已训练好的模型迁移到其他相关的医学图像分割任务中，可以加速模型的训练和提高其性能。

总之，这些实验建议可以帮助深入研究医学图像分割网络，进一步提高视网膜血管图像分割的准确性和效率，从而为医学影像诊断和治疗提供更好的支持。

评价表：基于 Unet 的医学图像分割

组员 ID		组员姓名		项目组			
评价栏目	任务详情	评价要素		分值	评价主体		
					学生自评	小组互评	教师点评
医学图像分割模型的组成要素和网络结构的掌握情况	医学图像分割的作用	是否完全掌握		10			
	模型的组成要素	是否完全掌握		20			
	模型的搭建流程	是否完全掌握		20			
	数据集的整体认识	是否完全掌握		20			

续表

评价栏目	任务详情	评价要素	分值	评价主体		
				学生自评	小组互评	教师点评
掌握熟练度	知识结构	知识结构体系形成	5			
	准确性	概念和基础掌握的准确度	5			
团队协作能力	积极参与讨论	积极参与和发言	5			
	对项目组的贡献	对团队的贡献值	5			
职业素养	态度	是否认真细致、遵守课堂纪律、学习积极、具有团队协作精神	3			
	操作规范	是否有实训环境保护意识，有无损坏机器设备的情况，能否保持实训室卫生	3			
	设计理念	是否体现以人为本的设计理念	4			
总分			100			

目标检测与追踪

项目导读

近年来，我国在智慧交通、智慧城市、无人驾驶等AI领域开展战略布局。我国《新一代人工智能发展规划》也明确了加强“超越人类视觉能力的感知获取”“面向真实世界的主动视觉感知及计算”等跨媒体感知计算理论的研究。党的二十大报告指出“加快发展数字经济，促进数字经济和实体经济深度融合，打造具有国际竞争力的数字产业集群”。目标检测与追踪技术作为计算机视觉中重要且基础的研究方向，已被广泛应用于公安疑犯追踪、安防监控，人流量、车流量分析，以及面向无人机或遥感卫星等低空及高空目标检测与追踪等领域，在社会治安、城市交通、国防安全等方面有着广泛的应用价值和社会意义。

具体来说，目标检测与追踪通常可作为预处理步骤，为其他高级视觉任务，包括但不限于行人重识别（person re-ID）、人体姿态估计（pose estimation）、图像场景图构建（scene graph）、图像描述生成（image captioning）、视频理解（video understanding）等提供数据基础和技术支持。其面向的应用场景不局限于安防监控中异常事件检测、人流量统计等，还可包括无人机低空航拍图像的入侵检测与追踪、交通车辆检测与统计、医学影像的病灶检测与分析等。

从任务设定角度来讲，目标检测混合了区域识别和定位两项任务。其任务主要可描述为给定一张图像或一组视频帧，定位到图像或视频帧中所包含物体的区域和类别，通过设计模型或算法回归出物体所在的区域位置及其类别。目标追踪则可被概括为一种基于区域的重识别和定位任务，主要任务是给定某个候选区域或者物体，在后续的视频帧中持续追踪、定位该区域或物体的新位置。

从所要分类或预测的数据粒度方面分析，目标检测与追踪所判定的对象为区域级别（region-level），即以图像中的某些子区域为判定对象。而图像识别则是整个图像级别（image-level），语义分割为像素级别（pixel-level）。然而，由于目标检测与追踪需要同时完成对区域的识别与定位，且在复杂场景中，目标位置、尺寸、遮挡、模糊等情况复杂多变，这使得目标检测与追踪任务相比于图像识别（分类）与分割更具挑战性。相应地，在模型结构及算法设计方面，目标检测与追踪也更加复杂。

学习目标

- 理解什么是目标检测与追踪，掌握目标检测和追踪的基本概念和技术。
- 掌握目标检测技术，利用 PyTorch 技术，实现基于深度卷积神经网络的目标检测算法，对图像中的多个物体进行识别与定位。
- 掌握目标追踪技术，利用 PyTorch 技术，实现基于孪生网络的目标追踪算法，对视频中设定的目标进行捕获与追踪。
- 学会在实际应用中结合具体需求，运用目标检测和追踪技术，提高对图像或视频中所包含的目标进行智能化解析与定位，为后续进行更加精准的场景理解任务做准备。

职业素养目标

- 培养学生能够善于分析特定场景中目标检测与追踪的问题，以及相应的解决方法的能力，提升分析问题与解决问题的能力。
- 利用所学专业知识，发挥创造性。通过应用目标检测与追踪技术更好地改善监控安防、智慧交通、嫌犯追踪等实际系统的智能化水平。

职业能力要求

- 具有清晰的项目目标和方向，能够明确目标检测与追踪的应用场景需求。
- 掌握各类目标检测与追踪技术，能够结合现有的算法和工具实现指定类别和目标的检测、追踪及定位等。
- 具有团队合作和沟通能力，结合其他项目中的技术，能够与其他相关岗位协作，共同完成基于目标检测与追踪的图像及视频场景理解项目。
- 能够不断学习和更新知识，关注最新的技术趋势和前沿动态，持续提高自身的专业能力和竞争力。

项目重难点

项目内容	工作任务	建议学时	技能点	重难点	重要程度
目标检测与追踪	任务 5.1 基于 MMDetection 的目标检测	2	二阶段目标检测模型的搭建及测试	理解目标检测的原理，并会用 MMDetection 库实现	★★★★★
				MMDetection 可视化数据和模型性能	★★★★☆
	任务 5.2 基于 MMTracking 的目标追踪	2	基于孪生网络的 SiamRPN++ 追踪模型搭建与测试	基于 MMTracking 搭建 SiamRPN++ 追踪器	★★★★★
				拓展多目标追踪器的搭建	★★★★☆

任务 5.1 基于 MMDetection 的目标检测

任务目标

知识目标：学习 VSCode 软件界面、掌握代码编辑和目标检测等知识点。

能力目标：通过结合 PyTorch 深度学习框架和开源目标检测库 MMDetection 实现一种通用目标的多类目标检测器。

建议学时

2 学时。

任务要求

本任务主要是基于深度学习，特别是深度卷积神经网络模型的算法完成。开发者需了解针对通用场景的目标检测及其算法流程。不同目标检测项目有不同的场景需求，例如，行人流量监测场景以检测人为主，高速路段车流量统计则以检测车为主等。这里以通用类别的多目标检测为例。

本任务假设需求已经确定，开发者需要结合相关算法实现以下功能。

（1）数据集准备与预处理：开发者需要使用适当工具和算法对应用场景的图像进行预处理，包括数据标注、数据清洗及数据集划分等，以便后续目标检测模型的训练与测试。

（2）目标检测模型实现：开发者需要使用深度学习算法，对图像中的多个目标的位置进行预测，并判定类别。

（3）目标检测模型训练：开发者需利用准备好的数据集，对使用或设计的目标检测模型进行训练。

（4）目标检测模型测试及结果可视化：开发者需要使用适当的工具和技术，利用已训练好的模型对测试集图像进行推理，并可视化呈现结果，以便用户查看和理解。

（5）模型评估和优化：开发者需要对模型进行评估和优化，以提高目标检测的准确性和可靠性。

知识归纳

1. 二阶段目标检测方法——Faster R-CNN

基于深度学习的目标检测方法可大致分为二阶段方法和一阶段方法两大类。其

中，Faster R-CNN（Region CNN）和 YOLO 系列分别是二阶段和一阶段目标检测器的代表性算法。这里以 Faster R-CNN 系列为例，简要回顾一下该系列检测器的模型结构。

Faster R-CNN 作为目标检测领域最为经典的二阶段方法，经历了 R-CNN、Fast R-CNN 和 Faster R-CNN 三个版本的改进和提升。最终，Faster R-CNN 摒弃了初代版本 R-CNN 离线候选区域生成算法——selective search，通过一种可学习的候选区域提取网络（region proposal networks，RPN）进行候选区域的预取，并利用兴趣区域（region of interest，RoI）池化层（pooling）将候选区域的特征图映射为相同大小，最后引入双分支的全连接层——（fully connected layer，FCL）进行位置回归和分类，具体模型结构可如图 5.1 所示。其中，候选区域提取网络 RPN 是 Faster R-CNN 方法的核心，其原理是利用额外的神经网络分支对候选区域进行提取，而非传统的手工设定。这种方式可大大提升候选区域选择性搜索的空间，提升目标检测的效率。

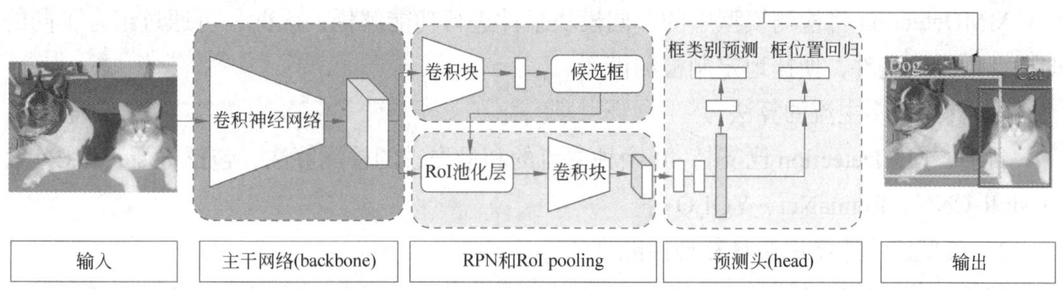

图 5.1 二阶段目标检测器 Faster R-CNN 的网络结构示意

2. 一阶段目标检测方法——YOLO 系列

YOLO 是一阶段目标检测器的代表。不同于二阶段的目标检测器，YOLO 舍弃了候选区域抽取的步骤，而将物体类别预测和物体框位置回归任务集成在一个前馈过程中，实现了快速预测。YOLO 检测器的网络模型结构如图 5.2 所示，其检测推理过程如下：①将输入图像划分为 $n \times n$ 个子区域（图 5.2 中为 7×7）。②经过卷积神经网络，提取到大小为 7×7 的特征图。③每个子区域内都会最终输出 b 个矩形框的位置（x，y，w，h）及其位置的置信分数（s），同时输出每个框中物体属于 C 个类别的概率。因此，网络的全连接层的输出维度为 $n \times n \times (b \times 5 + C)$。④最后，通过计算各段均方差和误差作为损失函数来优化网络参数。由于网络结构并无分支，因此一阶段网络可以进行快速前馈预测。然而，由于每个子区域仅预测两个候选框，当子区域中有多个物体时，只有高置信度的物体会被检出，而置信度低的物体或小目标就会被漏检，这就导致 YOLO 模型的检测召回率较低。在后续的工作中，通过引入 Faster R-CNN 的锚框机制以及特征金字塔等结构，进一步提升了一阶段检测模型精度，同时保证了模型预测效率，满足实际应用场景中模型准确性和实时性的需求。

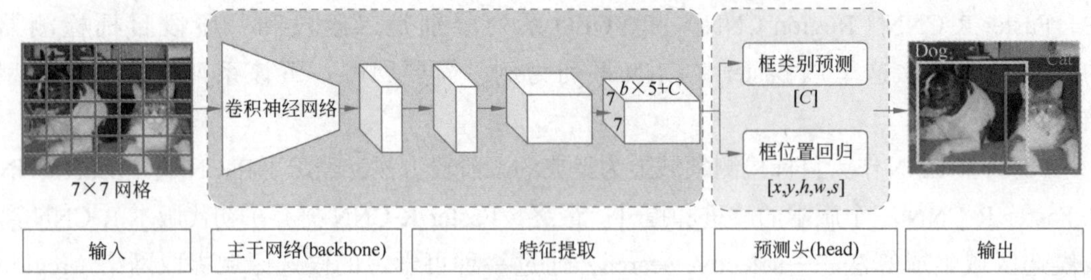

图 5.2　一阶段目标检测器 YOLO 的网络结构示意

3. 基于 MMDetection 的目标检测算法实现

MMDetection 是一个基于 PyTorch 实现的目标检测算法代码库，由我国商汤科技公司自主研发，属于 OpenMMLab 开源项目的一部分。借助 MMDetection 代码库，通过配置文件，可快速搭建多种检测模型，实现模型快速训练与部署。MMDetection 主要有以下特点。

1）模块组件功能解耦，即插即用

MMDetection 将检测模型中的不同模块组件进行功能解耦，因此，可通过组合不同的即插即用模块组件，便捷地定制检测模型。

2）支持众多主流的算法

目前，MMDetection 已支持 40 余种主流的和最先进的检测算法，包括 Faster R-CNN、Mask R-CNN、RetinaNet、YOLO 等。

3）模型训练速度更快且复现性能高

相较于其他开源代码库，如 Detectron2、maskrcnn-benchmark、SimpleDet 等，MMDetection 的训练速度更快，且可复现主流检测器，检测性能有保证。

任务实施

1. 数据集准备与预处理

为训练目标检测数据集，需准备被检测类别的图像，并标注相应的目标位置和类别。常用的通用目标检测数据集包括 PASCAL VOC、Microsoft COCO（MS COCO）等。其中，PASCAL VOC 数据集包含有 11530 张图像，共标注了 27450 个目标实例的边界矩形框（bounding box）。Microsoft COCO 数据集则包含约 200000 张图像，覆盖 80 个类别，共标注有约 500000 个目标实例框（以及分割掩模图）。通过对数据集分析，可以了解数据集中每张图像平均包含物体的数量、物体尺寸的大小、每种类别的物体实例的数量，从而评估数据集的训练难度，并根据特定问题定制相应的目标检测器。对于深度学习模型来说，数据集的样本规模和标注质量在一定程度上影响着模型的性能。因此，大规模高质量的标注数据集对深度学习模型的训练至关重要。

这里，以 PASCAL VOC 数据集为例，图 5.3～图 5.5 分别展示了 PASCAL VOC 数据集中的图像、标注文件以及语义分割标注的样例。

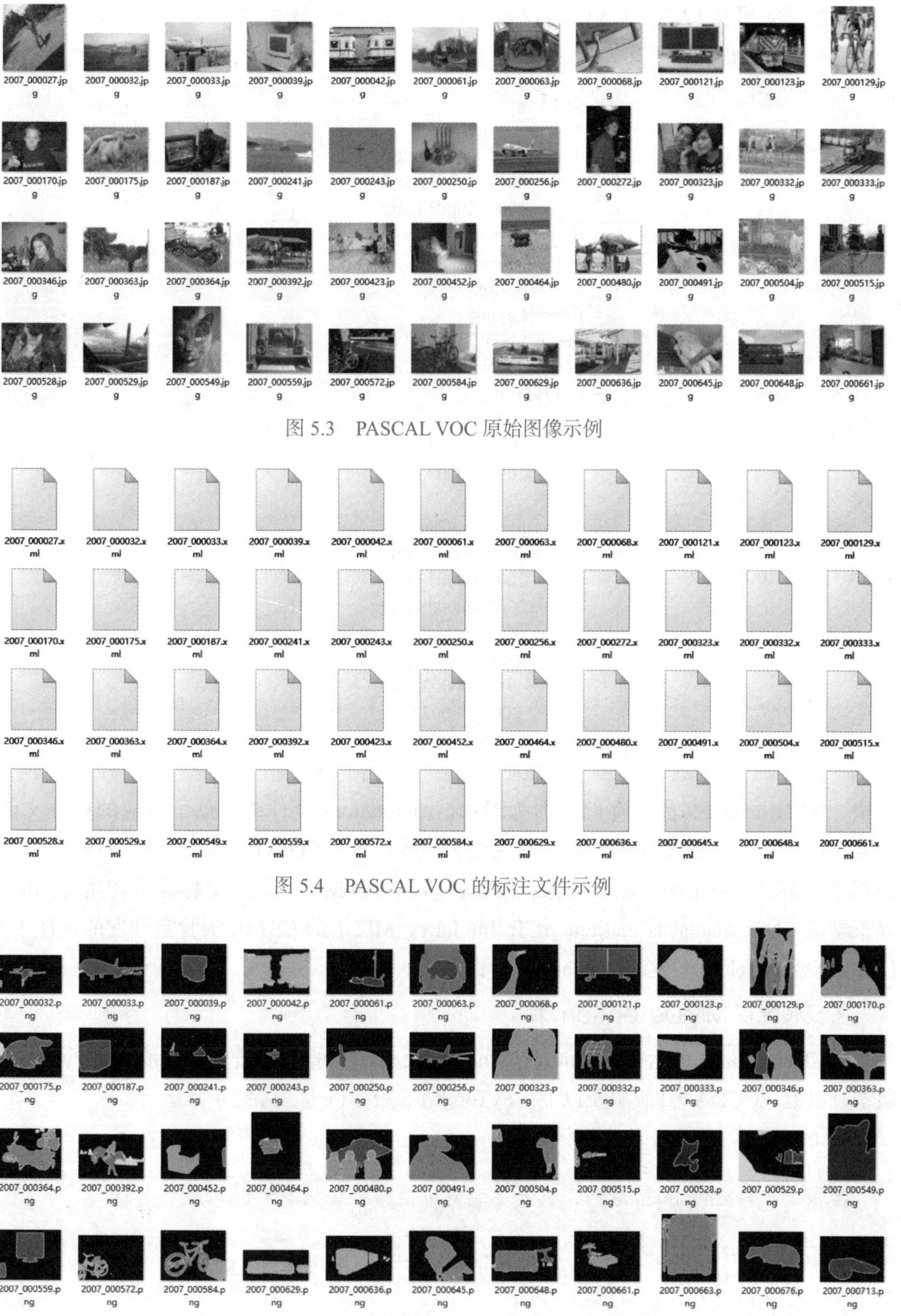
2007_000027.jpg
2007_000032.jpg
2007_000033.jpg
2007_000039.jpg
2007_000042.jpg
2007_000061.jpg
2007_000063.jpg
2007_000068.jpg
2007_000121.jpg
2007_000123.jpg
2007_000129.jpg
2007_000170.jpg
2007_000175.jpg
2007_000187.jpg
2007_000241.jpg
2007_000243.jpg
2007_000250.jpg
2007_000256.jpg
2007_000272.jpg
2007_000323.jpg
2007_000332.jpg
2007_000333.jpg
2007_000346.jpg
2007_000363.jpg
2007_000364.jpg
2007_000392.jpg
2007_000423.jpg
2007_000452.jpg
2007_000464.jpg
2007_000480.jpg
2007_000491.jpg
2007_000504.jpg
2007_000515.jpg
2007_000528.jpg
2007_000529.jpg
2007_000549.jpg
2007_000559.jpg
2007_000572.jpg
2007_000584.jpg
2007_000629.jpg
2007_000636.jpg
2007_000645.jpg
2007_000648.jpg
2007_000661.jpg

图 5.3　PASCAL VOC 原始图像示例

2007_000027.xml
2007_000032.xml
2007_000033.xml
2007_000039.xml
2007_000042.xml
2007_000061.xml
2007_000063.xml
2007_000068.xml
2007_000121.xml
2007_000123.xml
2007_000129.xml
2007_000170.xml
2007_000175.xml
2007_000187.xml
2007_000241.xml
2007_000243.xml
2007_000250.xml
2007_000256.xml
2007_000272.xml
2007_000323.xml
2007_000332.xml
2007_000333.xml
2007_000346.xml
2007_000363.xml
2007_000364.xml
2007_000392.xml
2007_000423.xml
2007_000452.xml
2007_000464.xml
2007_000480.xml
2007_000491.xml
2007_000504.xml
2007_000515.xml
2007_000528.xml
2007_000529.xml
2007_000549.xml
2007_000559.xml
2007_000572.xml
2007_000584.xml
2007_000629.xml
2007_000636.xml
2007_000645.xml
2007_000648.xml
2007_000661.xml

图 5.4　PASCAL VOC 的标注文件示例

2007_000032.png
2007_000033.png
2007_000039.png
2007_000042.png
2007_000061.png
2007_000063.png
2007_000068.png
2007_000121.png
2007_000123.png
2007_000129.png
2007_000170.png
2007_000175.png
2007_000187.png
2007_000241.png
2007_000243.png
2007_000250.png
2007_000256.png
2007_000323.png
2007_000332.png
2007_000333.png
2007_000346.png
2007_000363.png
2007_000364.png
2007_000392.png
2007_000452.png
2007_000464.png
2007_000480.png
2007_000491.png
2007_000504.png
2007_000515.png
2007_000528.png
2007_000529.png
2007_000549.png
2007_000559.png
2007_000572.png
2007_000584.png
2007_000629.png
2007_000636.png
2007_000645.png
2007_000648.png
2007_000661.png
2007_000663.png
2007_000676.png
2007_000713.png

图 5.5　PASCAL VOC 的语义分割图示例

该数据集可从 PASCAL VOC 数据集官网下载获得。这里以 VOC 2012 数据集为例，经过解压后，可得到如下文件目录格式：

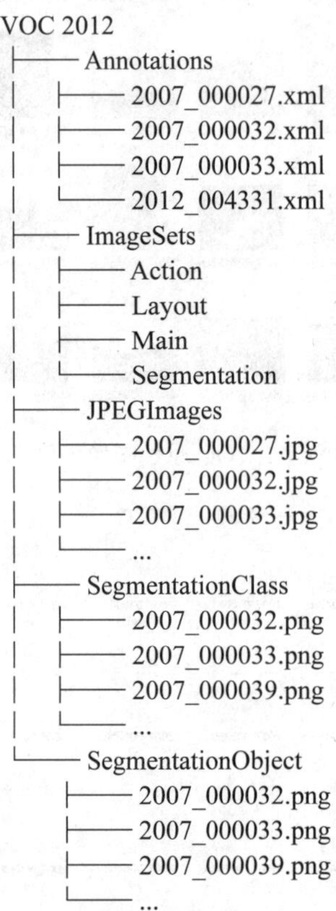

其中，JPEGImages 文件夹存储了训练图片，Annotations 文件夹存储了对应的标注文件。在实际应用中，可根据具体任务，使用更大规模的 MS COCO 数据集进行模型训练，或根据项目需求，采集应用场景图像，并标注自己的数据集。数据集标注可使用美国麻省理工学院（Massachusetts Institute of Technology，MIT）的 CSAIL 实验室开发的标注工具 Labelme 或 Voxel 51 开发的 Fiftyone 等开源工具。

2. 安装配置 MMDetection 库

MMDetection 库可运行在 Linux、Windows 及 macOS 操作系统上，目前需要 Python 3.7 版本及以上、CUDA 9.2 版本及以上，PyTorch 1.5 版本以上，才能正常运行。

（1）安装 PyTorch 环境，步骤如下。

步骤 1 从 Miniconda 官网下载并安装对应操作系统的安装包。

步骤 2 创建 Conda 虚拟环境并激活环境，这里以创建 openmmlab 的虚拟环境为例，在命令行输入：

```
>> conda create -n openmmlab python=3.8 -y
```

安装完毕，输入：

```
>> conda activate openmmlab
```

步骤 3 运行环境激活成功后，结合自身使用运行平台，利用如下指令安装 PyTorch 深度学习框架。

- 对于有 GPU 的机器平台：

```
>> conda install PyTorch torchvision -c PyTorch
```

- 对于 CPU 机器平台：

```
>> conda install PyTorch torchvision cpuonly -c PyTorch
```

（2）安装 MMDetection 库。本部分默认 PyTorch 深度学习框架已经安装完毕，并且在任务 2.1 中的虚拟环境被正常激活。在此基础上，可通过 pip 安装 MMDetection。按照下列步骤，安装 MMDetection 及其依赖库。

步骤 1 安装依赖库 MMCV 及 MIM。

```
>> pip install -U openmim
>> mim install mmcv-full
```

步骤 2 利用 git 克隆最新的代码库，并用 pip 在本地安装 MMDetection。

```
>> git clone https://github.com/open-mmlab/mmdetection.git
>> cd mmdetection
>> pip install -v -e.
```

上述命令 -v 选项表示输出安装过程，-e 表示安装此工程的代码是可编辑的。命令最后的“.”不可省略，表示安装当前目录的库，即 MMDetection。

3. 目标检测模型配置与实现

由于 Faster R-CNN 是经典的二阶段检测算法，后续的单阶段方法也有不少类似的结构和算子。MMDetection 库中提供了丰富的主干网络（backbone）模型供不同任务使用。具体配置文件在“config/faster_rcnn”目录下。配置文件的目录结构如图 5.6 所示。

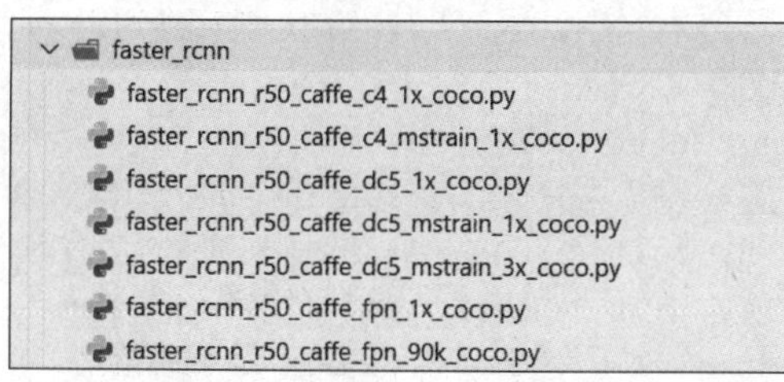

图 5.6 MMDetection 中基于 Faster R-CNN 模型的配置文件

（1）主干网络的参数设置。这里我们列举的是 ResNet50 的配置参数，具体如代码 5.1 所示。

【代码 5.1】Faster R-CNN 主干网络配置。

```
backbone=dict(
    type='ResNet',              # 主干网络名称
    depth=50,                   # 使用 ResNet50
    num_stages=3,               # ResNet 系列包括 stem 和 3 个 stage 输出
    strides=(1, 2, 2),          # 输出特征图的步长
    dilations=(1, 1, 1),        # 卷积的膨胀系数为 1，表示不膨胀
    out_indices=(2, ),          # 输出特征图的索引
    frozen_stages=1,            # 固定 stem 以及第一个 stage 的权重，不进行梯度更新
    norm_cfg=norm_cfg,          # BN 层的可学习参数
    norm_eval=True,             # 所有 BN 层的均值和方差都采用全局预训练值，不更新
    style='caffe',              # 采用 caffe 模式
    init_cfg=dict(
       type='Pretrained',
       checkpoint='open-mmlab://detectron2/resnet50_caffe')),
                                # 加载预训练模型，此模型会自动下载，故请保持运行机器
                                # 可以联网
```

⚠注意：这里的 stage 和 strides 的设定，stage 影响模型的大小，stage 越大模型越大。strides 需要和后面 RPN head 以及 RoI head 中的 strides 对应。

（2）候选区域提取网络（预测头）（RPN head）的参数设置。RPN head 网络比较简单且轻量，使用一个卷积进行特征通道变换，最后两个输出分支得到正负样本的分类结果和 anchor 相对于目标的偏移量。关于 anchor_generator 中 scales 和 ratios 的设定，一般需根据检测目标在图像中的像素尺寸和长宽比进行选取，当图中既有大目标又有小目标，如图 5.3 中 PASCAL VOC 数据案示例所示，scales 的尺寸范围设定更广以便覆盖不同尺寸的目标。当图中既有横向物体又有纵向物体的时候，ratios 比值需要考虑大于和小于 1 的比例。

【代码 5.2】Faster R-CNN 的 RPN 网络配置。

```
rpn_head=dict(
    type='RPNHead',
    in_channels=1024,                  # 前一个模块输出特征图通道数
    feat_channels=1024,                # 中间特征图通道数
    anchor_generator=dict(
        type='AnchorGenerator',
        scales=[2, 4, 8, 16, 32],      # anchor 的尺寸
        ratios=[0.5, 1.0, 2.0],        # anchor 的长宽比
        strides=[16]),                 # 特征图对应的 stride，须和特征图 stride 一致
    bbox_coder=dict(                   # bbox 编解码策略
        type='DeltaXYWHBBoxCoder',
```

```
        target_means=[.0, .0, .0, .0],
        target_stds=[1.0, 1.0, 1.0, 1.0]),
    loss_cls=dict(type='CrossEntropyLoss', use_sigmoid=True, loss_weight=
    1.0),                               # 常用的是 bce loss 和 l1 loss
    loss_bbox=dict(type='L1Loss', loss_weight=1.0)),
```

（3）感兴趣区域预测头（RoI head）的参数设置。RoI head 接收 RPN head 输出的每张图片上的多个候选框，然后对这些候选框做进一步微调。输出包括区分具体类别和 RoI 相对于目标 bbox 的偏移量。该模块网络构建比 RPN head 复杂，并且包括了 RPN head 中涉及的组件，如 BBox Assigner、BBox Sampler、BBox Encoder Decoder、Loss 等。除此之外，还包括一个额外的、不同大小 RoI 特征图对齐到某个固定尺寸的模块：RoI Align 或 RoI Pooling。

【代码 5.3】Faster R-CNN 的 RoI 预测头网络配置。

```
roi_head=dict(
    type='StandardRoIHead',
    shared_head=dict(                   # 共享预测头结构
        type='ResLayer',
        depth=50,
        stage=3,
        stride=2,
        dilation=1,
        style='caffe',
        norm_cfg=norm_cfg,
        norm_eval=True,
        init_cfg=dict(
            type='Pretrained',
            checkpoint='open-mmlab://detectron2/resnet50_caffe')),
    bbox_roi_extractor=dict(
        type='SingleRoIExtractor',  # 和 backbone 出来的单层特征图对应
        roi_layer=dict(type='RoIAlign', output_size=14, sampling_ratio=0),
                                    # RoIAlign 的尺寸和采样率
        out_channels=1024,          # 输出特征图通道数
        featmap_strides=[16]),      # 特征图的步长
    bbox_head=dict(
        type='BBoxHead',
        with_avg_pool=True,         # 是否需要平均池化
        roi_feat_size=7,            # RoI 特征图尺寸
        in_channels=2048,           # 输入特征图通道数
        num_classes=80,             # 目标类别数目
        bbox_coder=dict(            # bbox 编解码策略
            type='DeltaXYWHBBoxCoder',
            target_means=[0., 0., 0., 0.],
            target_stds=[0.1, 0.1, 0.2, 0.2]),
```

```
        reg_class_agnostic=False,    # 决定 bbox 分支的通道数，True 表示 4 通道
                                     # 输出，False 表示 4×num_classes 通道输出
        # 设置基于交叉熵损失函数的进行多分类
        loss_cls=dict(
            type='CrossEntropyLoss', use_sigmoid=False, loss_weight=1.0),
        loss_bbox=dict(type='L1Loss', loss_weight=1.0)
                                     # 基于 L1 损失函数的 bbox 回归
    )
)
```

4. 目标检测模型训练

（1）数据集载入。config/_base_/datasets 目录下包含了 MMDetection 库所支持的数据集，以及训练和测试阶段数据载入、图像预处理、图像所在的路径等信息的设定。这里以 config/_base_/datasets/voc0712.py 为例介绍相关配置。

① 设定数据集类型及数据集的位置，具体代码如下：

```
dataset_type = 'VOCDataset'
data_root = 'data/VOCdevkit/'          # 这里需要指定数据集位置
```

② 训练和测试阶段需要设定归一化、图像尺寸以及数据增强方式，具体如代码 5.4 所示。

【代码 5.4】设置 Faster R-CNN 训练与测试阶段的数据加载器。

```
# 图像归一化方式
img_norm_cfg = dict(
    mean=[123.675,116.28,103.53], std=[58.395,57.12,57.375], to_rgb=True)
# 设定训练阶段的数据加载器，包括图像尺寸、数据增强等
train_pipeline = [
    dict(type='LoadImageFromFile'),
    dict(type='LoadAnnotations', with_bbox=True),
    dict(type='Resize', img_scale=(1000, 600), keep_ratio=True),
    dict(type='RandomFlip', flip_ratio=0.5),
    dict(type='Normalize', **img_norm_cfg),
    dict(type='Pad', size_divisor=32),
    dict(type='DefaultFormatBundle'),
    dict(type='Collect', keys=['img', 'gt_bboxes', 'gt_labels']),
]
# 设定测试阶段的数据加载器
test_pipeline = [
    dict(type='LoadImageFromFile'),
    dict(
        type='MultiScaleFlipAug',
        img_scale=(1000, 600),
        flip=False,
```

```
        transforms=[
            dict(type='Resize', keep_ratio=True),
            dict(type='RandomFlip'),
            dict(type='Normalize', **img_norm_cfg),
            dict(type='Pad', size_divisor=32),
            dict(type='ImageToTensor', keys=['img']),
            dict(type='Collect', keys=['img']),
        ])
]
```

【代码 5.5】设定 Faster R-CNN 训练与测试阶段的数据超参数。

```
# 指定每个 GPU 中加载样本的个数、数据加载的线程数等
data = dict(
    samples_per_gpu=2,
    workers_per_gpu=2,
    # 指定训练集、验证集、测试集的文件路径及相应策略
train=dict(
        type='RepeatDataset',
        times=3,
        dataset=dict(
            type=dataset_type,
            ann_file=[
                data_root + 'VOC2007/ImageSets/Main/trainval.txt',
                data_root + 'VOC2012/ImageSets/Main/trainval.txt'
            ],
            img_prefix=[data_root + 'VOC2007/', data_root + 'VOC2012/'],
            pipeline=train_pipeline)),
    val=dict(
        type=dataset_type,
        ann_file=data_root + 'VOC2007/ImageSets/Main/test.txt',
        img_prefix=data_root + 'VOC2007/',
        pipeline=test_pipeline),
    test=dict(
        type=dataset_type,
        ann_file=data_root + 'VOC2007/ImageSets/Main/test.txt',
        img_prefix=data_root + 'VOC2007/',
        pipeline=test_pipeline))
# 设定性能评估指标为 mAP
evaluation = dict(interval=1, metric='mAP')
```

（2）训练策略设定。config/_base_/schedules 中包含了多种训练策略，主要用于配置优化算法、学习率（learning rate）、权重正则化系数、学习率衰减策略、训练轮数（epoch）等。

【代码 5.6】设定优化器超参数。

```
# 优化器类型选用随机梯度下降 (SGD)、初始学习率为 0.02，动量为 0.9，权重正则化系数为
# 0.0001
optimizer = dict(type='SGD', lr=0.02, momentum=0.9, weight_decay=0.0001)
optimizer_config = dict(grad_clip=None)
# 学习策略 learning policy 设定为 step 类型，即到达指定训练轮数，降低学习率
lr_config = dict(
    policy='step',
    warmup='linear',
    warmup_iters=500,
    warmup_ratio=0.001,
step=[8, 11])
# 整个训练轮数为 12 轮 (epochs)
runner = dict(type='EpochBasedRunner', max_epochs=12)
```

（3）模型训练命令。在模型训练阶段，需要设定数据集、模型及训练策略并配置整合起来，通过指定 config 文件的方式进行模型训练。这里以 VOC 2007 和 VOC 2012 为训练集为例，对模型训练执行的步骤进行介绍。

步骤 1　配置数据集存放位置。数据集文件默认存储在 MMDetection 工程的 data 目录下，即 data/VOCdevkit/VOC2007 和 data/VOCdevkit/VOC2012。

步骤 2　编辑配置文件。可通过复制 config/faster_rcnn/faster_rcnn_r50_caffe_c4_1x_coco.py 文件获得。编辑配置文件时，需要修改数据集类型。

```
# 通过复制获得配置文件
>> cd config/faster_rcnn
>> cp faster_rcnn_r50_caffe_c4_1x_coco.py faster_rcnn_r50_caffe_c4_1x_voc.py
# 使用 IDE 编辑 faster_rcnn_r50_caffe_c4_1x_voc.py，改写 dataloader 中的设定
_base_ = [
    '../_base_/models/faster_rcnn_r50_caffe_c4.py',
    '../_base_/datasets/voc0712.py',    # 改变数据集为 voc0712 数据集
    '../_base_/schedules/schedule_1x.py', '../_base_/default_runtime.py'
]
```

步骤 3　配置训练代码。首先返回 MMDetection 目录，创建 ex_fasterrcnn.py 文件，输入如下代码块。

【代码 5.7】Faster R-CNN 模型训练。

```
from mmdet.datasets import build_dataset
from mmdet.models import build_detector
from mmdet.apis import train_detector
import mmcv
from mmcv import Config
```

```
import os.path as osp
from mmdet.apis import set_random_seed
# 指定配置文件路径
cfg = Config.fromfile('./configs/faster_rcnn/faster_rcnn_r50_caffe_c4_
1x_voc.py')
# 设定随机种子、训练设备类型为 GPU, 以及 GPU 的序号
cfg.seed = 0
set_random_seed(0, deterministic=False)
cfg.device = 'cuda'
cfg.gpu_ids = range(1)

# 输出数据集、模型、训练参数
print(f'Config:\n{cfg.pretty_text}')

# 构建数据集加载器
datasets = [build_dataset(cfg.data.train)]
# 设定 RoI 预测头的边界矩形框的预测类别数。应与 VOC 数据集中的类别数保持一致
cfg.model.roi_head.bbox_head.num_classes= len(datasets[0].CLASSES)
# 构建模型
model = build_detector(cfg.model)
# 设定额外的参数，方便可视化
model.CLASSES = datasets[0].CLASSES

# 指定存储模型快照的路径
cfg.work_dir = './tutorial_exps'
# 建立指定存储路径
mmcv.mkdir_or_exist(osp.abspath(cfg.work_dir))
# 将模型、数据集以及配置信息输入训练模块，开始训练
train_detector(model, datasets, cfg, distributed=False, validate=True)
```

步骤 4 模型训练。在命令行中，首先需要成功激活运行环境，利用如下命令进行模型训练。

```
>>python ex_fasterrcnn.py
```

此后，命令行窗口将输入如下的训练结果。

```
...
2023-03-02 14:48:26,324 - mmdet - INFO - Epoch [1][50/24827]
lr: 1.978e-03, eta: 1 day, 2:56:03, time: 0.326, data_time: 0.049,
memory: 6830, loss_rpn_cls: 0.6935, loss_rpn_bbox: 0.0992, loss_cls:
2.7889, acc: 81.4980, loss_bbox: 0.0363, loss: 3.6179
2023-03-02 14:48:39,826 - mmdet - INFO - Epoch [1][100/24827]
lr: 3.976e-03, eta: 1 day, 0:38:01, time: 0.270, data_time: 0.009,
memory: 6830, loss_rpn_cls: 0.5846, loss_rpn_bbox: 0.1446,
loss_cls: 0.9047, acc: 96.9980, loss_bbox: 0.1154, loss: 1.7493
...
```

5. 目标检测模型测试及结果可视化

在获得训练好的模型后，可以通过加载模型，进行模型推理测试，得到检测结果。此外，MMDetection 库也提供了众多预训练好的模型供测试与直接部署。这里我们以下载预训练好的模型为例，展示如何进行模型测试与检测结果可视化。

步骤 1 下载预训练模型。先创建 checkpoints 目录，并利用 wget 命令下载模型文件。

```
>> mkdir checkpoints
>> wget -c https://download.openmmlab.com/mmdetection/v2.0/faster_rcnn/faster_rcnn_r50_caffe_fpn_mstrain_3x_coco/faster_rcnn_r50_caffe_fpn_mstrain_3x_coco_20210526_095054-1f77628b.pth -O checkpoints/faster_rcnn_r50_caffe_fpn_mstrain_3x_coco_20210526_095054-1f77628b.pth
```

步骤 2 配置测试代码。新建 infer_tutorial.py 文件，输入如下代码。

【代码 5.8】Faster R-CNN 测试代码。

```
import mmcv
from mmcv.runner import load_checkpoint
from mmdet.apis import inference_detector, show_result_pyplot
from mmdet.models import build_detector
# 选择配置文件
config = 'configs/faster_rcnn/faster_rcnn_r50_caffe_fpn_mstrain_3x_coco.py'
# 指定训练好的模型存储位置
checkpoint = 'checkpoints/faster_rcnn_r50_caffe_fpn_mstrain_3x_coco_20210526_095054-1f77628b.pth'
# 设定第一块 GPU 显卡为测试用设备
device='cuda:0'
# 加载 config 文件
config = mmcv.Config.fromfile(config)
# 将加载预训练主干网络的设为 None，即不适用预训练主干网络
config.model.pretrained = None
# 初始化检测器
model = build_detector(config.model)
# 加载模型参数文件
checkpoint = load_checkpoint(model, checkpoint, map_location=device)
# 设定模型输出的类别，方便可视化
model.CLASSES = checkpoint['meta']['CLASSES']
# 设置模型配置
model.cfg = config
# 将模型加载到 GPU
model.to(device)
# 将模型设置为测试评估模式
model.eval()
```

```
# 指定一个 jpg 文件，进行测试
img = 'demo/test.jpg'  # test.jpg 图像可以改为读者指定文件
result = inference_detector(model, img)
# 获得结果后，展示检测效果，这里可通过控制 score_thr 阈值输出高质量的检测结果
show_result_pyplot(model, img, result, score_thr=0.5)
```

这里以输入图像 test.jpg 为例（如图 5.7 所示，文件可由读者自行选定）。通过 conda activate [env_name] 命令激活虚拟环境，执行 Python 脚本执行测试。

```
>> python infer_tutorial.py
```

最后代码展示的检测结果如图 5.8 所示。

图 5.7 测试样例

图 5.8 实验运行结果

图 5.7 的测试样例展示了生活在我国农村的少数民族同胞正在一望无垠的梯田中，用手机与远方的亲人通信。由图 5.8 可以看出，目标检测模型对于人的预测已经十分准确了，但是对于背着的竹筐却错误地识别为手提包（handbag）。此外，所使用模型对于小目标，例如手机，也能准确地检测出来，同时未受到场景中梯田、农作物的影响。

◈ 任务小结 ◈

在目标检测项目中，我们利用 MMDetection 目标检测算法开源库，对二阶段经典检测器——Faster R-CNN 进行了模型配置、训练及测试。在本任务中，我们主要采用了以下几个步骤。

（1）数据集准备与预处理：通过公开数据集 PASCAL VOC 和 MS COCO 官网提供的下载连接获取训练数据。

（2）安装配置 MMDetection 库：利用 conda 安装 OpenMMLab 环境，并在 conda 环境中安装和配置 MMDetection 目标检测库。

（3）目标检测模型配置与实现：利用 MMDetection 提供的 Faster R-CNN 检测器配置文件，熟悉 Faster R-CNN 的结构配置方法，包括主干网络、RPN 模块、RoI Pooling 模块，预测头部（head）等部分的参数配置。

（4）目标检测模型训练：利用数据集配置文件设置数据加载、归一化、增强以及所在路径等。此外，利用优化器配置文件设置优化器类型、初始学习率、学习率衰减方式、训练轮数等。最后，通过构建模型、数据集加载器、训练器等开始训练模型。

（5）目标检测模型测试及结果可视化：通过加载已训练好的模型或 MMDetection 提供的模型，进行简单测试，并可视化检测结果。

任务自测

题目：根据已学知识自行搭建用于多目标检测的深度学习框架。

要求：

（1）使用 MMDetection 目标检测库，结合 PyTorch 深度学习框架，训练并测试适用于图像及视频的多类目标检测器。

（2）熟悉基于 MMDetection 目标检测库的模型配置方式，了解分别从数据集、模型、优化器的角度，配置用于训练和测试检测器的数据、网络结构以及参数更新方法。

（3）需要对配置的目标检测模型进行训练和测试，使用现有的多类目标检测公开数据集进行测试，并可视化展示检测结果。

（4）需要撰写代码和实验报告，对框架的设计思路、实现细节、实验结果等进行详细描述，并给出合理的分析和讨论。

（5）可适当扩展或优化框架，提高检测准确率和效率，但需说明具体的改进措施和效果。并可结合 MMDetection 库，查看其他模型配置文件，了解最新的目标检测器。

评价表：理解基于 MMDetection 的目标检测模型组成元素和结构

组员 ID		组员姓名		项目组			
评价栏目	任务详情	评价要素		分值	评价主体		
					学生自评	小组互评	教师点评
基于 MMDetection 的目标检测模型组成元素和结构	目标检测任务设定	是否完全了解		5			
	什么是一阶段目标检测	是否完全了解		10			
	什么是二阶段目标检测	是否完全了解		10			
	MMDetection 目标检测库的配置方式	是否完全了解		10			
	Faster R-CNN 模型结构	是否完全了解		10			
	基于 MMDetection 的 Faster R-CNN 模型配置方法	是否完全了解		10			
	目标检测模型的训练与测试	是否完全了解		10			
	目标检测结果的可视化	是否完全了解		5			

续表

评价栏目	任务详情	评价要素	分值	评价主体		
				学生自评	小组互评	教师点评
掌握熟练度	知识结构	知识结构体系形成	5			
	准确性	概念和基础掌握的准确度	5			
团队协作能力	积极参与讨论	积极参与和发言	5			
	对项目组的贡献	对团队的贡献值	5			
职业素养	态度	是否认真细致，遵守课堂纪律、学习态度积极、具有团队协作精神	3			
	操作规范	是否有实训环境保护意识，实训设备使用是否合规，操作前是否对硬件设备和软件环境检查到位，有无损坏机器设备的情况，能否保持实训室卫生	3			
	设计理念	是否突出以人为本的设计理念	4			
总分			100			

任务 5.2 基于 MMTracking 的目标追踪

任务目标

知识目标：学习目标追踪任务的定义及特点等知识点，掌握目标追踪的实现方法。

能力目标：具有结合深度学习模型框架 PyTorch 和开源目标追踪库 MMTracking 实现一种目标追踪器的能力。

建议学时

2 学时。

任务要求

本任务主要是基于深度学习相关知识进行单目标和多目标追踪算法的开发，项目开始前开发者需了解模拟的实验场景和实验流程进行了解。不同项目有不同需求，这里对固定单目标和行人多目标需求的获得不做强调。本任务假设需求已经确定，结合模型拥有的功能模拟该实验操作。

知识归纳

1. 目标追踪定义

目标追踪是计算机视觉领域的另一重要研究问题。通常，目标追踪任务可描述为给定某个或多个目标的初始位置信息（如边界矩形框），在后续的连续视频帧中，通过设计模型或算法，获取目标位置关系，在时空维度上预测目标完整的运动轨迹。目前，目标追踪技术被广泛应用于安防监控、智慧交通、工业生产、无人驾驶等领域，具有广泛的应用价值和科学研究意义。

根据追踪目标数量的不同，可将目标追踪任务划分为单目标追踪和多目标追踪。单目标追踪（single object tracking，SOT）倾向于学习一种与目标无关的度量策略，从而可以对未在训练集出现的目标进行重识别与重定位。多目标追踪（multi-object tracking，MOT）则更关注如何在时序上对已检测到的多个目标实现精确匹配。

2. 单目标追踪代表算法——SiamRPN++

近年来，在孪生网络框架下，单目标追踪转化为给定目标模板，在搜索空间中进行交叉相关性特征匹配的过程。SiamRPN++ 是单目标跟踪中基于孪生网络（siamese network）的代表性方法。相比于其他孪生网络追踪器，SimaRPN++ 提出了一种高效的空间采样方法，打破了深度神经网络中的严格平移不变性带来的影响，同时结合多层特征融合以及深度交叉相关性结构，提升了模型的精度和执行效率，其模型结构如图 5.9 所示。

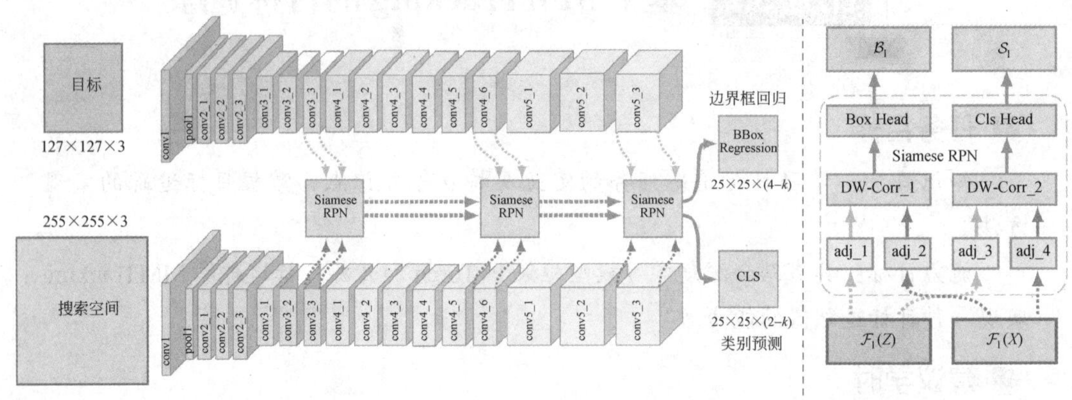

图 5.9　SiamRPN++ 网络结构

其中，“目标”表示待追踪区域，通常在第一帧中指定；“搜索空间”为待匹配的视频帧。SiamRPN++ 引入了 ResNet50 作为主干网络，提取多级特征。然后，将“目标”和“搜索空间”的多级特征馈送到多个孪生 RPN 模块中。最后，利用深度交叉相关性计算模块获得“目标”和“搜索空间”匹配响应图，并根据此响应匹配图回归出“目标”所在“搜索空间”中的位置与判定类别。

3. 多目标追踪代表算法——QDTrack

与单目标追踪的重验证和定位不同，多目标追踪涉及多个目标的密集且精确匹配。通

常多目标追踪器遵循“检测即追踪”（tracking-by-detection）的算法设计思想。直观来讲，即对视频帧内进行多目标检测，之后在视频帧间通过运动滤波、身份重验证、精确特征匹配等捕捉时空维度上多目标的一致性和相关性。QDTrack 是多目标跟踪的代表性方法。相比于经典多目标追踪算法中的稀疏匹配，QDTrack 提出了一种基于准密集相似度学习的策略，通过对候选区域进行密集采样，结合对比学习方法，将相似度学习与目标检测方法集成起来构建多目标追踪器，实现了多目标的精准快速匹配。其模型结构及工作原理如图 5.10 所示。

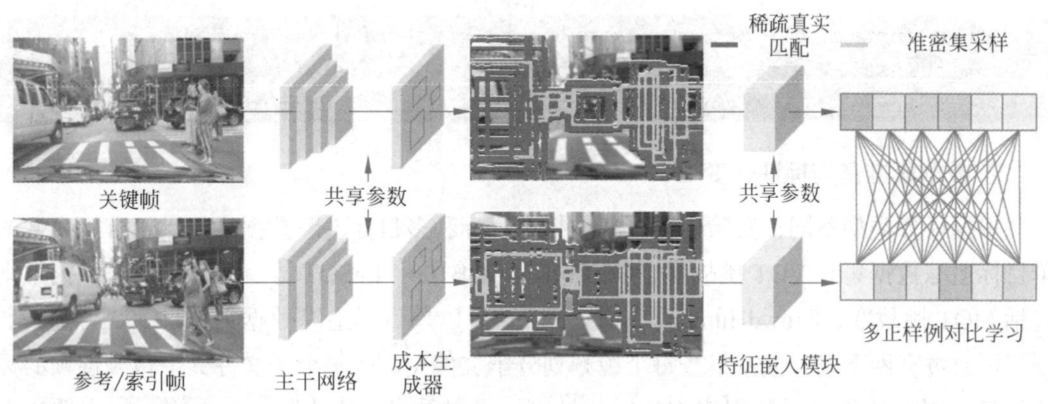

图 5.10　QDTrack 网络结构及工作原理

首先，利用共享参数的多目标检测器 Faster R-CNN，结合特征金字塔（feature pyramid network，FPN）分别提取关键帧和参考帧的特征图，样本生成器对密集的候选框进行采样。然后，通过特征嵌入编码模块得到关键帧和参考帧的候选区域特征。最后，利用多正样例对比学习方法获得视频帧间的多目标密集匹配结果。

4. 基于 MMTracking 的目标追踪算法实现

MMTracking 是一个基于 PyTorch 实现的目标检测算法代码库，属于 OpenMMLab 开源项目的子部分。MMTracking 依赖于 MMDetection 代码库，继承了 MMDetection 代码库的模块化设计，可利用简洁的代码实现多种检测器的配置。因此，在代码实现方面，与 MMDetection 类似，通过配置文件，可快速搭建多目标检测模型和追踪器，实现单目标和多目标追踪器的快速训练与部署。

任务实施

1. 安装配置 MMTracking 库

由上文可知，MMTracking 库依赖 MMDetection 库，因此需要先安装配置 MMDetection 库。其安装配置方法已在任务 5.1 中做了详细介绍，这里不再赘述。在 MMDetection 库安装完后，可在相同的 conda 环境中继续配置 MMTracking 库。具体步骤如下：

步骤 1　在 conda 激活情况下，利用 git 命令克隆 MMTracking 的代码仓库到本地。

```
>>git clone https://github.com/open-mmlab/mmtracking.git
```

步骤 2 安装编译 MMTracking 的第三方依赖库，并安装 MMTracking。

```
>>cd mmtracking
>>pip install -r requirements/build.txt
>>pip install -v -e .  # or "python setup.py develop"
```

（选做）**步骤 3** 安装特定数据集的评估代码及第三方依赖库。

```
>>pip install git+https://github.com/JonathonLuiten/TrackEval.git
>>pip install git+https://github.com/lvis-dataset/lvis-api.git
>>pip install git+https://github.com/TAO-Dataset/tao.git
```

2. 数据集准备与标注转变

根据任务类型不同，实验用数据集包括单目标和多目标追踪数据集。比较有代表性的单目标追踪数据集有 VOT 挑战赛、GOT10K、OTB100、LaSOT 等。多目标追踪数据集则包括 MOT 挑战赛、CrowdHuman、LVIS 等。这里以单目标追踪数据集 OTB100 为例，数据集可通过官网下载。数据集按每个视频划分子文件夹，而每个子文件夹中包含逐帧的标注信息。图 5.11 展示了数据集中的视频样例。可以看出，待追踪目标在第一帧中的边框矩形已经给出。每个样例下方则标注了该视频存在的问题类型，如 IV 表示包含剧烈的光照变化情况；OCC 则表示存在严重遮挡情况；SV 表示待追踪物体的尺度变换强烈等。读者可查看 OTB100 官网获得更多详情，这里不再赘述。

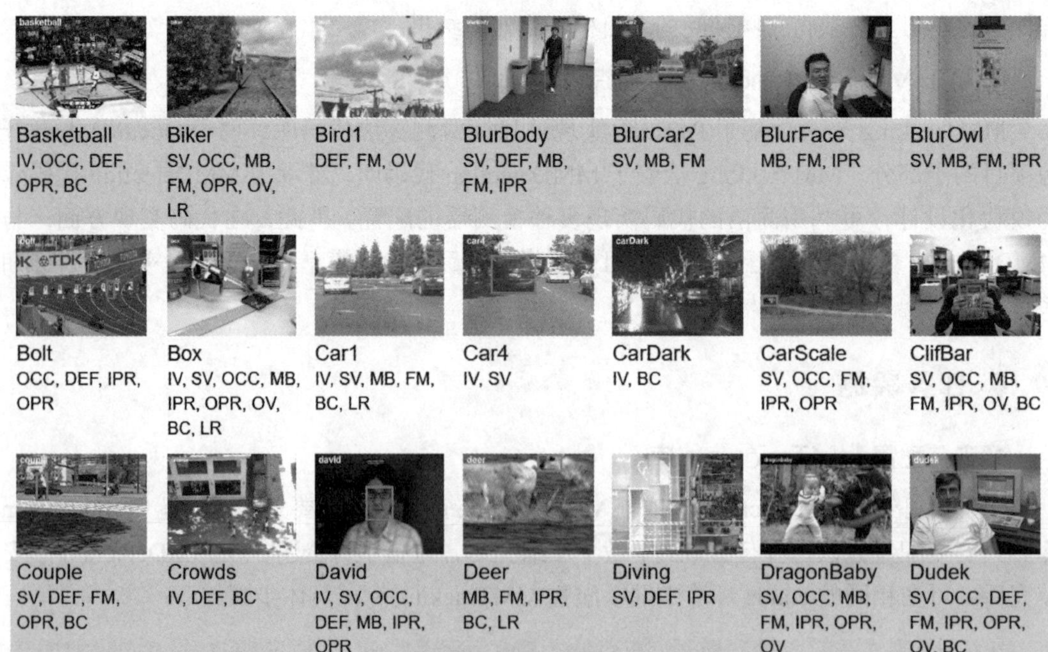

图 5.11　OTB100 单目标视频追踪数据集样例展示

为保证支持多种数据集的训练和测试，MMTracking代码库提供了OTB100数据集下载和标注信息转换代码，具体代码文件在tools/convert_datasets/otb100中。数据集下载和标注转换的具体步骤如下。

步骤1 下载OTB100数据集。在MMTracking目录下，执行以下命令。

```
>>python ./tools/convert_datasets/otb100/download_otb100.py -o ./data/
otb100/zips -p 8
```

命令执行结束后，会有下载完成的提示。

```
Downloading OTB100: 100%|██████| 98/98 [10:35<00:00,  6.49s/it]
```

步骤2 解压数据集并获取标注信息。

首先利用unzip命令解压所有的data/otb100下的所有zip文件。

```
>>bash ./tools/convert_datasets/otb100/unzip_otb100.sh ./data/otb100
```

解压后，会在data/otb100/data下看到以视频名字命名的文件夹。利用wget命令获得已经转换好的标注数据。

```
>>wget https://download.openmmlab.com/mmtracking/data/otb100_infos.txt
-P data/otb100/annotations
```

⚠注意：上述命令没有换行，即“-P data/otb100/annotations”用空格隔开，表示下载文件存储在data/otb100/annotations目录下。

最终得到的目录结构如下所示。

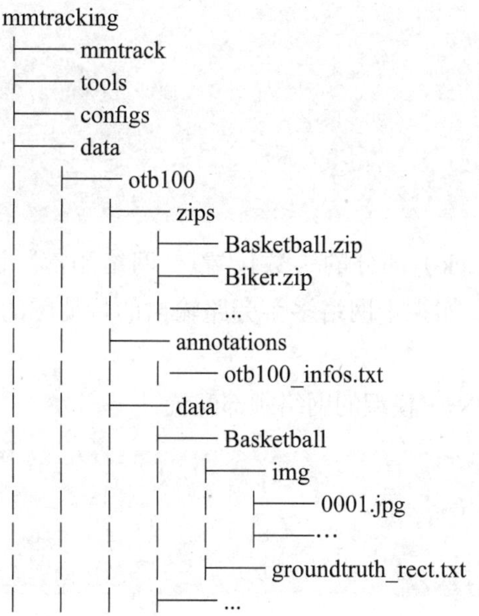

3. SiamRPN++ 单目标追踪模型配置

MMTracking 提供了丰富的单阶段和多阶段追踪器的配置与实现。这里以针对 OBT100 数据集的具体配置文件为例，其文件位置在 config/sot/siamese_rpn 目录下（见图 5.12）。

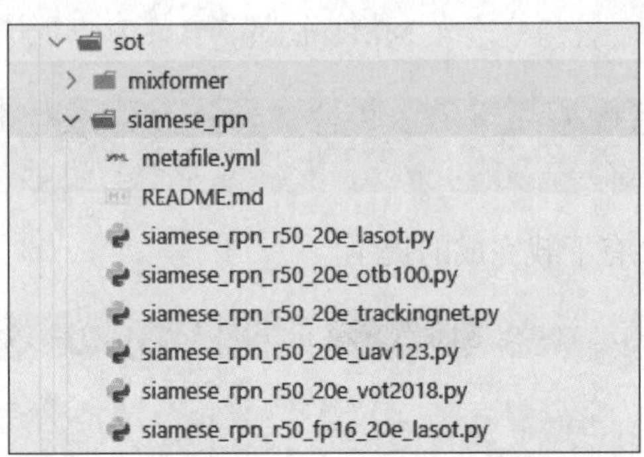

图 5.12　MMTracking 中单目标追踪模型 SiamRPN++ 的配置文件

（1）主干网络的参数设置。由于 siamese_rpn_r50_20e_otb100.py 文件头部包含了 siamese_rpn_r50_20e_lasot.py 配置文件，因此其追踪器具体结构配置位于 siamese_rpn_r50_20e_lasot.py 配置文件中。在 backbone 部分，可获得主干网络的参数配置。

【代码 5.9】SaimRPN++ 单目标检测器的主干网络配置。

```
backbone=dict(
    type='SOTResNet',            # 主干网络类型
    depth=50,                    # 主干网络层数
    out_indices=(1, 2, 3),       # 输出的索引
    frozen_stages=4,             # 参数冻结的阶段数，最后阶段的网络参数不参与训练
    strides=(1, 2, 1, 1),        # 步长设置
    dilations=(1, 1, 2, 4),      # 膨胀卷积设置
    norm_eval=True,
    init_cfg=dict(
        type='Pretrained',       # 需要加载预训练模型根据以下链接进行下载
        checkpoint='https://download.openmmlab.com/mmtracking/pretrained_
        weights/sot_resnet50.model'
    ))
```

（2）"网络颈部"（neck）部分的参数设置。"网络颈部"设置了主干网络多级特征抽取与融合的相关配置，如主干网络多个旁路输出的特征图的通道数，以及特征汇聚方式等。

【代码 5.10】SaimRPN++ 模型的网络颈部配置。

```
neck=dict(
    type='ChannelMapper',                # neck 类型为通道映射器
    in_channels=[512, 1024, 2048],       # 输入的通道数
    out_channels=256,                    # 输出的通道数
```

```
    kernel_size=1,                          # 卷积核大小为 1
    norm_cfg=dict(type='BN'),               # 归一化方式为批归一化 BN
    act_cfg=None)
```

（3）“网络预测头”（head）部分测参数设置。“预测头”设置了如何输出候选区域提取网络的结果、依赖何种锚框机制、输入特征图的通道数等预测端的网络配置。

【代码 5.11】SaimRPN++ 模型的网络预测头部配置。

```
head=dict(
    type='SiameseRPNHead',                  # 预测头部类型为 SiameseRPNHead
    anchor_generator=dict(                  # 锚框生成器设置
        type='SiameseRPNAnchorGenerator',
        strides=[8],
        ratios=[0.33, 0.5, 1, 2, 3],
        scales=[8]),
    in_channels=[256, 256, 256],            # 输入 channel 数
    weighted_sum=True,
    bbox_coder=dict(                        # 输出框的编码方式
        type='DeltaXYWHBBoxCoder',
        target_means=[0., 0., 0., 0.],
        target_stds=[1., 1., 1., 1.]),
    loss_cls=dict(                          # 类别判定的损失函数
        type='CrossEntropyLoss', reduction='sum', loss_weight=1.0),
    loss_bbox=dict(type='L1Loss', reduction='sum', loss_weight=1.2))
                                            # 边框矩形损失函数
```

（4）训练阶段的 RPN 模块和测试阶段的参数设置。本部分设置包括进行框采样，过滤正负样例框的置信度、交并比阈值等。

【代码 5.12】SaimRPN++ 模型的 RPN 网络在训练和测试阶段的参数配置。

```
train_cfg=dict(
    rpn=dict(
        assigner=dict(
            type='MaxIoUAssigner',
            pos_iou_thr=0.6,
            neg_iou_thr=0.3,
            min_pos_iou=0.6,
            match_low_quality=False),
        sampler=dict(
            type='RandomSampler',
            num=64,
            pos_fraction=0.25,
            add_gt_as_proposals=False),
        num_neg=16,
        exemplar_size=exemplar_size,
```

```
        search_size=search_size)),
    test_cfg=dict(
        exemplar_size=exemplar_size,
        search_size=search_size,
        context_amount=0.5,
        center_size=7,
        rpn=dict(penalty_k=0.05, window_influence=0.42, lr=0.38))
```

4. SiamRPN++ 追踪器的测试与结果可视化。

步骤 1 从 MMTrack 提供的模型库下载预训练单目标检测器模型文件。

```
>>mkdir checkpoints
>>wget -c https://download.openmmlab.com/mmtracking/sot/siamese_rpn/
siamese_rpn_r50_1x_otb100/siamese_rpn_r50_20e_otb100_20220421_144232-
6b8f1730.pth -P ./checkpoints
```

步骤 2 配置 OTB100 测试集。./configs/sot/siamese_rpn/siamese_rpn_r50_20e_otb100.py 文件中包含了 OTB100 测试集和验证集的配置。

【代码 5.13】siamese_rpn_r50_20e_otb100.py 测试集和验证集的配置。

```
val=dict(
    type='OTB100Dataset',
    ann_file=data_root + 'otb100/annotations/otb100_infos.txt',
    img_prefix=data_root + 'otb100',
    only_eval_visible=False),
test=dict(
    type='OTB100Dataset',
    ann_file=data_root + 'otb100/annotations/otb100_infos.txt',
    img_prefix=data_root + 'otb100',
    only_eval_visible=False)
```

步骤 3 利用如下命令评估模型在 OTB100 测试集的性能。

```
>>python tools/test.py configs/sot/siamese_rpn/siamese_rpn_r50_20e_otb100.py\
    --checkpoint checkpoints/siamese_rpn_r50_20e_otb100_20220421_144232-
    6b8f1730.pth\
    --out results.pkl\
    --eval track
```

测试结束后会返回如下结果。

```
Loading OTB100 dataset...
OTB100 dataset loaded! (0.00 s)
2023-03-08 00:44:33,638 - mmcv - INFO - initialize SOTResNet with init_cfg
```

```
{'type': 'Pretrained', 'checkpoint': 'https://download.openmmlab.com/
mmtracking/pretrained_weights/sot_resnet50.model'}
2023-03-08 00:44:33,639 - mmcv - INFO - load model from:
https://download.openmmlab.com/mmtracking/pretrained_weights/sot_
resnet50.model
2023-03-08 00:44:33,639 - mmcv - INFO - load checkpoint from http path:
https://download.openmmlab.com/mmtracking/pretrained_weights/sot_resnet50.
model
load checkpoint from local path:
checkpoints/siamese_rpn_r50_20e_otb100_20220421_144232-6b8f1730.pth
[>>>>>>>>>>>>>>>>>>>>>>>>>>>>>] 29413/29413, 47.3 task/s, elapsed: 622s,
ETA: 0s
writing results to results.pkl
Evaluate OPE Benchmark...
{'success': 67.916, 'norm_precision': 86.166, 'precision': 90.042}
{'success': 67.916, 'norm_precision': 86.166, 'precision': 90.042}
```

上述测试为 ./data/otb100/annotations/otb100_infos.txt 列表中前 50 个视频的追踪测试与评估结果。

步骤 4 利用 demo 视频进行测试，并可视化结果。编辑 sot_siamrpn_demo.py 文件，输入如代码 5.14 所示的内容。

【代码 5.14】sot_siamrpn_demo.py 单目标追踪测试代码。

```
# 准备相应库
import mmcv
import tempfile
from mmtrack.apis import inference_sot, init_model
# 指定相应的配置文件和预训练参数位置
sot_config = './configs/sot/siamese_rpn/siamese_rpn_r50_20e_otb100.py'
sot_checkpoint = './checkpoints/siamese_rpn_r50_1x_lasot_20211203_151612-
da4b3c66.pth'
# 指定 demo 视频的位置
input_video = './demo/demo.mp4'
# 初始化模型配置文件与加载参数，指定测试用显卡
sot_model = init_model(sot_config, sot_checkpoint, device='cuda:0')
# 指定初始追踪位置
init_bbox = [371, 411, 450, 646]
# 利用 mmcv 库加载视频
imgs = mmcv.VideoReader(input_video)
prog_bar = mmcv.ProgressBar(len(imgs))
out_dir = tempfile.TemporaryDirectory()
out_path = out_dir.name
for i, img in enumerate(imgs):
# 逐帧测试并得到结果
    result = inference_sot(sot_model, img, init_bbox, frame_id=i)
```

```
    sot_model.show_result(
            img,
            result,
            wait_time=int(1000. / imgs.fps),
            out_file=f'{out_path}/{i:06d}.jpg')
prog_bar.update()
# 指定输出可视化视频的位置
output = './demo/sot.mp4'
print(f'\n making the output video at {output} with a FPS of {imgs.fps}')
mmcv.frames2video(out_path, output, fps=imgs.fps, fourcc='mp4v')
out_dir.cleanup()
```

编辑好代码后，执行测试命令如下：

```
>>python sot_siamrpn_demo.py
```

命令行窗口提示测试进度并保存结果。

```
load checkpoint from local
path: ./checkpoints/siamese_rpn_r50_1x_lasot_20211203_151612-da4b3c66.pth
Warning: The model doesn't have classes
[>>>>>>>>>>>>>>>>>>>>>>>>>>>>>>>>>>>>] 8/8, 6.2 task/s, elapsed: 1s,
ETA:0s
making the output video at ./demo/sot.mp4 with a FPS of 3.0
[>>>>>>>>>>>>>>>>>>>>>>>>>>>>>>>>>>>>] 8/8, 30.2 task/s, elapsed: 0s,
ETA:0s
```

其追踪结果可视化如图 5.13 所示。

图 5.13　SiamRPN++ 单目标追踪结果

5. 多目标追踪器的测试及结果可视化

步骤 1　从 MMTracking 提供的模型库下载预训练多目标检测器 QDTrack 的模型文件。

```
>>wget -c https://download.openmmlab.com/mmtracking/mot/qdtrack/mot_
```

```
dataset/qdtrack_faster-rcnn_r50_fpn_4e_crowdhuman_mot17_20220315_
163453-68899b0a.pth -P ./checkpoints
```

步骤 2 下载行人视频到 demo 文件夹下，并命名为 crowdhuman.mp4。

步骤 3 新建 mot_qdtrack_demo.py 文件并输入如代码 5.15 所示。

【代码 5.15】利用 QDTrack 进行多目标追踪的测试代码。

```
# 引入依赖包
import mmcv
import tempfile
from mmtrack.apis import inference_mot,init_model
# 配置多目标检测器的配置文件
mot_config = './configs/mot/qdtrack/qdtrack_faster-rcnn_r50_fpn_4e_
crowdhuman_mot17-private-half.py'
# 配置多目标检测器的参数文件
mot_checkpoint = './checkpoints/qdtrack_faster-rcnn_r50_fpn_4e_crowdhuman_
mot17_20220315_163453-68899b0a.pth'
# 指定待测试视频的路径
input_video = './demo/crowdhuman.mp4'
# 利用配置文件构建多目标追踪器，并加载参数文件，设定测试设备为 0 号显卡
mot_model = init_model(mot_config, mot_checkpoint, device='cuda:0')
# 利用 mmcv 包读取输入视频
imgs = mmcv.VideoReader(input_video)
# 初始化 mmcv 的进度显示条
prog_bar = mmcv.ProgressBar(len(imgs))
out_dir = tempfile.TemporaryDirectory()
out_path = out_dir.name
# 利用 for 循环开始逐帧测试
for i, img in enumerate(imgs):
# 给定模型，和当前帧，调用 inference_mot 开始测试
result = inference_mot(mot_model, img, frame_id=i)
# 可视化追踪框
    mot_model.show_result(
          img,
          result,
          show=False,
          thickness=6,
          wait_time=int(1000. / imgs.fps),
          out_file=f'{out_path}/{i:06d}.jpg')
    prog_bar.update()
# 处理结束，指定存储到视频的文件名
output = './demo/mot_crowdhuman.mp4'
print(f'\n making the output video at {output} with a FPS of {imgs.fps}')
# 将可视化视频帧写入视频文件
```

```
mmcv.frames2video(out_path, output, fps=imgs.fps, fourcc='mp4v')
# 清理输出路径的临时文件或目录
out_dir.cleanup()
```

步骤 4 编辑好代码后，执行测试代码，并可视化输出结果。

```
>>python mot_qdtrack_demo.py
```

命令行窗口提示测试进度并输出如下结果。

```
load checkpoint from local
path: ./checkpoints/qdtrack_faster-rcnn_r50_fpn_4e_crowdhuman_mot17_
20220315_163453-68899b0a.pth
[>>>>>>>>>>>>>>>>>>>>>>>>>>>>>>>>>] 815/815, 11.1 task/s, elapsed: 73s,
ETA:0s
making the output video at ./demo/mot_crowdhuman.mp4 with a FPS of
29.97002997002997
[>>>>>>>>>>>>>>>>>>>>>>>>>>>>>>>>>] 815/815, 25.7 task/s, elapsed: 32s,
ETA:0s
```

图 5.14 展示了利用 QDTrack 模型进行多目标行人追踪的样例。其中，采样间隔为 30 帧，模型从第一帧开始检测到多个人体，然后在后续帧对这些人体进行自动追踪，不需要指定第一帧中人体的出现位置。同时，模型对新出现在场景中的人体实例也有较好的追踪性能。

图 5.14 QDTrack 的多目标行人追踪结果

任务小结

本任务旨在让学生通过我国人工智能科技公司自主研发的目标检测（MMDetection）和目标追踪库（MMTracking）实现多目标检测、单目标追踪以及多目标追踪模型，了解目标检测和追踪的任务定义、描述及代表性算法。通过实际操作，获得可视化检测和追踪

结果，激发学生学习兴趣，同时了解我国计算机视觉公司在该领域中取得的突破，树立科技信心和民族自豪感，收获事半功倍的学习效果。

在该任务中，我们利用商汤科技公司研发的 MMTracking 目标追踪算法开源库，对单目标追踪器——SiamRPN++ 的模型结构与配置方式，多目标追踪器 QDTrack 的模型结构和测试等方面进行代码介绍与结果展示。在本任务中，主要包括以下几个步骤。

（1）安装配置 MMTracking 库：MMTracking 库依赖 MMDetection 库，因此在任务 5.1 的 conda 及 MMDetection 环境配置基础上，利用 git 命令克隆代码库并安装。

（2）数据集下载与标注信息转换：MMTracking 库的 tools 目录下提供了多种目标追踪公开数据集的下载方式，并提供可以转换标注信息为统一格式的代码。为方便实现，本任务以 OTB100 小型数据集为例进行了介绍。其他大规模视频数据集下载方式读者可以自行查阅。

（3）SiamRPN++ 单目标追踪模型配置：MMTracking 继承了 MMDetection 的模块化设计，可通过模型、数据及优化等字段进行模型配置，本任务以 SiamRPN++ 为例，对模型的结构和配置方式进行介绍。MMTracking 的 config 目录下提供了众多追踪器配置文件，感兴趣的读者可查阅并定制自己的目标追踪器。

（4）SiamRPN++ 单目标追踪模型测试与可视化：利用现有模型在 OTB 测试集上进行性能评估；通过撰写代码实现单目标视频的追踪与结果展示。

（5）QDTrack 多目标追踪模型测试与可视化：利用 config/mot 目录下的多目标追踪器 QDTrack 的配置文件，加载预训练模型。实现人群多目标追踪，并展示可视化结果。

◆ 任务自测 ◆

题目：根据已学知识自行搭建用于视频人群追踪和人流量统计的网络框架。

要求：

（1）使用 PyTorch 深度学习框架，结合 MMDetection 和 MMTracking 开源库，搭建适用于视频行人检测、多目标人体追踪的深度学习网络模型。

（2）框架需要支持视频目标检测、新目标出现及时追踪、统计一定时段的人流量等功能，以实现对人群流量分析和行人进行准确检测和追踪。

（3）下载并使用由我国人工智能企业（旷视公司）构建的基于大规模人群多目标追踪与人流量统计数据集——CrowdHuman，并基于此数据集进行多目标追踪器的模型训练和测试，给出相应的评估指标（如准确率、召回率、F1 值等），并展示追踪结果。

（4）需要撰写代码和实验报告，对框架的设计思路、实现细节、实验结果等进行详细描述，并给出合理的分析和讨论。

（5）可以适当扩展或优化框架，提高检测准确率和效率，但需说明具体的改进措施和效果。

评价表：理解基于 MMTracking 的目标追踪模型组成要素及结构

组员 ID		组员姓名		项目组			
评价栏目	任务详情	评价要素	分值	评价主体		
				学生自评	小组互评	教师点评
基于 MMTracking 的目标追踪模型组成要素及结构	目标追踪任务设定	是否完全了解	5			
	什么是单目标检测	是否完全了解	10			
	什么是多目标检测	是否完全了解	10			
	MMTracking 目标检测库的配置方式	是否完全了解	10			
	SiamRPN++ 单目标追踪模型结构	是否完全了解	10			
	基于 MMTracking 的 SiamRPN++ 模型配置与测试	是否完全了解	10			
	QDTrack 多目标追踪模型结构	是否完全了解	10			
	基于 MMTracking 的 QDTrack 模型的多目标追踪模型配置与测试	是否完全了解	5			
掌握熟练度	知识结构	知识结构体系形成	5			
	准确性	概念和基础掌握的准确度	5			
团队协作能力	积极参与讨论	积极参与和发言	5			
	对项目组的贡献	对团队的贡献值	5			
职业素养	态度	是否认真细致，遵守课堂纪律、学习态度积极、具有团队协作精神	3			
	操作规范	是否有实训环境保护意识，实训设备使用是否合规，操作前是否对硬件设备和软件环境检查到位，有无损坏机器设备的情况，能否保持实训室卫生	3			
	设计理念	是否突出以人为本的设计理念	4			
总分			100			

图像生成与转换

项目导读

近年来，随着虚拟现实（virtual reality，VR）、增强现实（augmented reality，AR）及人工智能技术的快速发展，元宇宙（Metaverse）的概念被提出。多国政府也开始认为元宇宙代表了未来科技的发展趋势，开始聚焦元宇宙产业的战略布局。其中，基于人工智能的内容生成（AI generated content，AIGC）则有望成为数字内容创作、虚拟人等应用的重要发展方向。我国也在国家战略高度加强和推动数字经济和安全的发展，推动数字治理，同时打造数字丝绸之路。2021年12月，“十四五”数字经济发展规划和国家信息规划相继发布，习近平总书记强调“发展数字经济意义重大，是把握新一轮科技革命和产业变革新机遇的战略选择”，党的二十大报告也指出“加快发展数字经济，促进数字经济和实体经济深度融合，打造具有国际竞争力的数字产业集群”。图像生成与转换技术，已被广泛应用于人脸图像编辑、视觉效果滤镜等方面，并辅助短视频、直播电商等视频创作平台，助力数字经济发展。

从任务定义上讲，图像生成（image generation）是指根据给定数据集，训练一个图像生成器，从而可以在学习到的数据分布上采样，获得新的图像。例如，给定人脸数据集，通过学习该数据集的分布，利用模型采样生成该人脸数据空间的新人脸图像。图像转换（image translation）则是指定源域（source domain）图像数据和目标域（target domain）数据，训练一个图像转换器，可以将目标域的风格、纹理、颜色等迁移到源域图像上，但并不改变源域图像的固有结构、内容等属性。

从涉及模型上讲，图像生成和转换都使用到了生成对抗网络（generative adversarial network，GAN）。GAN是生成模型的代表，在图像生成方面取得了里程碑式的进展。其基本原理，是通过设定一个生成器（generator）来生成以假乱真的图像，利用一个判别器（discriminator）来判定生成器生成图像的真伪。在训练过程中，生成器和判别器呈现一种对抗的态势：生成器要生成足够真实的样本来欺骗判别器，而判别器则需要判定出生成的是伪样本，从而促使生成器生成更加真实的图像。在不断博弈中，生成器和判别器都在不断增强，最终使生成器生成足够真实的图像。在实际应用中，可根据具体生成任务，引入额外的生成条件，促使生成器实现有导向性的图像生成。而这也是本项目图像生成和转换模型的基本思路。

学习目标

- 理解什么是图像生成和转换，掌握图像生成和转换的基本概念。
- 掌握图像生成技术，利用 PyTorch 技术，实现基于给定类别的生成对抗网络模型，训练模型，生成灰度风格的衣服服饰图像。
- 掌握图像转换技术，利用 PyTorch 技术，实现基于条件生成对抗网络的图像风格迁移网络模型，将目标域图像的风格迁移到源域图像上。
- 学会在实际应用中结合具体需求，运用图像生成和转换技术，提高对图像生成与转换在内容创作方面的认识，为后续进行创意图像合成、图像智能编辑做准备。

职业素养目标

- 培养学生能够基于分析图像生成和转换技术所带来的利弊，提出与之相应的应对策略，提升辨别网络中真实图像和合成图像的能力。
- 利用所学专业知识，发挥创造性。通过应用图像生成和转换技术，更好地辅助内容创作，提升判别互联网图像、视频等信息真伪的智能化水平。

职业能力要求

- 具有清晰的项目目标和方向，能够明确图像生成和转换技术的应用场景需求。
- 熟练掌握各类图像生成和转换技术，能够结合现有的算法和工具实现指定类别和风格的图像生成和转换等。
- 具有团队合作和沟通能力，结合其他项目中的技术，能够与其他相关岗位协作，共同完成真实感图像生成和自动鉴别互联网生成图像的对抗项目。
- 能够不断学习和更新知识，关注最新的内容生成技术趋势和前沿动态，持续提高自身的专业能力和竞争力。

项目重难点

项目内容	工作任务	建议学时	技能点	重难点	重要程度
图像生成与转换	任务 6.1　服饰图像生成	2	基于生成对抗网络——DCGAN	理解生成对抗网络的原理，并会用 PyTorch 编程框架实现	★★★★★
				可视化生成的复试图像并评估模型性能	★★★★☆
	任务 6.2　图像风格迁移	2	在线实时图像风格迁移网络模型的搭建与测试	理解图像风格迁移网络模型的原理，并用 PyTorch 编程框架实现	★★★★★
				理解离线和在线实时风格迁移的区别	★★★★☆

任务 6.1　服饰图像生成

任务目标

知识目标：学习 VS Code 软件界面，掌握代码编辑和生成对抗网络等知识点。

能力目标：通过结合 PyTorch 深度学习框，实现一种引入类别信息为条件的服饰图像生成模型。

建议学时

2 学时。

任务要求

本任务主要是基于生成模型，特别是生成对抗网络模型的算法开发，开发者需了解针对特定生成任务场景的生成对抗网络及其训练流程。不同图像生成项目有不同的场景需求，例如，高清人脸生成、常见类别的物体图像生成等。这里以简单服饰图像生成为例。

本任务假设需求已经确定，开发者需要结合相关算法实现以下功能。

（1）数据集准备与预处理：开发者需要选择适当工具和算法对时尚服饰图像进行预处理，包括数据增强、类别属性标注抽取及数据集划分等，以便后续生成对抗网络模型的训练与测试。

（2）安装配置 PyTorch 运行环境：利用 conda 安装并配置基于 PyTorch 深度学习框架运行环境。

（3）反卷积生成对抗网络模型配置与实现：开发者需要使用生成对抗网络，对输入的图像数据集分布做预测，并根据指定类别，生成特定类别的服饰图像。

（4）生成对抗网络模型训练：开发者需利用准备好的数据集，对使用或设计的生成对抗网络进行训练，并实现生成器和判别器的交替优化。

（5）时尚服饰生成测试及结果可视化：开发者需要使用适当的工具和技术，利用已训练好的模型进行服饰图像的生成，并呈现结果，便于用户查看和理解。

知识归纳

1. 生成对抗网络

近年来，生成对抗网络在多数生成任务上取得了优越的性能，并被用于生成丰富的足以以假乱真的图像、语义、文本等，其理论基础为博弈论中的纳什均衡。其网络结构如图 6.1 所示。

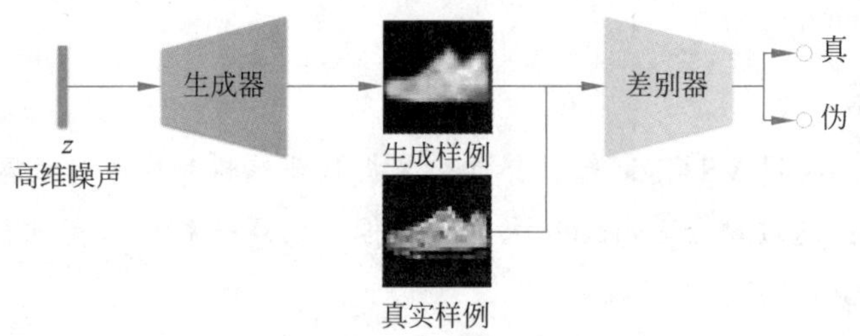

图 6.1　生成对抗网络结构示意

具体地，图 6.1 中的输入 z 为初始化阶段的高维噪声，可表示为在高维空间中进行数据表征的采样。然后，z 被馈送到生成器中，以生成图像样本。以生成样例和真实样例为正负样本对，会被继续馈送至判别器中，由判别器对生成样例和真实样例进行真伪的二值判定。在训练阶段，生成器和判别器进行交替优化，即优化生成器时，判别器参数固定不更新，仅更新生成器部分参数；优化判别器时，生成器参数固定不调整，仅判别器部分参数更新。通过交替优化，不断提升生成器的图像生成质量。

2. 反卷积生成对抗网络

深度卷积生成对抗网络（deep convolutional generative adversarial networks，DCGAN），又称反卷积生成对抗网络，是图像生成模型的代表工作，是初始 GAN 网络在图像生成领域的首次尝试。其生成器网络结构以反卷积作为基本组成单元，将输入的高维数据不断上采样，最终输出指定尺寸的图像。DCGAN 生成器网络结构示意如图 6.2 所示。

其中，z 为高维采样噪声，在具体实现中为 100 维的高斯采样数据。立方体为上采样或反卷积操作之后得到的特征图，大小分别为 4 × 4 像素、8 × 8 像素、16 × 16 像素、32 × 32 像素、64 × 64 像素。特征图通道维度分别为 1024、512、256、128、3。由图 6.2 可知，最终输出的图像大小为 64 × 64 像素的三通道图像。生成器的目的是学习训练样本

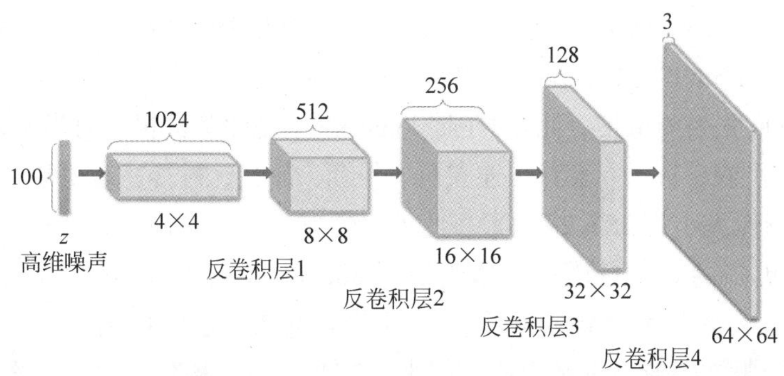

图 6.2 DCGAN 生成器网络结构示意

的数据分布，将输入的高斯采样噪声映射为一张符合训练数据分布的图像。

为训练好生成器，DCGAN 引入了判别器网络，对生成样本进行真伪的判定。其具体结构如图 6.3 所示。由图 6.3 可知，判别器的输入为 3 通道的生成图像或真实图像，通过依次堆叠卷积和降采样层，对图像进行抽象。在具体实现中，可采用带步长（stride）的卷积操作，对特征图的尺寸进行降采样，从而达到多级特征抽取、特征图减小、高级特征抽象的目的。最后一层为全连接层，输出仅为一个单值，指示当前输入图像的真伪。

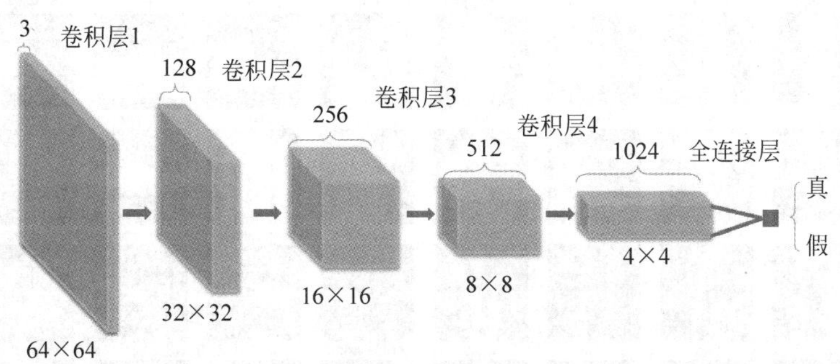

图 6.3 DCGAN 判别器网络结构示意

在本任务中，我们以时尚服饰图像生成为例，通过引入图像级类别，训练 DCGAN 结构，实现有导向的图像生成。为此，需要在生成器部分（图 6.2）和判别器部分（图 6.3）引入额外的信息和输出来判定是否实现了有条件的图像生成。例如，通过引入时尚服饰的类别，来控制生成不同的图像；同时在判别器部分，引入额外的类别分类器，判定生成的图像其类别是否正确。

任务实施

1. 数据集准备

为训练服饰图像生成模型，首先需要准备服饰图像数据集。这里我们选用时尚服饰开源基准数据集 FashionMNIST。FashionMNIST 数据集是由德国 Zalando Research 提供的衣物图像数据集，用于基本时尚服饰的分类任务。可通过检索 FashionMNIST 数据集获取下载链接。FashionMNIST 数据集包含 70000 张单通道灰度服饰图像，其中 60000 张图像为训练集、10000 张为测试集。此外，FashionMNIST 数据集提供了时尚服饰的类别信息，其中包括 T 恤 / 上衣、裤子、套衫、连衣裙、外套、凉鞋、衬衫、运动鞋、包、短靴共 10 类标注信息。图像大小为 28 × 28 像素。此外，还有大规模时尚服饰数据集 DeepFashion，此数据集包含更多的高质量图像，约收录了 800000 张高质量图像，标注了约 50 个类别、1000 种属性、并且为每幅衣服图像提供关键点来描述图像结构、纹理、形状等细节信息，可用于服饰图像识别和生成，但由于其数据集结构较为复杂。本任务我们选用 FashionMNIST 数据集，并以其提供的类别进行服饰图像生成为例，感兴趣的读者可以自行选用其他数据集或构建自己的数据集。图 6.4 展示了 FashionMNIST 数据集中部分时尚服饰图像的样例。

图 6.4 FashionMNIST 数据集原始图像展示

FashionMNIST 数据集可从 FashionMNIST 数据集官网下载获得，也可以通过调用 PyTorch 库中 FashionMNIST 数据集类进行下载，这里不再赘述下载细节。在获取到下载 FashionMNIST 数据集后，经过解压，可得到如下数据集文件目录组织形式。

```
FashionMNIST
└──── raw
      ├──── t10k-images-idx3-ubyte
      ├──── t10k-images-idx3-ubyte.gz
      ├──── t10k-labels-idx1-ubyte
      ├──── t10k-labels-idx1-ubyte.gz
      ├──── train-images-idx3-ubyte
      ├──── train-images-idx3-ubyte.gz
      ├──── train-labels-idx1-ubyte
      └──── train-labels-idx1-ubyte.gz
```

其中，train-images-idx3-ubyte 文件存储了训练集的时尚服饰图片，train-labels-idx1-ubyte 汇总了所有时尚服饰图像的类别标注信息。类似地，t10k-images-idx3-ubyte 文件存储了测试集中时尚服饰图像，t10k-labels-idx1-ubyte 文件存储了对应测试集中的时尚服饰图像类别信息。其他 gz 文件则为下载的压缩包文件。

2. 安装配置 PyTorch 环境

PyTorch 深度学习编程框架可运行在 Linux、Windows 及 macOS 操作系统上，目前需要 Python 3.7 版本及以上、CUDA 9.2 版本及以上，PyTorch 版本 1.5 以上，才能正常运行。

步骤 1 从 Miniconda 官网下载并安装对应操作系统的 conda 安装包。

步骤 2 创建 conda 虚拟环境并激活环境，这里以 fashion 的虚拟环境创建为例，在命令行输入：

```
>> conda create -n fashion python=3.8 -y
```

安装完毕，输入：

```
>> conda activate fashion
```

步骤 3 运行环境激活成功后，结合自身使用运行平台，利用如下指令安装 PyTorch 深度学习框架。

- 对于提供 GPU 的机器平台：

```
>> conda install PyTorch torchvision -c PyTorch
```

- 对于仅提供 CPU 计算的机器平台：

```
>> conda install PyTorch torchvision cpuonly -c PyTorch
```

验证安装效果（以安装 GPU 版本为例）：

```
>>python
Python 3.8.16 (default, Jan 17 2023, 23:13:24)
[GCC 11.2.0] :: Anaconda, Inc. on linux
Type "help", "copyright", "credits" or "license" for more information.
>>> import torch
>>> torch.cuda.is_available()
True
```

执行此段代码，可以返回 True，表示 GPU 版本 PyTorch 库安装成功。而 CPU 版本运行完 import torch 之后无结果即为正常。而 torch.cuda.is_available( ) 则用于验证 PyTorch 是否可以正常访问 GPU。

3. 数据预处理

FashionMNIST 数据集作为公开基准数据集，目前已集成在深度学习编程框架中。以使用 PyTorch 深度学习编程框架为例，可通过直接调用数据集加载器 dataset.FashionMNIST( )，以及定制相应的 transform 变换函数进行数据的预处理和增强操作。

【**代码 6.1**】将图像数据集预处理和加载。

```
# 引入相关的 Python 库
import os, time
import Matplotlib.pyplot as plt
import itertools
import pickle
import imageio
import torch
from torchvision import datasets, transforms
from torch.autograd import Variable
# 创建图像数据预处理操作序列
transform = transforms.Compose([
      # 将输入图像扩增为三通道图像
      transforms.Grayscale(num_output_channels=3),
      # 将输入图像的分辨率按指定大小进行缩放
      transforms.Scale(img_size),
      # 将输入图像值的范围由 [0, 255] 变换到 [0, 1]
      transforms.ToTensor(),
      # 将变换后的三通道图像值的范围减去 0.5 的均值，并除以方差 0.5，从而获得 [-1, 1]
      # 的归一化结果
      transforms.Normalize(mean=(0.5, 0.5, 0.5), std=(0.5, 0.5, 0.5))
])
# 创建数据集加载器 train_loader
train_loader = torch.utils.data.DataLoader(
    # 申请 torchvision 中已集成的数据集 loader——FashionMNIST,
    # 设置存储数据集的路径为 "./data/",
```

```
# 设置当前使用的是 train 子集，
# 设置若未检测到数据集，则进行下载，download=True
# 设置图像预处理的变换序列为 transform
# 设置输入的 batch_size 为 128
# 设置数据集加载队列中的图像样本是否随机打乱
datasets.FashionMNIST('data', train=True, download=True, transform=
transform), batch_size=128, shuffle=True)
```

4. 反卷积生成对抗网络模型代码实现

由于 DCGAN 是经典 GAN 网络在图像生成任务上实例，因此，DCGAN 依然遵循平凡 GAN 网络框架的设计思路。如本项目“知识归纳”部分的介绍，DCGAN 包含生成器和判别器部分。然而，为实现有指示性的图像生成，需要引入额外的监督信息（或标签信息）来引导生成器生成指定的图像。这里，以实现依据年份来生成时尚服饰为例，通过在生成器和判别器部分引入额外的类别标注信息，控制生成器有导向性地生成时尚服饰图像。具体生成器和判别器代码存储在“FashionMNIST-Generation/PyTorch_cdcgan_fashionmnist.py”中。

（1）生成器（generator）网络结构设置。这里以 DCGAN 为基础网络构建生成器，但为了首先有导向性的时尚服饰生成，引入了额外的标签信息作为输入，因此在输入时，需要同时考虑高斯噪声采样和衣服类别标签的独热编码（one-hot encoding）。

小贴士

独热编码是一种将离散型数值信息映射到欧氏空间的有效编码方式，又称一位有效编码，具体思想是将类别或离散属性信息用二进制向量表示。例如，给定 10 个类别的分类任务，独热编码首先获取一个长度为 10 的全零向量，若某个样本的类别标签为“4”，则将此 10 维向量中的第 4 个索引位置设为 1，其余保持不变。由此，类别信息“4”经过独热编码转换为向量 [0，0，0，1，0，0，0，0，0，0]。经过此过程，离散型数值信息被映射到欧氏空间，更易于计算距离与相似度。独热编码被广泛应用于回归、分类、聚类等机器学习算法中。

【代码 6.2】引入类别标签信息的 DCGAN 生成器部分的模型实现。

```
import torch.nn as nn
import torch.nn.functional as F
import torch.optim as optim
class generator(nn.Module):
# 生成器采用 DCGAN 的生成器模型，但引入了标签信息来指导图像的生成
def __init__(self, d=128):
# 声明计算图中的层，通过不断追加和堆叠反卷积层得到最终的输出特征图
    super(generator, self).__init__()
```

```
    self.deconv1_1 = nn.ConvTranspose2d(
                   in_channels=100,  # 输入特征图特征维度
                   out_channels=d*2, # 输出特征图通道数
                   kernel_size=4,    # 卷积核大小
                   stride=1,         # 步长
                   padding=0)        # 是否填充边界
    self.deconv1_1_bn = nn.BatchNorm2d(d*2)
    self.deconv1_2 = nn.ConvTranspose2d(10, d*2, 4, 1, 0)
    self.deconv1_2_bn = nn.BatchNorm2d(d*2)
    self.deconv2 = nn.ConvTranspose2d(d*4, d*2, 4, 2, 1)
    self.deconv2_bn = nn.BatchNorm2d(d*2)
    self.deconv3 = nn.ConvTranspose2d(d*2, d, 4, 2, 1)
    self.deconv3_bn = nn.BatchNorm2d(d)
    self.deconv4 = nn.ConvTranspose2d(d, 3, 4, 2, 1)

# 训练权重初始化
def weight_init(self, mean, std):
    for m in self._modules:
        normal_init(self._modules[m], mean, std)

def forward(self, input, label):
# 生成器网络前向计算过程
# 这里 label 即为输入标签的独热编码
# input 为隐空间高斯噪声的维度
    x = F.relu(self.deconv1_1_bn(self.deconv1_1(input)))
                                    # 首先对噪声数据进行反卷积编码
    y = F.relu(self.deconv1_2_bn(self.deconv1_2(label)))
                                    # 同时对输入的引导性标签向量进行反卷积编码
    x = torch.cat([x, y], 1)        # 将这两类信息的特征图进行级联，得到融合特征
    x = F.relu(self.deconv2_bn(self.deconv2(x)))
    x = F.relu(self.deconv3_bn(self.deconv3(x)))
    x = F.tanh(self.deconv4(x))
    # 返回生成数据
    return x
```

（2）判别器（discriminator）的网络结构设置。类似地，判别器部分的网络设置也采用了 DCGAN 框架中的设计。但不同的是，需要引入额外的标签输入，对生成图像和类别标签对进行判定。即在保证网络可以生成足够真实图像的同时，生成图像和相应标签也应该匹配才满足判定为真样本的条件。

【代码 6.3】引入类别标签信息的 DCGAN 判别器部分的模型实现。

```
class discriminator(nn.Module):
    # 判别器部分采用 DCGAN 的判别器结构
    # 但不同的是引入了辅助标签信息，来判定生成图像与给定的标签类别是否匹配
    def __init__(self, d=128):
```

```
        super(discriminator, self).__init__()
        self.conv1_1 = nn.Conv2d(
                                in_channels = 3,             # 输入图像的通道数
                                out_channels = int(d/2), # 输出特征图通道数
                                kernel_size = 4,             # 卷积核的大小
                                stride = 2,                  # 卷积步长
                                padding = 1,                 # 图像边界填充多少
                                ),
        self.conv1_2 = nn.Conv2d(
                                in_channels = 10,            # 输入 label 的独
                                                             # 热编码维度
                                out_channels = int(d/2), # 输出特征的通道数
                                kernel_size = 4,             # 卷积核的大小
                                stride = 2,                  # 卷积步长
                                padding = 1,                 # 图像边界填充多少
                                ),
        self.conv2 = nn.Conv2d(d, d*2, 4, 2, 1)
        self.conv2_bn = nn.BatchNorm2d(d*2)
        self.conv3 = nn.Conv2d(d*2, d*4, 4, 2, 1)
        self.conv3_bn = nn.BatchNorm2d(d*4)
        self.conv4 = nn.Conv2d(d * 4, 1, 4, 1, 0)

    # 设置权重初始化方式
    def weight_init(self, mean, std):
        for m in self._modules:
        normal_init(self._modules[m], mean, std)

    # 模型的前向函数
    def forward(self, input, label):
        x = F.leaky_relu(self.conv1_1(input), 0.2)
                                                # 首先对输入的图像进行特征编码
        y = F.leaky_relu(self.conv1_2(label), 0.2)
                                                # 再对相应的给定标签进行特征编码
        # 将生成图像和相应的标签级联构成输入对，输入后续网络进行是否匹配的判定
        x = torch.cat([x, y], 1)
        x = F.leaky_relu(self.conv2_bn(self.conv2(x)), 0.2)
        x = F.leaky_relu(self.conv3_bn(self.conv3(x)), 0.2)
    # 使用 sigmoid 函数对“图像 - 标签”混合输入进行判定
        x = F.sigmoid(self.conv4(x))
    # 返回最终的结果
        return x
```

5. 生成对抗网络的训练

FashionMNIST-Generation/PyTorch_cdcgan_fashionmnist.py 文件包含了训练 DCGAN 的一系列参数设定，包括数据集设定、数据加载器构建、训练和测试阶段数据载入、模型设置、优化器设置、学习率等超参数的设定。总体上讲，生成对抗网络的训练过程共涉及四

个部分，即训练参数准备、模型创建、优化器设置以及模型训练主循环。

（1）训练参数准备。本部分的参数设定主要集中在数据位置，控制训练和测试阶段数据加载器 DataLoader 的创建、输入批次中的样本个数、学习率等信息的设定。

【代码 6.4】设定数据集、设置测试的噪声数据和条件类别。

```
# training parameters
batch_size = 128                        # 输入批次中的样本个数
lr = 0.0002                             # 学习率
train_epoch = 20                        # 训练轮数
# 图片分辨率大小
img_size = 32
# 为方便评估和测试，设定固定的高斯噪声和类别标签输入数据
temp_z_ = torch.randn(10, 100)          # 获得随机噪声数据 10×100 的数组
fixed_z_ = temp_z_
fixed_y_ = torch.zeros(10, 1)           # 获得随机噪声数据 10×1 的全零数组
for i in range(9):                      # 重复获得 10 组不同类别下的相同噪声
    fixed_z_ = torch.cat([fixed_z_, temp_z_], 0)
    temp = torch.ones(10, 1) + i
    fixed_y_ = torch.cat([fixed_y_, temp], 0)
# 将噪声数据重新组织为 100×100×1×1 的矩阵
fixed_z_ = fixed_z_.view(-1, 100, 1, 1)
# 将类标数据重新组织为独热编码 (one-hot encoding)
fixed_y_label_ = torch.zeros(100, 10)
fixed_y_label_.scatter_(1, fixed_y_.type(torch.LongTensor), 1)
fixed_y_label_ = fixed_y_label_.view(-1, 10, 1, 1)
# 将类别和噪声数据加载到显卡中
fixed_z_ = Variable(fixed_z_.cuda(), volatile=True)
fixed_y_label_=Variable(fixed_y_label_.cuda(), volatile=True)
```

（2）模型创建。准备好了 generator 和 discriminator 类之后，需要在训练代码中创建生成器和判别器实例。并通过设定优化器，来更新模型参数。

【代码 6.5】创建生成器和判别器。

```
G = generator(128)                        # 创建生成器模型
D = discriminator(128)                    # 创建判别器模型
G.weight_init(mean=0.0, std=0.02)         # 随机初始化生成器，均值为 0，方差为 0.02
                                          # 的参数
D.weight_init(mean=0.0, std=0.02)         # 随机初始化判别器，均值为 0，方差为 0.02
                                          # 的参数
G.cuda()                                  # 生成器载入计算设备 GPU
D.cuda()                                  # 生成器载入计算设备 GPU
...
```

（3）优化器设置。准备生成器和判别器实例之后，需要设定损失函数和优化器，来更新模型参数。

【代码 6.6】损失函数、优化器超参数设定。

```
...
# 设置 conditional  DCGAN 网络训练用的 loss 为二值交叉熵损失函数
BCE_loss = nn.BCELoss()

# 设置 conditional  DCGAN 网络训练用的优化器为 Adam optimizer, 并设定优化器要优化
# 的参数、学习率 ,Adam 算法的参数 beta 等
G_optimizer = optim.Adam(G.parameters(), lr=lr, betas=(0.5, 0.999))
D_optimizer = optim.Adam(D.parameters(), lr=lr, betas=(0.5, 0.999))
...
```

（4）模型训练主循环。在模型训练阶段，需要将数据集、模型及训练策略设定并配置整合起来，通过生成器和判别器参数交替更新，优化整个模型。

步骤 1 设定一些辅助字典、列表及路径，进行模型、训练日志数据、文件的存储。

【代码 6.7】辅助训练的变量声明和设定。

```
# 设定存储结果的路径
root = 'FASHIONMNIST_cDCGAN_results/'
model = 'FASHIONMNIST_cDCGAN_'
if not os.path.isdir(root):
    os.mkdir(root)
if not os.path.isdir(root + 'Fixed_results'):
os.mkdir(root + 'Fixed_results')
# 声明训练日志字典 , 分别存储生成器、判别器、单轮次迭代时间、整体训练时间
train_hist = {}
train_hist['D_losses'] = []
train_hist['G_losses'] = []
train_hist['per_epoch_ptimes'] = []
train_hist['total_ptime'] = []
# 对于输入标签进行独热编码预处理 , 方便后续处理使用
onehot = torch.zeros(10, 10)
onehot = onehot.scatter_(1, torch.LongTensor([0, 1, 2, 3, 4, 5, 6, 7, 8,
9]).view(10,1), 1).view(10, 10, 1, 1)
fill = torch.zeros([10, 10, img_size, img_size])
for i in range(10):
fill[i, i, :, :] = 1
...
```

步骤 2 设定两层 for 循环控制训练的轮数（epoch）和每一轮中遍历整个数据集。

【代码 6.8】训练主循环代码块。

```
print('training start!')                           # 提示训练开始
start_time = time.time()                           # 记录当前时刻的时间
```

```
for epoch in range(train_epoch):            # 进入模型训练主循环
    D_losses = []                           # 声明空列表，存储判别器损失
    G_losses = []                           # 声明空列表，存储生成器损失
    # 在固定轮次衰减学习率，这里共训练 20 轮，在第 10 次和第 15 次进行学习率衰减
    if (epoch+1) == 11:
        G_optimizer.param_groups[0]['lr'] /= 10
        D_optimizer.param_groups[0]['lr'] /= 10
        print("learning rate change!")
    if (epoch+1) == 16:
        G_optimizer.param_groups[0]['lr'] /= 10
        D_optimizer.param_groups[0]['lr'] /= 10
        print("learning rate change!")
# 记录当前轮的起始时间
    epoch_start_time = time.time()
    y_real_ = torch.ones(batch_size)        # 设定真实配对样本对的类标为真
    y_fake_ = torch.zeros(batch_size)       # 设定生成配对样本对的标签为假
    y_real_, y_fake_ = Variable(y_real_.cuda()), Variable(y_fake_.cuda())
    for x_, y_ in train_loader:             # 进入数据集训练迭代子循环
    ...
```

步骤 3 获得数据集后首先训练判别器。

【代码 6.9】判别器训练过程。

```
# 首先判别器梯度计算置零
D.zero_grad()
# 获得当前批次的样本个数，即 batch_size 的大小
        mini_batch = x_.size()[0]
# 如果 mini_batch 的值不等于 batch_size 的值，则重新获取判别器需要判定的真实和假标签
        if mini_batch != batch_size:
            y_real_ = torch.ones(mini_batch)
            y_fake_ = torch.zeros(mini_batch)
            y_real_, y_fake_ = Variable(y_real_.cuda()), Variable(y_fake_.
            cuda())
# 通过真实标签，获取对应图像的类别标签，并填充为矩阵形式的独热编码
        y_fill_ = fill[y_]
        x_, y_fill_ = Variable(x_.cuda()), Variable(y_fill_.cuda())
# 将图像和对应类别的填充矩阵作为配对样本馈送至判别器中，此时应判定为真
        D_result = D(x_, y_fill_).squeeze()
# 利用二值交叉熵损失函数，将此次输入的数据对判定为真
        D_real_loss = BCE_loss(D_result, y_real_)
# 相应地，对于假样本，随机生成图像的噪声以及对应的标签
        z_ = torch.randn((mini_batch, 100)).view(-1, 100, 1, 1)
        y_ = (torch.rand(mini_batch, 1) * 10).type(torch.LongTensor).
        squeeze()
        # 生成对应的独热编码
        y_label_ = onehot[y_]
```

```
        # 获取对应的独热编码特征矩阵
        y_fill_ = fill[y_]
        # 将噪声、生成图像类标，以及独热编码特征矩阵加载到计算设备中
        z_, y_label_, y_fill_ = Variable(z_.cuda()), Variable(y_label_.
        cuda()), Variable(y_fill_.cuda())
# 利用采样噪声和对应标签生成图像
        G_result = G(z_, y_label_)
# 将生成图像及对应标签的独热编码特征矩阵馈送到判别器中进行判定
        D_result = D(G_result, y_fill_).squeeze()
# 此时，判别器应将生成图像和对应独热编码特征构成的输入样本对判定为假
        D_fake_loss = BCE_loss(D_result, y_fake_)
        D_fake_score = D_result.data.mean()
# 根据判别器 loss 函数，将真实样本对和生成的假样本对产生的损失加和
        D_train_loss = D_real_loss + D_fake_loss
# 反向传播损失函数
        D_train_loss.backward()
# 利用判别器优化器更新判别器参数
        D_optimizer.step()
# 记录当前迭代中的判别器损失
        D_losses.append(D_train_loss.data.item())
```

步骤 4 训练生成器。本部分利用不同的优化器分管不同的参数更新过程，从而实现生成器和判别器的交替更新。

【**代码 6.10**】生成器训练过程。

```
# 类似地，首先清空生成器部分梯度计算结果
G.zero_grad()
# 再次生成噪声数据和对应需要馈送到生成器和判别器中的标签信息
z_ = torch.randn((mini_batch, 100)).view(-1, 100, 1, 1)
y_ = (torch.rand(mini_batch, 1) * 10).type(torch.LongTensor).squeeze()
y_label_ = onehot[y_]
y_fill_ = fill[y_]
z_, y_label_, y_fill_ = Variable(z_.cuda()), Variable(y_label_.cuda()),
Variable(y_fill_.cuda())
# 利用采样噪声和对应标签生成图像
G_result = G(z_, y_label_)
# 将生成图像及对应标签的独热编码特征矩阵馈送到判别器中进行判定

D_result = D(G_result, y_fill_).squeeze()
# 此时，判别器应将生成图像和对应独热编码特征构成的输入样本对判定为真
# 因此，使用二值交叉熵损失和真实标签进行损失的计算
G_train_loss = BCE_loss(D_result, y_real_)
# 利用反向传播算法计算生成器参数的梯度
G_train_loss.backward()
# 利用优化器算法及学习率更新生成器参数
G_optimizer.step()
```

```
# 记录当前迭代中的生成器损失
G_losses.append(G_train_loss.data.item())
```

步骤5 记录训练日志和模型参数。在训练过程中，需要对当前训练轮数、迭代时间、生成器和判别器损失等进行记录，以追溯训练异常，方便进行代码调试。此外，在训练结束后，可利用 torch.save() 对当前模型参数进行存储，方便之后测试使用和再训练阶段恢复模型训练。

【代码 6.11】日志记录及参数存储过程。

```
# 记录当前轮次训练的结束时间戳
epoch_end_time = time.time()
# 利用开始和结束时间，记录当前轮次消耗时间
per_epoch_ptime = epoch_end_time - epoch_start_time
# 在屏幕上输出训练总轮数、当前轮数、消耗时间、判别器损失均值、生成器损失均值
print('[%d/%d] - ptime: %.2f, loss_d: %.3f, loss_g: %.3f' % ((epoch + 1),
train_epoch, per_epoch_ptime, torch.mean(torch.FloatTensor(D_losses)),
torch.mean(torch.FloatTensor(G_losses))))
# 在每轮结束时，利用预先设定的固定噪声进行服饰图像生成，并存储在指定路径
fixed_p = root + 'Fixed_results/' + model + str(epoch + 1) + '.png'
show_result((epoch+1), save=True, path=fixed_p)
# 存储判别器和生成器损失，以及消耗时间到指定字典结构中
train_hist['D_losses'].append(torch.mean(torch.FloatTensor(D_losses)))
train_hist['G_losses'].append(torch.mean(torch.FloatTensor(G_losses)))
train_hist['per_epoch_ptimes'].append(per_epoch_ptime)
# 记录全部训练截止时间
end_time = time.time()
total_ptime = end_time - start_time
train_hist['total_ptime'].append(total_ptime)
# 输出每轮训练的平均消耗时间、判别器损失值及生成器损失值
print("Avg one epoch ptime: %.2f, total %d epochs ptime: %.2f" % (torch.
mean(torch.FloatTensor(train_hist['per_epoch_ptimes'])), train_epoch,
total_ptime))
print("Training finish!... save training results")
# 训练结束后，调用 torch.save() 存储生成器和判别器参数
# 同时存储日志数据的字典结构
torch.save(G.state_dict(), root + model + 'generator_param.pkl')
torch.save(D.state_dict(), root + model + 'discriminator_param.pkl')
with open(root + model + 'train_hist.pkl', 'wb') as f:
    pickle.dump(train_hist, f)
...
```

步骤6 开始训练模型。准备好模型配置文件之后，激活安装利用如下命令开始训练模型。

```
>> python PyTorch_cdcgan_fashionmnist.py
```

此后，命令行窗口将输入如图 6.5 所示的训练结果。

```
[1/20] - ptime: 26.25, loss_d: 0.902, loss_g: 2.569
[2/20] - ptime: 26.04, loss_d: 0.798, loss_g: 2.414
[3/20] - ptime: 24.34, loss_d: 0.784, loss_g: 2.421
[4/20] - ptime: 25.93, loss_d: 0.842, loss_g: 2.167
[5/20] - ptime: 25.82, loss_d: 0.871, loss_g: 1.970
[6/20] - ptime: 26.49, loss_d: 0.782, loss_g: 2.067
[7/20] - ptime: 24.62, loss_d: 0.564, loss_g: 2.470
[8/20] - ptime: 23.60, loss_d: 0.458, loss_g: 2.910
[9/20] - ptime: 25.74, loss_d: 0.424, loss_g: 2.937
[10/20] - ptime: 25.92, loss_d: 0.326, loss_g: 3.422
learning rate change!
[11/20] - ptime: 24.54, loss_d: 0.119, loss_g: 3.168
[12/20] - ptime: 23.18, loss_d: 0.102, loss_g: 3.305
[13/20] - ptime: 24.42, loss_d: 0.084, loss_g: 3.491
[14/20] - ptime: 25.83, loss_d: 0.071, loss_g: 3.672
[15/20] - ptime: 23.10, loss_d: 0.060, loss_g: 3.865
learning rate change!
[16/20] - ptime: 23.09, loss_d: 0.056, loss_g: 3.917
[17/20] - ptime: 23.75, loss_d: 0.054, loss_g: 3.957
[18/20] - ptime: 22.66, loss_d: 0.051, loss_g: 4.004
[19/20] - ptime: 24.38, loss_d: 0.047, loss_g: 4.073
[20/20] - ptime: 25.42, loss_d: 0.044, loss_g: 4.143
Avg one epoch ptime: 24.76, total 20 epochs ptime: 568.17
Training finish!... save training results
```

图 6.5 带标签引导的 DCGAN 时尚服饰生成模型训练代码运行日志

6. 时尚服饰生成测试及结果可视化

在获得训练好的模型后，可以通过加载模型，进行模型测试，得到时尚服饰生成结果。为方便评估模型性能，可在每轮训练结束时，对预先生成的固定噪声及对应标签数据进行结果测试，生成时尚服饰图像，同时展示结果，存储每轮的测试结果，观察其变化。此步骤可集成到训练过程中，其使用见训练过程代码，这里不再赘述。

【代码 6.12】定义 show-result( ) 显示时尚服饰的生成结果。

```
def show_result(num_epoch, show = False, save = False, path = 'result.png'):
    '''
    输入参数说明：
    num_epoch 表示当前测试的轮数
    show 表示是否在窗口显示
    save 表示是否存储展示结果
    path 表示存储可视化结果的路径
    '''
    # 首先将模型转换为 eval 模式，表示仅计算前向过程
    G.eval()
    # 利用固定类标生成测试图像
    test_images = G(fixed_z_, fixed_y_label_)
    test_images = (test_images + 1.0) / 2.0
    G.train()
    # 由于有 10 个类别，每个类别生成 10 张图像，共生成 100 张图像
    # 需要利用 10×10 的网格进行图像排布，方便展示结果
```

```
size_figure_grid = 10
# 调用 Matplotlib 库中的 subplots 方法划分子图窗格
    fig, ax = plt.subplots(size_figure_grid, size_figure_grid, figsize=(32, 32))
    for i, j in itertools.product(range(size_figure_grid), range(size_
figure_grid)):
        ax[i, j].get_xaxis().set_visible(False)
        ax[i, j].get_yaxis().set_visible(False)
    # 在划分好的子图窗格中展示每个类别生成的结果
    for k in range(10*10):
        i = k // 10
        j = k % 10
        ax[i, j].cla()
        ax[i, j].imshow(test_images[k, 0].cpu().data.numpy(), cmap='gray')
    # 给出当前整个展示结果的轮次
    label = 'Epoch {0}'.format(num_epoch)
    fig.text(0.5, 0.04, label, ha='center')
    plt.savefig(path)
    # 如果展示结果，则通过 show 方法在窗口上显示结果；否则关闭 plt 视图
    if show:
        plt.show()
    else:
        plt.close()
```

运行训练代码结束后，在对应的结果输出路径下会得到每轮的可视化结果，最后时尚服饰生成结果如图 6.6 所示。

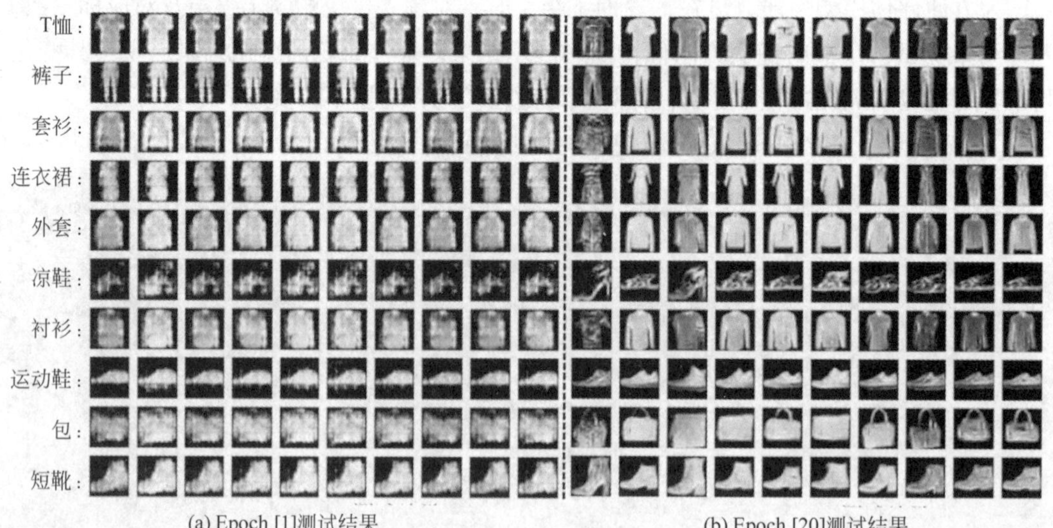

图 6.6　时尚服饰图像生成结果（固定噪声数据，逐渐变动类别标签）

图 6.6 展示了包括 T 恤 / 上衣、裤子、套衫、连衣裙、外套、凉鞋、衬衫、运动鞋、包、短靴共 10 类样本的生成结果。由图 6.6 可以看出，通过固定噪声数据集合，同时调试样本的标签，可生成特定类型的时尚服饰图像。而通过模型的训练，从 Epoch [0] 到

Epoch [20]，可观测到明显的图像质量及样本的多样性提升。

任务小结

在时尚服饰图像生成任务中，我们通过训练带引导标签的条件生成对抗网络——conditional DCGAN 模型生成具有不同类别的时尚服饰图像。在实现过程中，主要涉及数据准备、生成器和判别器设置、条件生成对抗网络训练及模型测试。在本项目中，我们主要采用了以下几个步骤。

（1）数据集准备：从 FashionMNIST 数据集官网或 PyTorch 提供的 data.FashionMNIST 函数自动下载，获取训练数据。

（2）安装配置 PyTorch 运行环境：利用 conda 安装基于 PyTorch 的 fashion 环境，并在 conda 环境中安装和配置 PyTorch 深度学习框架运行环境。

（3）数据预处理：通过指定数据集下载路径，利用 PyTorch 默认的 DataLoader 方便数据加载。并结合相应的数据归一化、增强等变换函数对载入图像进行预处理。

（4）反卷积生成对抗网络模型配置与实现：熟悉如何将类别标签信息加入 DCGAN 中，构建条件生成对抗网络，并通过设计生成器、判别器的网络结构，了解反卷积操作以及带步长的卷积操作在上采样和下采样中的作用。

（5）生成对抗网络训练模型：通过配置数据文件所在的路径，模型结构、训练优化器类型、参数更新算法、初始学习率、训练轮数等信息开始训练模型。

（6）时尚服饰生成测试及结果可视化：通过加载已训练好的参数文件，指定噪声数据以及对应的类别信息，生成时尚服饰并可视化结果。

任务自测

题目：根据已学知识自行搭建基于条件生成对抗网络的时尚服饰图像生成框架。

要求：

（1）使用 FashionMNIST 数据集及代码库，结合 PyTorch 深度学习框架，训练并测试条件生成对抗网络，实现适用于时尚服饰图像的生成模型。

（2）熟悉其他引导标签引入生成器的配置方式，生成特定类别图像生成。

（3）了解分别从损失函数、模型结构、训练参数设置等，配置更强的生成对抗网络，生成具有细节纹理的彩色时尚服饰图像。

（4）需要撰写代码和实验报告，对框架的设计思路、实现细节、实验结果等进行详细描述，并给出合理的分析和讨论。

（5）可适当扩展或优化框架，提高生成图像的质量，但需说明具体的改进措施和效果。了解最新的生成器、判别器及生成对抗网络的损失函数。

评价表：理解服饰图像生成模型的组成要素和结构

组员 ID		组员姓名		项目组			
评价栏目	任务详情	评价要素	分值	评价主体		
				学生自评	小组互评	教师点评
服饰图像生成模型的组成要素和结构	图像生成的概念	是否完全了解	5			
	什么是生成对抗网络	是否完全了解	10			
	Python 语言	是否完全了解	10			
	基于标签引导的图像生成模——DCGAN 的网络结构	是否完全了解	10			
	标签引导信息的引入	是否完全了解	10			
	生成器网络结构	是否完全了解	10			
	判别器网络结构	是否完全了解	10			
	生成对抗网络的训练和测试	是否完全了解	5			
掌握熟练度	知识结构	知识结构体系形成	5			
	准确性	概念和基础掌握的准确度	5			
团队协作能力	积极参与讨论	积极参与和发言	5			
	对项目组的贡献	对团队的贡献值	5			
职业素养	态度	是否认真细致，遵守课堂纪律、学习态度积极、具有团队协作精神	3			
	操作规范	是否有实训环境保护意识，实训设备使用是否合规，操作前是否对硬件设备和软件环境检查到位，有无损坏机器设备的情况，能否保持实训室卫生	3			
	设计理念	是否突出以人为本的设计理念	4			
总分			100			

任务 6.2 图像风格迁移

任务目标

知识目标：主要学习图像风格迁移任务的定义及特点，并掌握图像风格迁移模型的实现方法。

能力目标：结合深度学习模型框架 PyTorch 和开源风格迁移库，实现一种图像风格迁移模型。

建议学时

2 学时。

任务要求

本任务主要是基于生成对抗网络的相关知识进行离线和在线风格迁移算法的开发，开始前开发者需针对模拟的实验场景的图像风格以及迁移原理进行了解。

知识归纳

1. 图像风格迁移的定义

近年来，图像风格迁移技术得到了飞速发展，并开始逐渐被应用于艺术创作、视觉效果增强、电影特效、视频游戏设计等场景中。图像风格迁移本质上与图像生成类似，但不同的是，风格迁移需要定义风格图像域（reference image）及待改变风格的图像域（input image），并通过设计模型或算法将引用图像中的风格迁移到输入图像中，同时不改变输入图像的结构及内容。图 6.7 直观地展示了该任务的目标。

图 6.7　图像风格迁移任务目标示意

2. 离线图像风格迁移算法

离线图像风格迁移是一类仅对给定图像进行风格化的算法。在该设定下，训练的模型仅对当前图像有效，训练过程也仅针对当前风格图像和输入图像对。若要输入其他图像，需要对整个模型进行重新训练。图 6.8 给出了一种典型的离线图像风格迁移模型的结构设计。

图 6.8 展示了如何将梵高“星空”图像（左侧风格输入）的绘画风格迁移到特定的内容图像上（右侧内容输入图像）。首先将特定绘画风格的图像作为风格输入馈送到“风格”编码网络；类似地，待转换图像作为内容图像输入内容编码网络并抽取内容特征。生成器部分以初始噪声为输入，通过生成器不断编码，网络会同时输出多级特征的风格和内容信息。利用这些信息分别计算生成图像（初始为噪声数据）的风格与原输入风格之间的损失来保证生成指定风格；同时计算生成图像与原输入图像多级内容编码特征之间的损失，通过迭代优化引导模型生成指定的内容信息。整个网络利用反向传播算法更新输入的噪声，并通过不断迭代，调整输入的噪声数据，使其在图像内容结构与内容输入图像一致，同时生成图像的风格与左侧的风格输入图像一致。

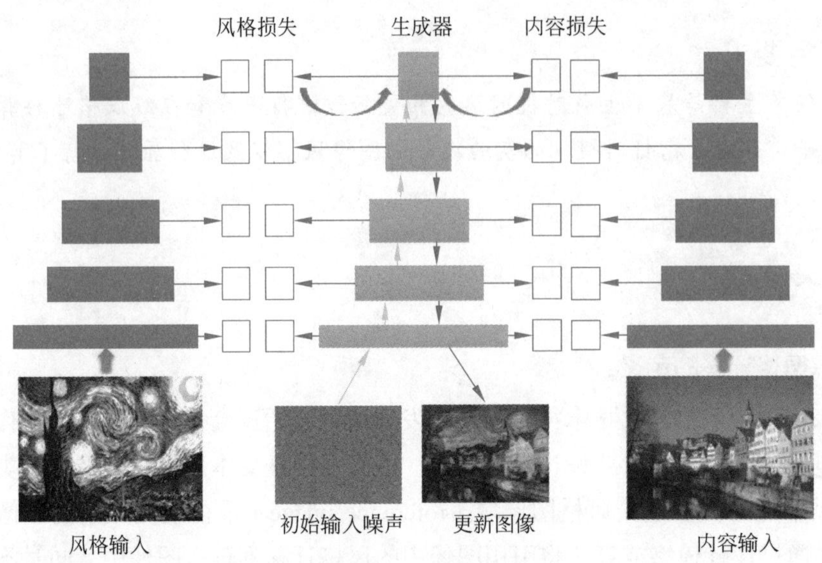

图 6.8 离线风格迁移算法原理

3. 在线图像风格迁移算法

与离线图像风格迁移不同，在线图像风格迁移针对特定输入风格进行模型训练。在测试阶段，不需要引入额外参数调整过程，即可将指定类型的图像风格迁移到特定的图像上。图 6.9 展示了一种在线实时图像风格迁移模型结构及工作原理。具体来讲，首先，利用风格迁移网络对输入图像进行图像转换，得到结果图像。然后，分别将风格图像、内容图像（即输入图像本身），以及转换图像分别馈送到损失网络——VGG-16 抽取图像的内容特征和风格特征，并分别计算生成图像的风格与指定风格图像的多级风格损失（图 6.9 红色线），同时计算生成图像的内容与指定图像的内容损失（图 6.9 蓝色线）。经过不断迭代，训练风格迁移网络，得到特定风格的迁移模型。在测试时，仅需输入不同的图像，不用进入额外的训练或参数微调过程，即可实现指定的图像风格迁移。

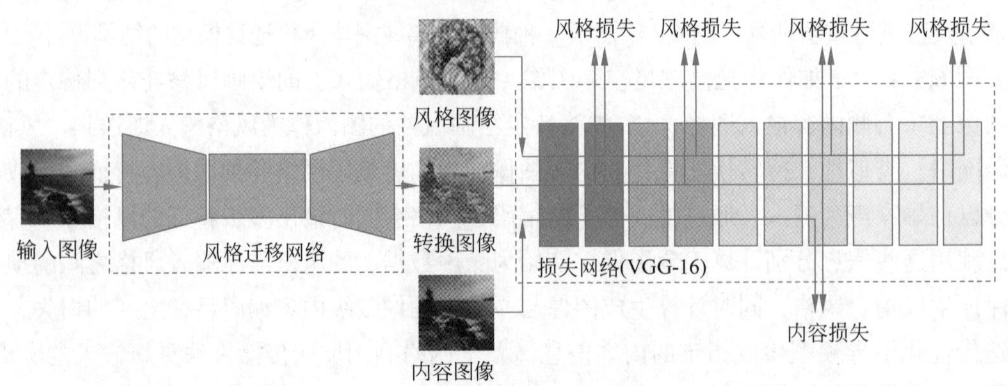

图 6.9 在线实时图像风格迁移算法原理

4. 基于 PyTorch 的在线实时图像风格迁移的算法实现

PyTorch 是一种流行的深度学习编程框架。为方便用户使用，PyTorch 提供了丰富的示例代码，并提供了经典在线实时图像风格迁移算法的代码实现，供用户学习和复现风格迁移结果。本部分基于 PyTorch 提供的 example 代码库，快速搭建一种在线实时图像风格迁移模型的框架，实现分割迁移模型的快速训练与部署。

任务实施

步骤 1 安装配置 PyTorch 运行环境并获得实时风格迁移代码库。

PyTorch 安装配置方法已在任务 6.1 中做了详细介绍，这里不再赘述。在 PyTorch 安装完毕后，可在相同的 conda 环境中进行代码库设置。在 conda 激活情况下，利用 git 命令克隆 PyTorch-example 的代码仓库到本地。

```
>>git clone https://github.com/PyTorch/examples.git
```

获得 PyTorch 的代码样例后，进入 fast_neural_style 目录。可得到如下文件目录结构。

```
fast_neural_style
├──── download_saved_models.py
├──── images
├──── neural_style
└──── README.md
```

其中，neural_style 目录存储了风格迁移网络、损失网络 VGG-16，以及训练和测试代码。Images 目录存储了风格图像、输出图像和内容图像三个文件夹。download_saved_models.py 文件用于下载预训练风格迁移模型。在训练过程中，风格图像固定，因此训练好的模型也是针对特定风格的。

步骤 2 数据集准备。

为训练风格迁移网络，需要大量输入（内容）图像来丰富样本的内容空间。因此，在模型训练过程中，可使用大规模自然场景图像数据集作为内容库训练模型。关于自然场景图像的数据集，在任务 5.1 目标检测中已简单介绍了 PASCAL VOC 和 Microsoft COCO（MS COCO）数据集，本部分以 MS COCO 数据集为例。MS COCO 是一个大规模图像数据集，包含日常生活中常见的 80 类物体，同时提供了丰富的标注信息，如用于物体边界矩形框、语义分割图、实例分割图、图像描述、人体关键点等，支持目标检测、语义分割、实例分割、全景分割、图像描述生成等多种视觉任务。图 6.10 展示了数据集中的图像样例。因为本任务为图像风格迁移，并不需要额外的标注数据，读者可通过 MS COCO 数据集官网下载 2014 版本或 2017 版本的训练集，并可查看 MS COCO 数据集官网获得有关数据集的更多信息，这里不再赘述。

⚠ 注意：MS COCO 数据集所占存储空间较大，其中 2014 版本约占用 14GB 存储空间，2017 版本约占用 17GB 存储空间。读者也可自行选用其他自然图像数据集。

图 6.10　MS COCO 数据集样例展示

在 MS COCO 数据集下载完毕，可通过 unzip 命令或解压软件提取内容图像数据集。为便于数据访问，可通过软连接的方式将训练图像数据集引入代码目录，具体操作如下。

（1）建立数据库文件夹。在 fast_neural_style 目录下，执行以下命令。

```
>>mkdir dataset
```

（2）建立数据集软连接。在 dataset 文件夹下，通过建立软连接，可避免大规模的数据移动，同时可以方便数据访问。

```
>>cd dataset
>>ln -s path/to/the/mscocodataset coco
```

执行以上命令后，通常会得到如下目录结构。

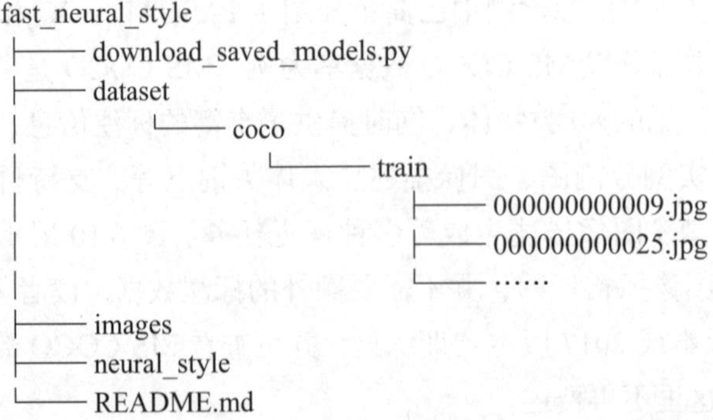

（3）创建其他辅助目录。在 fast_neural_style 目录下，创建多个辅助文件夹，方便存储训练模型和测试结果。执行以下命令。

```
>>cd ..
>>mkdir checkpoints results
```

步骤 3 实时风格迁移模型配置。

在构建好相关目录后，即可进行风格迁移模型的配置。图 6.11 展示了该风格迁移模型的代码目录结构。其中，FAST NEURAL_STYLE/neural_style 目录下存储了相关的模型代码文件。具体地，transformer_net.py 从存储了风格迁移网络的结构，包括基本残差模块、卷积层、实例归一化层等；neural_style.py 文件为训练代码，包含了训练时优化器、数据集加载器、模型优化等步骤的设置；vgg.py 文件则为损失网络 VGG-16 网络的具体实现，在训练过程中，利用 VGG-16 抽取多级特征计算内容感知损失以及风格损失。

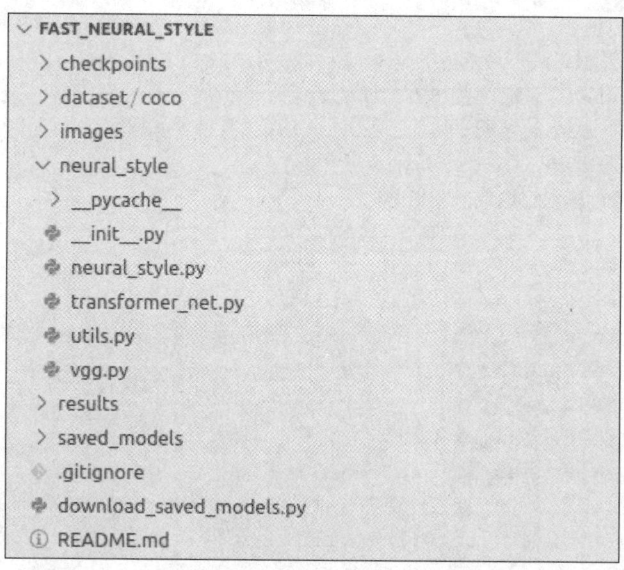

图 6.11 实时风格迁移模型代码目录结构展示

（1）定义风格迁移模型的网络结构。风格迁移网络模型由多个残差模块、卷积模块，以及实例归一化层组成。

【代码 6.13】定义风格迁移网络结构。

```
class TransformerNet(torch.nn.Module):
    def __init__(self):
        super(TransformerNet, self).__init__()
        # 初始卷积层，用于特征图降采样
        self.conv1 = ConvLayer(3, 32, kernel_size=9, stride=1)    # 卷积层
        self.in1 = torch.nn.InstanceNorm2d(32, affine=True)
                                                        # InstanceNorm2D 层
```

```
self.conv2 = ConvLayer(32, 64, kernel_size=3, stride=2)
                                              # 步长为 2 的卷积层
self.in2 = torch.nn.InstanceNorm2d(64, affine=True)
self.conv3 = ConvLayer(64, 128, kernel_size=3, stride=2)
self.in3 = torch.nn.InstanceNorm2d(128, affine=True)
# 中间部分堆叠多个残差模块
self.res1 = ResidualBlock(128)
self.res2 = ResidualBlock(128)
self.res3 = ResidualBlock(128)
self.res4 = ResidualBlock(128)
self.res5 = ResidualBlock(128)
# 上采样层
self.deconv1 = UpsampleConvLayer(128, 64, kernel_size=3, stride=1,
upsample=2)
self.in4 = torch.nn.InstanceNorm2d(64, affine=True)
self.deconv2 = UpsampleConvLayer(64, 32, kernel_size=3, stride=1,
upsample=2)
self.in5 = torch.nn.InstanceNorm2d(32, affine=True)
self.deconv3 = ConvLayer(32, 3, kernel_size=9, stride=1)
# 利用 ReLU 激活函数引入非线性
self.relu = torch.nn.ReLU()
def forward(self, X):
# 风格迁移网络前向计算过程
y = self.relu(self.in1(self.conv1(X)))
y = self.relu(self.in2(self.conv2(y)))
y = self.relu(self.in3(self.conv3(y)))
y = self.res1(y)
y = self.res2(y)
y = self.res3(y)
y = self.res4(y)
y = self.res5(y)
y = self.relu(self.in4(self.deconv1(y)))
y = self.relu(self.in5(self.deconv2(y)))
y = self.deconv3(y)
return y
```

（2）VGG-16 损失网络模型的网络结构。在实时风格迁移模型中，通过引入 VGG-16 网络计算多尺度内容感知损失以及风格损失。

【代码 6.14】定义计算感知损失的 VGG-16 网络结构。

```
class Vgg16(torch.nn.Module):
    def __init__(self, requires_grad=False):
        super(Vgg16, self).__init__()
        # 从 PyTorch 提供的 ModelZoo 中下载预训练参数，并载入
        vgg_pretrained_features = models.vgg16(pretrained=True).features
                                    # 获取 VGG16 的 features 计算图输出
```

```
        self.slice1 = torch.nn.Sequential()
        self.slice2 = torch.nn.Sequential()
        self.slice3 = torch.nn.Sequential()
        self.slice4 = torch.nn.Sequential()
    # 按照网络层数，载入不同的 slice
        for x in range(4):
            self.slice1.add_module(str(x), vgg_pretrained_features[x])
        for x in range(4, 9):
            self.slice2.add_module(str(x), vgg_pretrained_features[x])
        for x in range(9, 16):
            self.slice3.add_module(str(x), vgg_pretrained_features[x])
        for x in range(16, 23):
            self.slice4.add_module(str(x), vgg_pretrained_features[x])
        # 设置参数不可更新，VGG-16 仅作为损失计算网络，并不进行参数更新
        if not requires_grad:
            for param in self.parameters():
                param.requires_grad = False
def forward(self, X):
    # VGG16 损失网络的前向计算过程
    h = self.slice1(X)
    h_relu1_2 = h
    h = self.slice2(h)
    h_relu2_2 = h
    h = self.slice3(h)
    h_relu3_3 = h
    h = self.slice4(h)
    h_relu4_3 = h
    vgg_outputs = namedtuple("VggOutputs", ['relu1_2', 'relu2_2',
    'relu3_3', 'relu4_3'])
    out = vgg_outputs(h_relu1_2, h_relu2_2, h_relu3_3, h_relu4_3)
    return out
```

步骤 4 实时风格迁移模型的训练。

“neural_style.py”文件包含了如何训练和测试风格迁移模型。具体地，train() 定义了数据准备、模型创建、模型迭代与优化等过程。

（1）数据加载器构建。

【代码 6.15】数据加载准备。

```
...
    np.random.seed(args.seed)                    # 指定随机种子，方便结果复现
    torch.manual_seed(args.seed)
# 定义数据增强方式，提升输入内容图像的样本多样性
    transform = transforms.Compose([
        transforms.Resize(args.image_size),      # 改变图像尺寸
        transforms.CenterCrop(args.image_size), # 采用以中心裁剪的方式获得子图
```

```
        transforms.ToTensor(),                    # 图像数据归一化到 [0,1],
                                                  # 并转为 Tensor 类型
        transforms.Lambda(lambda x: x.mul(255))  # Tensor 数据乘以 255
])
# 指定图像文件夹，并读取文件夹中的图像作为训练集
    train_dataset = datasets.ImageFolder(args.dataset, transform)
    train_loader = DataLoader(train_dataset, batch_size=args.batch_size)
                                                  # 实例化数据加载器
```

（2）配置风格转换网络及优化器。

【代码 6.16】实例化风格转换网络、损失网络、损失函数等。

```
transformer = TransformerNet().to(device)
                                    # 构建风格转换网络，并加载至计算设备
optimizer = Adam(transformer.parameters(), args.lr)
                                    # 使用 Adam 梯度更新策略
mse_loss = torch.nn.MSELoss()       # 使用均方误差损失函数
vgg = Vgg16(requires_grad=False).to(device)
                                    # 构建损失网络 VGG-16，并加载至计算设备
style_transform = transforms.Compose([
    transforms.ToTensor(),          # 风格图像的转换函数
    transforms.Lambda(lambda x: x.mul(255))
])
style = utils.load_image(args.style_image, size=args.style_size)
                                    # 加载风格图像
style = style_transform(style)      # 转换风格图像
style = style.repeat(args.batch_size, 1, 1, 1).to(device)
                                    # 重复风格图像使其与加载的批样本数一致
features_style = vgg(utils.normalize_batch(style))
                                    # 使用 VGG-16 计算风格特征基准值
gram_style = [utils.gram_matrix(y) for y in features_style]
                                    # 使用 VGG-16 计算风格特征的多级 Gram 矩阵
```

（3）模型训练主循环。

【代码 6.17】定义模型训练主循环逻辑、计算损失、利用优化器更新模型参数等。

```
...
    for e in range(args.epochs):
        transformer.train()         # 设置风格转换模型为训练模式，参数可调
        agg_content_loss = 0.       # 记录内容损失
        agg_style_loss = 0.         # 记录风格损失
        count = 0
        for batch_id, (x, _) in enumerate(train_loader):
            n_batch = len(x)        # 统计样例数量
            count += n_batch
            optimizer.zero_grad()   # 设置优化器梯度置零
```

```
            x = x.to(device)            # 数据加载至指定计算设备
            y = transformer(x)          # 经过前向过程计算生成结果
            y = utils.normalize_batch(y)
                                        # 使用 ImageNet 均值和方差进行值归一化
            x = utils.normalize_batch(x)    # 同理对内容图像进行相同归一化处理
            features_y = vgg(y)         # 利用 VGG-16 网络抽取生成图像的多级特征
            features_x = vgg(x)         # 利用 VGG-16 网络抽取内容图像的多级特征
            content_loss = args.content_weight * mse_loss(features_y.
            relu2_2, features_x.relu2_2)
           # 计算内容特征的均方误差
            style_loss = 0.
           # 计算多级风格损失
            for ft_y, gm_s in zip(features_y, gram_style):
                gm_y = utils.gram_matrix(ft_y)
                style_loss += mse_loss(gm_y, gm_s[:n_batch, :, :])
            style_loss *= args.style_weight
           # 将内容损失和风格损失相加获得最终损失
            total_loss = content_loss + style_loss
            total_loss.backward()       # 反向传播损失
            optimizer.step()            # 网络梯度进行更新
...
```

（4）执行模型训练。通过设定 coco 为内容图像数据集，并选定 images/style-images/rain-princess.jpg 为固定风格图像，使用如下命令开始训练实时风格迁移模型。

```
>>python neural_style/neural_style.py train --dataset dataset/coco
--style-image images/style-images/rain-princess.jpg --save-model-dir
checkpoints/ --epochs 2 --cuda 1
```

其中，选项 train 表示训练模型；dataset 为训练数据集路径；style-image 为风格图像的路径（仅为一张图像）；save-model-dir 为存储模型参数的路径；epochs 为训练轮数；cuda 表示是否选用 GPU 训练。

训练开始后会返回如图 6.12 所示的日志结果。

```
Epoch 1:    [2000/236574]   content: 829011.893312   style: 1266934.207250   total: 2095946.100563
Epoch 1:    [4000/236574]   content: 786331.837219   style: 776882.653859    total: 1563214.491078
Epoch 1:    [6000/236574]   content: 743355.753521   style: 598166.927990    total: 1341522.681510
Epoch 1:    [8000/236574]   content: 709034.611891   style: 504294.006602    total: 1213328.618492
Epoch 1:    [10000/236574]  content: 682000.424650   style: 446354.124775    total: 1128354.549425
Epoch 1:    [12000/236574]  content: 658821.627510   style: 406459.323479    total: 1065280.950990
Epoch 1:    [14000/236574]  content: 638952.243786   style: 377444.361692    total: 1016396.605478
Epoch 1:    [16000/236574]  content: 621753.623336   style: 355113.188187    total: 976866.811523
```

图 6.12　实时风格迁移模型训练示例

步骤 5　实时图像风格迁移测试及结果可视化。

在训练结束后，获得权重文件，可通过指定输入图像、输出图像和权重文件的路径，获得风格迁移后的结果。这里，将 rain-princess.jpg 图像的风格迁移至一幅广州塔的图像

tower.jpg 中。具体命令如下：

```
>> python neural_style/neural_style.py eval --content-image images/
content-images/tower.jpg --model checkpoints/epoch_2_rain.model
--output-image results/tower-rain.png --cuda 1
```

其中，选项 eval 表示测试模式；content-image 为输入内容图像 tower.jpg 的路径（读者可尝试使用自己的图像）；model 表示训练得到的模型权重文件路径；output-image 表示输出图像的路径；cuda 表示是否选用 GPU 测试。测试结果如图 6.13 所示。其中，第 1 行展示的是使用 rain-princess.jpg 作为风格图像训练得到的模型测试结果，该模型可以将 rain-princess.jpg 的绘画风格迁移到真实图像 tower.jpg 上，同时并不改变真实图像的内容。第 2～4 行则展示了采用其他不同风格图像训练模型后进行风格迁移的结果。结果显示了通过训练不同的风格迁移模型，可将不同画风迁移到指定输入图像上。

第 1 行

第 2 行

第 3 行

第 4 行

(a) 输入图像　　(b) 风格图像　　(c) 风格迁移后的图像

图 6.13　实时风格迁移结果展示

任务小结

本任务旨在让学生通过 PyTorch 深度学习编程框架实现实时在线风格迁移模型，了解图像绘画风格迁移的任务定义、描述，以及离线与在线风格迁移代表性算法，通过模型训练和测试，获得可视化风格迁移结果，激发学生对内容生成模型的学习兴趣，同时了解我国数字经济的发展，关注基于人工智能的内容生成领域的前沿技术。

在该任务中，我们利用 PyTorch 的开源样例代码库，对在线实时图像风格迁移模型结构与配置进行了学习与复现，通过训练实时在线迁移模型，将指定绘画风格迁移到测试图像中，实现了图像风格的自动编辑，并展示多种绘画风格迁移的测试结果。在本任务中，主要包括以下几个步骤。

（1）安装配置 PyTorch 库：由于模型实现代码依赖 PyTorch 深度学习编程框架。因此可参考在任务 6.1 中利用 conda 安装 PyTorch 环境步骤，利用 git 命令克隆 PyTorch example 代码库到本地。

（2）数据集准备：由于在线风格转换，需要大量的内容图像以提高自然图像样本的多样性，本任务使用 MS COCO 大规模自然场景图像数据集作为训练数据，并指定开源代码库中提供的绘画图像作为风格表征的学习来源，进行模型训练。

（3）实时风格迁移模型配置：本任务以 Johnson 等提出的在线实时风格迁移模型为例，对模型的结构和配置方式进行介绍，包括其模块化设计、前向计算过程等，通过堆叠基本组成单元块进行模型构建。

（4）实时风格迁移模型的训练：通过撰写代码实现数据加载器准备、风格转换网络与损失网络等结构的构建，同时设定模型优化器。并利用主循环控制模型训练的轮数，不断迭代优化模型参数。

（5）实时图像风格迁移测试及结果可视化：利用评估模式，通过指定训练的模型参数文件路径，加载模型参数；通过指定输入图像实现特定绘画风格的图像转换，并展示绘画风格迁移结果。

任务自测

题目：根据已学知识自行搭建用于图像或视频绘画风格迁移的模型框架。

要求：

（1）使用 PyTorch 深度学习框架，结合 PyTorch Example 开源库，通过指定绘画风格，训练适用于该风格的实时迁移模型。

（2）测试训练得到的模型，并支持视频数据的实时风格迁移，观察视频测试结果，并总结现有模型在结构保持以及纹理迁移方面的优势与不足。

（3）需要撰写代码和实验报告，对实时绘画风格迁移模型的设计思路、实现细节、实验结果等进行描述，并给出合理的分析和讨论。

（4）了解图像生成的前沿技术，尝试提升实时风格迁移得到的模型，可实现视频数据的实时风格迁移。

（5）观察测试视觉效果，并总结现有模型在结构保持以及纹理迁移方面的优势与不足。适当扩展或优化框架，提高风格迁移效率，并说明具体改进措施和效果。

评价表：理解图像或视频绘画风格迁移的模型框架

组员 ID		组员姓名		项目组			
评价栏目	任务详情	评价要素		分值	评价主体		
					学生自评	小组互评	教师点评
图像或视频绘画风格迁移的模型框架	图像风格迁移任务设定	是否完全了解		5			
	什么是离线风格迁移	是否完全了解		10			
	什么是在线风格迁移	是否完全了解		10			
	风格损失函数的定义	是否完全了解		10			
	内容损失函数的定义	是否完全了解		10			
	生成器网络结构	是否完全了解		10			
	判别器网络结构	是否完全了解		10			
	风格迁移模型的训练与测试	是否完全了解		5			
掌握熟练度	知识结构	知识结构体系形成		5			
	准确性	概念和基础掌握的准确度		5			
团队协作能力	积极参与讨论	积极参与和发言		5			
	对项目组的贡献	对团队的贡献值		5			
职业素养	态度	是否认真细致，遵守课堂纪律、学习态度积极、具有团队协作精神		3			
	操作规范	是否有实训环境保护意识，实训设备使用是否合规，操作前是否对硬件设备和软件环境检查到位，有无损坏机器设备的情况，能否保持实训室卫生		3			
	设计理念	是否突出以人为本的设计理念		4			
总分				100			

人体行为解析

项目导读

习近平总书记多次强调，未来几十年，新一轮科技革命和产业变革将同我国加快转变经济发展方式形成历史性交汇，工程科技的进步和创新成为推动人类社会发展的重要引擎，这对工程学科的发展和工程科技人才的培养提出了新要求。而人工智能技术作为战略性新兴技术，正日益成为科技创新、产业升级和生产力提升的重要驱动力量，作为新时代人才的我们必须与时俱进学习人工智能技术。

本项目主要讲述人工智能技术的应用——人体行为解析。人体行为解析是计算机视觉技术中一个涵盖很多类型任务的领域。作为计算机视觉技术的重点领域，人体行为解析在电影和动画、虚拟现实、人机交互、视频监控、医疗康复、自动驾驶、运动分析等领域，都起着重要作用。在本项目中，我们将以人体姿态估计和人体动作识别为例，引导同学学习人体行为解析。

人体姿态估计（human pose estimation）是计算机视觉中一个很基础的问题，也是许多高层语义任务和下游应用场景的基础。顾名思义，可以理解为对“人体”的姿态位置（关键点如头、左手、右脚等）的估计。

人体动作识别（human action recognition）相较于纯测量的姿态估计任务，更加侧重于语义理解，属于下游的语义分类任务，且通常是建立在人体姿态估计的基础之上。

学习目标

- 理解什么是人体行为解析，掌握人体行为解析的基本概念和技术。
- 掌握人体姿态估计技术，利用 PyTorch 技术学会通过二维图像，获取人体骨骼信息。
- 掌握人体动作识别技术，利用预训练模型实现人体动作识别。
- 熟练运用姿态估计技术，去解决各类问题。

职业素养目标

- 培养学生能够准确分析图像中人体姿态，进一步进行动作识别的能力。
- 培养学生能够熟练运用相关深度学习知识，将人体行为解析的技术运用到解决现实问题中去的能力。

职业能力要求

- 具有清晰的项目目标和方向，能够明确人体行为解析的应用场景和需求。
- 熟练掌握各类神经网络和数据处理技术，能够结合现有的算法和工具实现人体姿态估计和人体动作识别。
- 具备扎实的理论知识和数据分析能力，能够深入挖掘图像数据的内在规律和特点，实现更精准的人体行为解析。
- 具有团队合作和沟通能力，能够与其他相关岗位协作，共同完成人体行为解析项目。
- 能够不断学习和更新知识，关注最新的技术趋势和前沿动态，持续提高自身的专业能力和竞争力。

项目重难点

项目内容	工作任务	建议学时	技能点	重难点	重要程度
人体行为解析	任务 7.1　人体姿态估计	4	使用 PyTorch 框架和 Keypoint R-CNN 模型实现人体姿态估计	获取人体姿态关键点	★★★★☆
				链接各关键点实现可视化输出	★★★☆☆
	任务 7.2　人体动作识别	4	使用 Python 语言和 3D ResNet 模型实现视频中的人体动作识别	不使用 FIFO 帧队列的人体动作识别	★★★★★
				使用 FIFO 帧队列实现的人体动作识别	★★★☆☆

任务 7.1　人体姿态估计

■ 任务目标

知识目标：理解什么是姿态估计，掌握Keypoint R-CNN和相关库函数等知识点。

能力目标：能够在实际应用中结合具体需求，应用姿态估计相关技术解决问题。

建议学时

4 学时。

任务要求

本任务主要是基于机器学习和深度学习算法进行开发，开发者需了解人体姿态估计的场景和流程。不同项目有不同需求，这里对需求的获得不做强调。

本任务假设需求已经确定，开发者需要结合相关算法实现以下功能。

（1）图像数据预处理：开发者需要使用适当的工具和算法对需要进行识别的数据进行预处理，以便于后续的进一步操作。

（2）人体姿态骨骼提取：开发者需要使用机器学习和深度学习算法，对数据中人体的姿态进行关键点提取，并链接为骨骼。

（3）结果可视化：开发者需要使用适当的工具和技术，将姿态估计的结果可视化呈现出来，以便于用户查看和理解。

（4）模型评估和优化：开发者需要对模型进行评估和优化，以提高姿态估计的准确性和可靠性。

知识归纳

1. 人体姿态估计

人体姿态估计是计算机视觉领域中一个基础问题，也是许多下游任务，如人体动作识别，人体动作生成的基础。人体姿态估计的重点，就是对人体的结构的关键点如头、肩、腿等进行位置估计。

作为计算机视觉技术的重点领域，人体姿态估计在电影和动画、虚拟现实、人机交互、视频监控、医疗康复、自动驾驶、运动分析等领域，都起着重要作用。

（1）电影和动画：电影和动画中需要捕捉人的动作才能塑造出生动的数字角色，廉价且精确的人体动作捕捉系统可以促进数字娱乐产业的发展。

（2）虚拟现实：虚拟现实技术可以应用在教育和娱乐领域中，是一种非常有前景的技术。人体姿态估计可以进一步明确人与虚拟现实世界的关系，增强人们的互动体验感。

（3）人机交互：人体姿态估计可以帮助计算机和机器人更好地理解人的位置和行为，有了人体的姿态，计算机和机器人可以轻松地执行指令，进而变得更加智能。

（4）视频监控：视频监控是指通过人体姿态估计技术对特定范围内的人进行跟踪、动作识别、再识别。

（5）医疗康复：人体姿态估计可以为医生提供人体运动信息，用于康复训练和物理治疗。

（6）自动驾驶：有了人体姿态估计技术，自动驾驶汽车可以对行人做出正确的反应，并与交警进行互动。

（7）运动分析：运动分析是指通过估计体育视频中运动员的姿势，得到运动员各项指标的统计数据（如跑步距离、跳跃次数等）。在训练过程中，可以通过人体姿态估计获得动作细节的定量分析。在体育教学中，教师可以对学生做出更客观的评价。

2. 用于人体姿态估计的 Keypoint R-CNN

Keypoint R-CNN 是在 Mask R-CNN 的基础上，进行略微改动得到，Keypoint R-CNN 稍微修改了现有的 Mask R-CNN，通过对检测到的对象的关键点（而不是整个掩码）进行独热编码。

如图 7.1 所示为 Keypoint R-CNN 网络结构。首先，Region Proposal 层预测了在特征图中检测到的 N 个物体的大致位置。然后，这些可变大小的区域被分别传递给 RoI Align 层。RoI Align 使用双线性插值来填补固定尺寸的特征图中的数值，并经过 Flatten 层传递到两个分支。其中卷积层分支输出形状为 [N，K=17，56，56] 的张量 Keypoint，此输出表示 N 个对象，其中每个对象拥有 K 个关键点（每个通道对应一个特定的关键点。如左肩、右手等）。另一分支通过两个全连接层分别输出形状为 [N，8] 的张量 Box 以及形状为 [N，2] 的张量 Class，其中 Class 输出表示 N 个对象中的背景信息以及前景信息，Box 输出为 N 个对象中背景与前景分别预测框的大小即 4×2（每个类别都与一个边界框相关，由 [x_center，y_center，width，height] 表示）。

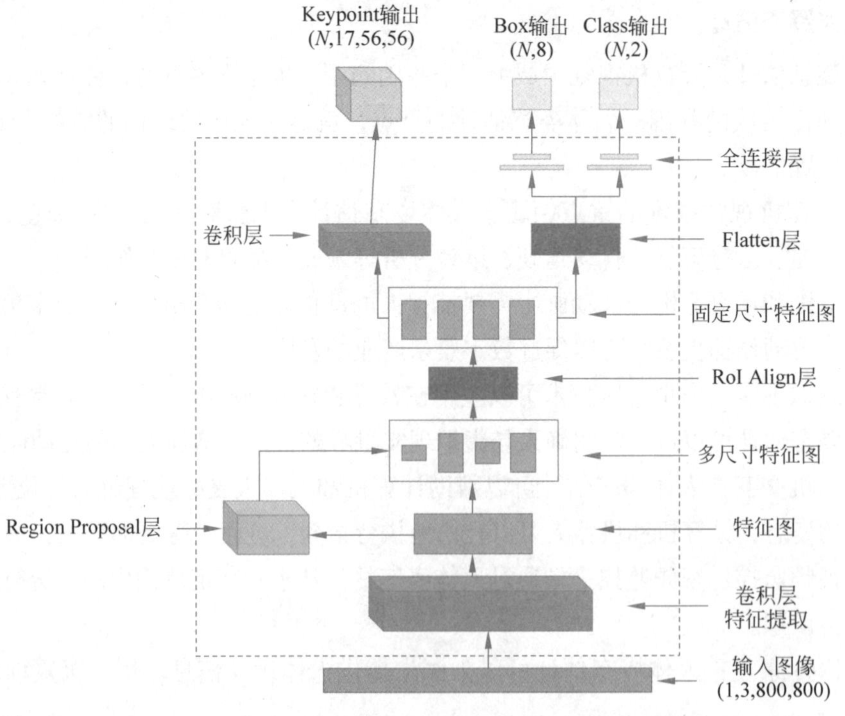

图 7.1　Keypoint R-CNN 网络结构

3. 任务所使用库函数

在本次任务中，我们使用了多个库函数，用于辅助任务进行，如 torch、torchvision、cv2、numpy、pyplot。这些库函数分别提供了以下功能。

- torch、torchvision：用于提供系统整体框架，同时提供预训练模型。
- cv2：用于从磁盘中加载图像数据。
- numpy：数学库函数，用于提供基础的数学运算功能。
- pyplot：绘图库函数，用于将模型输出可视化。

4. 人体行为解析数据集

数据集是指由一组数据所构成的集合，这些数据可以是数字、文本、图像、音频等多种形式。通过对数据集的处理和分析，可以帮助人们发现数据中的规律和趋势，从而做出更准确的预测和决策。在人体行为解析领域，常用的数据集如表 7.1 所示。

表 7.1　人体行为解析领域常用的数据集

数　据　集	类　型	内　容	关节点数	样　本　数
LSP	单人	体育	14	2000
FLIC	单人	影视	10	20000
MPII	单人 / 多人	日常	16	25000
MS COCO	多人	日常	17	≥300000
AI Challenge	多人	日常	14	380000
Penn Action	单人	体育	13	2000

在本次任务中，模型输出的关键点数为 17，故可以使用 MS COCO 数据集，也可使用样本数较少的其他数据集。

任务实施

步骤 1　导入库函数。

在进行任务前，需要导入完成本任务所需的库函数，这些库函数能够帮助我们更方便快捷地实现相应的功能。

【**代码 7.1**】导入库函数。

```
import torchvision
import cv2
import torch
import numpy as np
import Matplotlib.pyplot as plt
```

如果计算机中还未包含上述库函数，则需要通过 pip 命令，在 cmd 窗口进行库函数的下载。

【代码 7.2】使用 pip 安装库函数。

```
pip install torchvision
pip install torchvision
pip install torch
pip install numpy
pip install Matplotlib
```

步骤 2 定义人体关键点。

在人体姿态估计任务中，需要创建人体关键点关系列表。本任务中的模型将输出关键点在图像中的位置，人体关键点通常对应人体上有一定自由度的关节，如颈、肩、肘、腕、腰、膝、踝等。常用的人体关键点如图 7.2 所示。

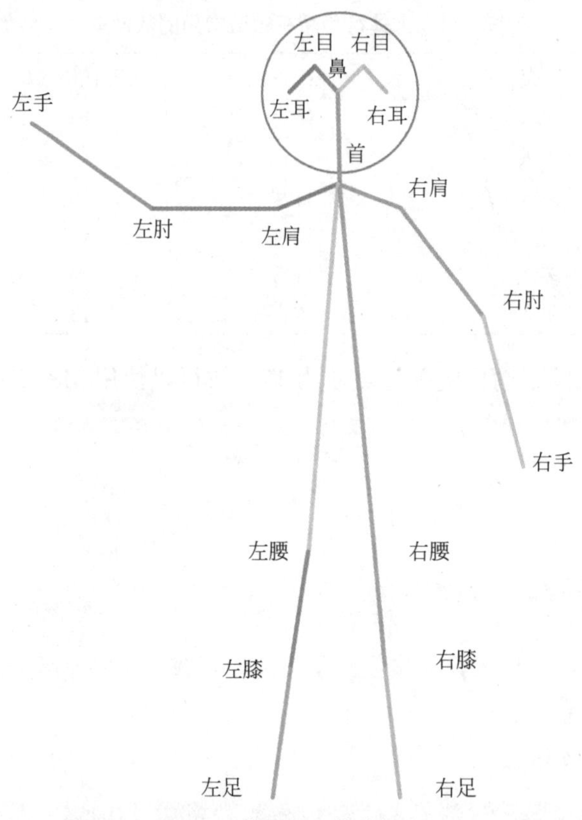

图 7.2 常用的人体关键点

通过对人体关键点在二维空间相对位置的计算，来估计人体当前的姿态。

【代码 7.3】定义人体关键点列表。

```
keypoints = ['nose','left_eye','right_eye','left_ear','right_ear',
'left_shoulder','right_shoulder','left_elbow','right_elbow','left_wrist',
```

```
'right_wrist','left_hip','right_hip','left_knee','right_knee','left_ankle',
'right_ankle']
```

步骤 3 加载网络。从 torchvision 库中，加载 keypointrcnn_resnet50_fpn 网络，同时加载预训练模型。

【代码 7.4】加载预训练模型。

```
# 从 keypointrcnn_resnet50_fpn 类创建一个模型对象
model = torchvision.models.detection.keypointrcnn_resnet50_fpn(pretrained=
True)
# 调用 eval()，开启预测模式
model.eval()
```

步骤 4 读取图像。

为保证任务的性能，本次任务将使用单张图像作为姿态估计的示例图像。图像保存于项目文件夹下，如图 7.3 所示。

pose estimation › PyTorch-Keypoint-RCNN › images　　在 images 中搜索

名称	类型	大小	标记
image_1.jpg	JPG 文件	1,732 KB	

图 7.3　示例图像保存路径

使用 cv2 库和相对路径，将图像读入内存，如图 7.4 所示。

图 7.4　输入图像

【代码 7.5】加载图像。

```
img_path = "./images/image_1.jpg"
img = cv2.imread(img_path)
```

步骤 5 对图像做简单预处理。

输入模型的张量大小为 [batch size，3，height，width]，并进行归一化处理（即图像中的像素值应介于 0 和 1 之间）。通过使用类 transforms 调用相关函数 Normalize( ) 进行归一化，然后调用函数 ToTensor( ) 转化为张量。

【代码 7.6】图像预处理。

```
transform = T.Compose([
  T.Normalize([0.485,0.456,0.406], [0.229,0.224,0.225])],
  T.ToTensor()]
)
```

步骤 6 模型输出。

【代码 7.7】模型运算输出。

```
output = model([img_tensor])[0]
```

其中，模型的输出 output 是一个字典（dict）类型，包含以下键值对。

- key 值为 Boxes，value 值为一形状 [N，4] 的张量，N 为检测到的对象的数量，4 用于确定角色位置；
- key 值为 Labels，value 值为一形状 [N] 的张量，用于描述对象类别，其中数值为 1 表示人，数值为 0 表示背景；
- key 值为 Scores，value 值为一形状 [N] 的张量，用于描述所检测对象的置信度分数；
- key 值为 Keypoints，value 值为一形状 [N，17，3] 的张量，用于表示 N 个角色的 17 个不同关键点，其第三个维度 3 中，前两个值用于表示坐标（x，y），第三个值用于表示其可见性（数值为 1 表示关键点可见，数值为 0 表示关键点不可见）；
- key 值为 keypoints_scores，value 值为一形状 [N，17] 的张量，用于描述每个对象的关键点的置信度分数。

步骤 7 针对生成的多个关键点进行过滤操作。

获得模型的输出后，便可为检测到的人绘制关键点。但此时绘制的关键点存在两个问题：一是模型输出将背景错误的检测为人像；二是针对正确人像的关键点检测中，存在多个关键点位置几乎相同的情况，如图 7.5 所示。

图 7.5　多个关键点出现在相近的位置

为解决这些问题，需要根据前面模型输出的 boxes 置信度，过滤掉错误检测的对象，然后对检测到的关键点同样进行置信度过滤。

代码 7.8 根据置信度过滤错误对象以及错误关键点，同时将正确关键点绘制在图像上。

【代码 7.8】过滤重复关键点。

```
import matplotlib.pyplot as plt
    def draw_keypoints_per_person(img, all_keypoints, all_scores, confs,
    keypoint_threshold=2, conf_threshold=0.9):
        # 从 plt 绘图库中，提取一组颜色，用于绘制关键点
        cmap = plt.get_cmap('rainbow')
        # 创建一个图像副本
        img_copy = img.copy()
        # 选择 N 个颜色，N 为模型检测出的对象数
        color_id = np.arange(1,255, 255//len(all_keypoints)).tolist()[::-1]
        # 对检测到的每个对象进行迭代
        for person_id in range(len(all_keypoints)):
          # 对检测到的每个对象进行置信度评判，低于标准的将被过滤
          if confs[person_id]>conf_threshold:
            # 获取检测对象的关键点位置
            keypoints = all_keypoints[person_id, ...]
            # 获取检测对象的关键点置信度
            scores = all_scores[person_id, ...]
            # 迭代所有关键点置信度
            for kp in range(len(scores)):
                # 测到的每个关键点进行置信度评判，低于标准的将被过滤
                if scores[kp]>keypoint_threshold:
                    # 将关键点浮点数组转换为 python 整数列表
                    keypoint = tuple(map(int, keypoints[kp, :2].detach().
                    numpy().tolist()))
                    # 根据颜色 id，选择关键点颜色
                    color = tuple(np.asarray(cmap(color_id[person_id])
                    [:-1])*255)
                    # 绘制关键点
                    cv2.circle(img_copy, keypoint, 30, color, -1)
        return img_copy
```

步骤 8 连接关键点。

在获取人体关键点后，需要将关键点连接在一起以形成人体骨架结构。为此，需要一个人体结构的关键点的关系列表，这份列表适用于所有检测到的人体结构，如图 7.6 所示。

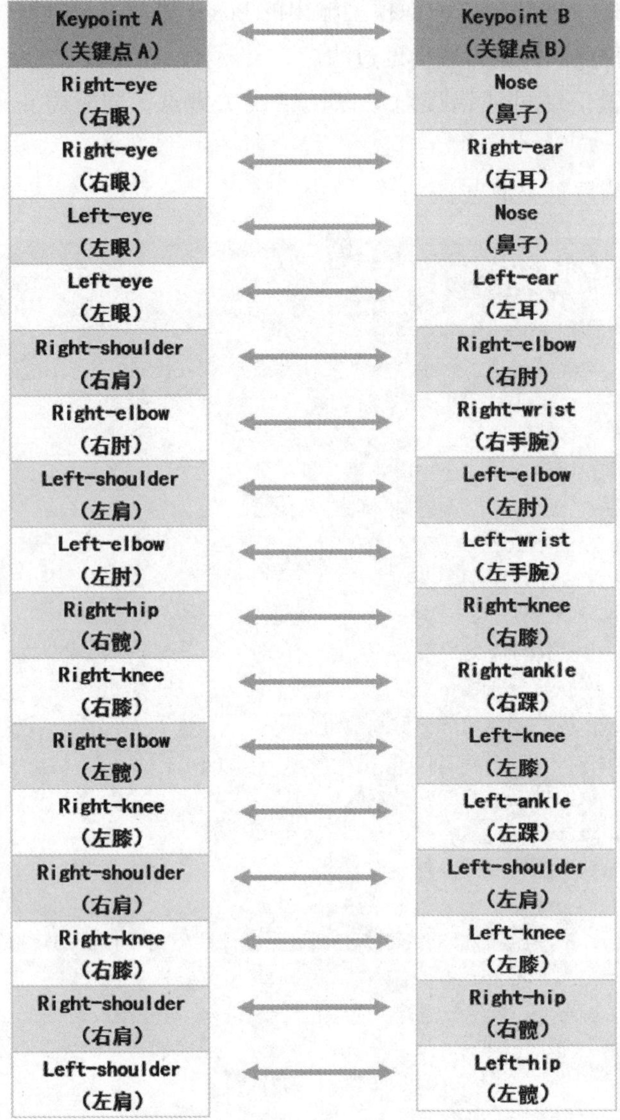

图 7.6　人体关键点之间的联系

根据上文中的关键点链接关系，使用以下代码来生成连接信息。

【代码 7.9】连接不同关键点。

```
def get_limbs_from_keypoints(keypoints):
  limbs = [
      [keypoints.index('right_eye'), keypoints.index('nose')],
      [keypoints.index('right_eye'), keypoints.index('right_ear')],
      [keypoints.index('left_eye'), keypoints.index('nose')],
      [keypoints.index('left_eye'), keypoints.index('left_ear')],
      [keypoints.index('right_shoulder'), keypoints.index('right_elbow')],
      [keypoints.index('right_elbow'), keypoints.index('right_wrist')],
```

```
        [keypoints.index('left_shoulder'), keypoints.index('left_elbow')],
        [keypoints.index('left_elbow'), keypoints.index('left_wrist')],
        [keypoints.index('right_hip'), keypoints.index('right_knee')],
        [keypoints.index('right_knee'), keypoints.index('right_ankle')],
        [keypoints.index('left_hip'), keypoints.index('left_knee')],
        [keypoints.index('left_knee'), keypoints.index('left_ankle')],
        [keypoints.index('right_shoulder'), keypoints.index('left_shoulder')],
        [keypoints.index('right_hip'), keypoints.index('left_hip')],
        [keypoints.index('right_shoulder'), keypoints.index('right_hip')],
        [keypoints.index('left_shoulder'), keypoints.index('left_hip')]
        ]
    return limbs
limbs = get_limbs_from_keypoints(keypoints)
```

步骤 9 绘制人体骨骼。使用函数 draw_skeleton_per_person() 为每个检测到的人绘制这些连接，并输出图像，如图 7.7 所示。

图 7.7 绘制骨骼图像

【代码 7.10】绘制人体骨骼。

```
def draw_skeleton_per_person(img, all_keypoints, all_scores, confs,
keypoint_threshold=2, conf_threshold=0.9):
    # 从 plt 绘图库中，提取一组颜色光谱，用于绘制骨骼
    cmap = plt.get_cmap('rainbow')
    # 创建一个图像副本
    img_copy = img.copy()
    # 检查是否检测到关键点
    if len(output["keypoints"])>0:
      # 从光谱中选择一组 N 个颜色 ID
      colors = np.arange(1,255, 255//len(all_keypoints)).tolist()[::-1]
      # 对检测到的每个人进行迭代
      for person_id in range(len(all_keypoints)):
          # 对检测到的每个对象进行置信度评判，低于标准的将被过滤
          if confs[person_id]>conf_threshold:
            # 获取检测对象的关键点位置
            keypoints = all_keypoints[person_id, ...]
            # 迭代所有骨骼
```

```
            for limb_id in range(len(limbs)):
                # 获取骨骼端点 1
                limb_loc1 = keypoints[limbs[limb_id][0], :2].detach().
                numpy().astype(np.int32)
                # 获取骨骼端点 2
                limb_loc2 = keypoints[limbs[limb_id][1], :2].detach().
                numpy().astype(np.int32)
                # 以两个关键点置信度中最小的那个作为骨骼置信度
                limb_score = min(all_scores[person_id, limbs[limb_id][0]],
                all_scores[person_id, limbs[limb_id][1]])
                # 检测骨骼置信度是否大于阈值
                if limb_score> keypoint_threshold:
                    # 选择特定颜色 id 的颜色
                    color = tuple(np.asarray(cmap(colors[person_id])[:-1])*255)
                    # 绘制骨骼
                    cv2.line(img_copy, tuple(limb_loc1), tuple(limb_loc2),
                    color,25)

    return img_copy
```

步骤 10 图像输出。

在绘制关键点图像以及骨骼图像后，在本步骤中同样使用 cv2 库函数，将生成图片输出到项目子文件夹中，这里用相对地址表示输出路径，输出图像如图 7.8 所示。

图 7.8 输出图像

【代码 7.11】图像输出。

```
# 获取关键点图像
keypoints_img = draw_keypoints_per_person(img, output["keypoints"],
output["keypoints_scores"], output["scores"],keypoint_threshold=2)
# 输出关键点图像到磁盘，路径为项目子文件夹
cv2.imwrite("output/keypoints-img.jpg", keypoints_img)
# 获取骨骼图像
skeletal_img = draw_skeleton_per_person(img, output["keypoints"],
output["keypoints_scores"], output["scores"],keypoint_threshold=2)
# 输出骨骼图像到磁盘，路径为项目子文件夹
cv2.imwrite("output/skeleton-img.jpg", skeletal_img)
```

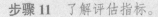

步骤 11 了解评估指标。

想一想：进行完一次姿态估计后，要如何评估我们的模型输出精确程度呢？

像物体检测和分割这样的任务，可以采用 Intersection Over Union 的指标来量化地面实况和预测框或掩码之间的相似性。

关键点检测使用一个叫作物体关键点相似度（object keypoint similarity，OKS）的指标，来量化预测的关键点位置与真实关键点的接近程度。这个指标在 0～1。预测的关键点越接近真实值，OKS 就越接近 1。OKS 计算方式如下：

$$\text{OKS}=\exp\left(-\frac{d_i^2}{2s^2k_i^2}\right) \tag{7-1}$$

式中，d_i 是预测与地面实况之间的欧几里得距离；s 是物体的比例；k_i 是特定关键点的常数。

想一想：

（1）如何确定 s 的值？

s 指的是物体的比例，它只是物体对象面积的平方根。物体对象越大，通过除以 s 得到的惩罚 $-\frac{d_i^2}{2s^2k_i^2}$ 越接近 0。换句话说，物体越大 OKS 越好。这是由于当物体对象较大时，略微的关键点偏差则不会最终导致过大的偏差，而当物体对象较小时，轻微偏差都会使得最终生成的人体骨骼脱离实际。

（2）如何确定常数 k？

对于不同的关键点，需要确定不同的 k 值，用于平衡各个关键点之间的误差值。如在人体姿态估计任务中，面部关键点的 k 值就比躯干部分（腿部，肩膀）的 k 值相对较小。

◆ 任务小结 ◆

在人体行为解析这一项目中，人体姿态估计是许多高层语义任务以及下游应用场景的基础。基于姿态估计的研究，在许多领域都有所应用，如跌倒检测、基于动作捕捉的增强现实等。当前人体姿态估计仍然有一些比较棘手的问题，如缺少大型的室外数据集（主要瓶颈）、缺少特殊姿态的数据集（如摔倒、打滚等）。但总体来说，当前不断发展的深度学习为解决人体姿态估计提供了许多新技术，基于深度学习的人体姿态估计仍然是未来研究的重点方向。

在本任务中，我们对例图中的图像数据进行了处理和分析，并进行了人体关键点解析以及骨骼绘制。本任务仅对人体行为解析做了初步的处理，读者可沿用实验步骤，继续丰富扩充后续内容。

任务自测

题目：实现视频实时姿态估计。

要求：

（1）使用 Python 语言，选择合适的神经网络，搭建适用于视频实时姿态估计的深度学习网络框架。

（2）框架需要支持较高检测速度和较好检测性能，以实现对人体姿态进行及时、准确地检测。

（3）框架需要对模型进行训练和测试，使用现有的 MS COCO 数据集等进行测试，并给出相应的评估指标。

（4）需要撰写代码和实验报告，对框架的设计思路、实现细节、实验结果等进行详细描述，并给出合理的分析和讨论。

（5）可以适当扩展或优化框架，提高检测准确率和效率，但需说明具体的改进措施和效果。

评价表：理解人体姿态估计的原理

组员 ID		组员姓名		项目组			
评价栏目	任务详情	评价要素	分值	评价主体		
				学生自评	小组互评	教师点评
视频中的姿态估计实施的组成要素和结构层次的理解情况	人体姿态估计概念	是否完全了解	5			
	PyTorch 框架	是否完全了解	10			
	Keypoint R-CNN 模型	是否完全了解	10			
	模型训练与测试	是否完全了解	10			
	模型检测实时性	是否达到预期	10			
	模型检测准确度	是否达到预期	10			
掌握熟练度	知识结构完善度	知识结构体系形成	10			
	任务实施准确性	概念和基础掌握的准确度	10			
团队协作能力	积极参与讨论	积极参与和发言	5			
	对项目组的贡献	对团队的贡献值	5			
职业素养	态度	是否认真细致，遵守课堂纪律、学习态度积极、具有团队协作精神	5			
	操作规范	是否有实训环境保护意识，实训设备使用是否合规，操作前是否对硬件设备和软件环境检查到位，有无损坏机器设备的情况，能否保持实训室卫生	5			
	设计理念	设计理念是否符合人们使用习惯	5			
总分			100			

任务 7.2 人体动作识别

任务目标

知识目标：主要学习动作识别方法、ResNet 模型等知识点，并掌握不使用 FIFO 帧队列实现的人体动作识别和使用 FIFO 帧队列实现的人体动作识别。

能力目标：可以使用预训练模型对视频进行动作识别。

建议学时

4 学时。

任务要求

本任务主要是基于深度学习相关知识进行开发，任务开始前开发者需了解模拟的实验场景和实验流程。不同任务有不同需求，这里对需求的获得不做强调。本任务假设需求已经确定，结合模型拥有的功能模拟该实验操作。

知识归纳

1. 人体动作识别

基于视频的人体动作识别是近年来计算机视觉和模式识别领域的热门研究方向之一。分析一个人的行为不仅仅要描述身体不同部位的运动模式，还有人的意图、情感和思想。因此，动作识别已经成为对人类行为分析和理解的重要研究领域，在监控、机器人、医疗保健、视频搜索、人机交互等各个领域有着广泛的应用。

2. Kinetics 数据集

本任务使用的人体动作识别模型是利用 Kinetics 400 数据集来完成训练的。该数据集包括 400 种人类活动识别分类，每个类别至少 400 个视频片段，共 300000 个视频。如果想要了解关于该数据集更多的信息，包括是如何去整合数据，请参考 Kay 等在 2017 年发表的论文“The Kinetics Human Action Video Dataset”，数据集案例如图 7.9 所示。

3. 用于人体动作识别的 3D ResNet

本任务用于人体动作识别的模型来自于 Hara 等在 2018 年发表于 CVPR 的论文“Can Spatiotemporal 3D CNNs Retrace the History of 2D CNNs and ImageNet”。该论文作者对现有的最先进的 2D ResNet 结构进行了探索，将它们扩展为三维核函数从而用于人体动作识别。而用于训练的 Kinetics 数据集的规模和覆盖范围也必须足够大，才使该模型可以用于人体

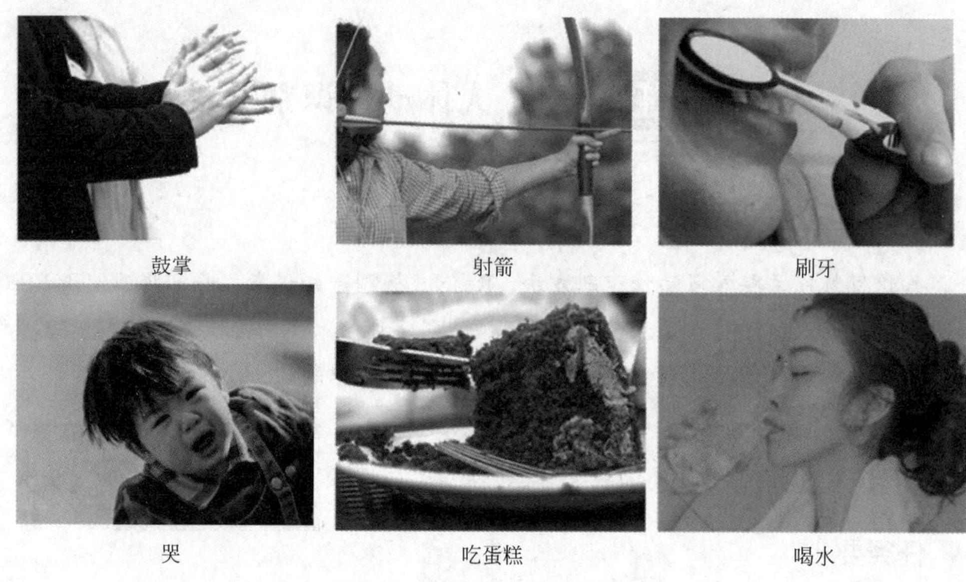

图 7.9　数据集的部分动作示例

动作识别，如图 7.10 所示。通过改变输出集的维度和卷积核的维度，获得了如下效果。

- 在 Kinetics 测试数据集上的准确率是 78.4%。
- 在 UCF-101 测试数据集上的准确率是 94.5%。
- 在 HMDB-51 测试数据集上的准确率是 70.2%。

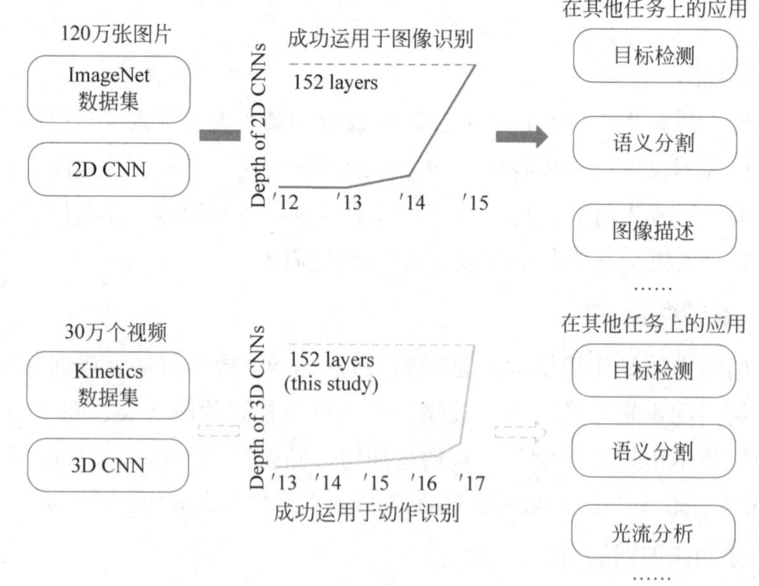

图 7.10　3D ResNet 原理示意

如图 7.11 所示为网络的基本组成部分：残差块。每个块由两个卷积层组成，即图 7.11 中的卷积层，该层中两个参数分别表示 3D 卷积核的大小（3×3×3）、通道数（若为彩色图像，则通道数 F=3）。每个卷积层后面是 BN（批量归一化）和 ReLU（非线性激活函

数）。快捷通道将块的顶部连接到块中最后一个 ReLU 之前的层。多个残差块相连接，构成了该任务中的网络结构。

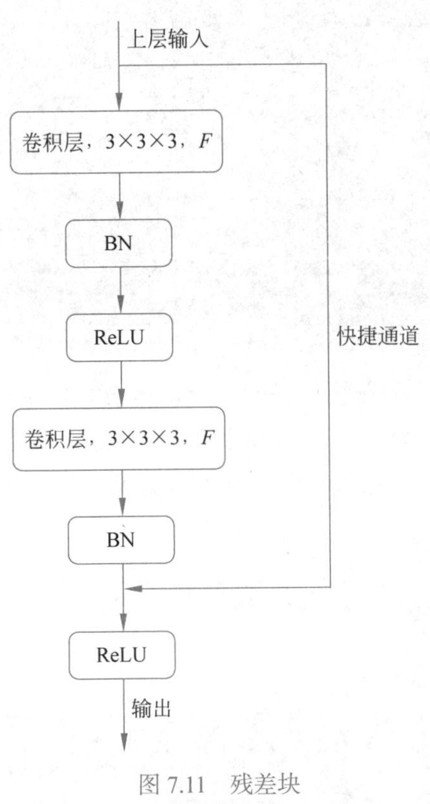

图 7.11　残差块

4. 双向队列

双向队列（deque）是一种数据结构，和常规队列不同的是，双向队列的队头和队尾均能进行添加和删除操作。因此，相比于常规队列，双向队列具有更大的灵活性，在双向队列的基础上可以实现队列、堆和栈。在 Python 中，双向队列是使用 collection 模块实现的，该模块提供了一个 deque 类。此类提供了许多用于在双端添加和删除元素的方法。

任务实施

步骤 1　导入必要的包。

【代码 7.12】导入包并创建参数解析器。

```
# 导入必要的包
import numpy as np
import argparse
import imutils
import sys
```

```
import cv2
# 创建参数解析器
ap = argparse.ArgumentParser()
# 添加“模型”参数，需要输入的内容为模型的地址
ap.add_argument("-m", "--model", required=True,
help="path to trained human activity recognition model")
# 添加“类”参数，需要输入的内容为类标签文件路径
ap.add_argument("-c", "--classes", required=True,
help="path to class labels file")
# 添加“输入”参数，需要输入的内容为需要预测的视频文件路径
ap.add_argument("-i", "--input", type=str, default="",
help="optional path to video file")
args = vars(ap.parse_args())
```

运行代码 7.12，需要预先安装 OpenCV、numpy 以及 imutils 代码库。这些库可以用 pip install 命令进行安装。参数解析器解析了我们需要输入的命令行参数，分别为模型路径、动作类别标签文件路径、输入视频文件的可选路径。如果命令行中未包含“--input”参数，则程序将调用计算机摄像头。

步骤 2 执行初始化。

【代码 7.13】进行初始化。

```
# 读取类标签文件的内容
CLASSES = open(args["classes"]).read().strip().split("\n")
# 持续时间（即 16 个用于分类的帧）
SAMPLE_DURATION = 16
# 样本大小
SAMPLE_SIZE = 112
```

本步骤进行初始化，程序先加载标签文件的内容，再初始化持续时间和样本大小。

步骤 3 加载模型。

在该步骤中，将使用 OpenCV 的 DNN 模型读取 PyTorch 预先训练的人体动作识别模型，然后使用视频文件或网络摄像头实例化输入的视频流。

【代码 7.14】加载人体动作识别模型。

```
# 加载人体动作识别模型
print("[INFO] loading human activity recognition model...")
# 使用 OpenCV 的 DNN 模块部署预训练模型
net = cv2.dnn.readNet(args["model"])
# 读取并保存输入的视频
print("[INFO] accessing video stream...")
vs = cv2.VideoCapture(args["input"] if args["input"] else 0)
```

步骤 4 对帧图像进行遍历。

【代码 7.15】对帧图像进行遍历。

```
while True:
frames = []
# 遍历所需样本帧数
for i in range(0, SAMPLE_DURATION):
# 按帧读取视频，返回值 grabbed 是布尔型，正确读取则返回 True;frame 为每一帧的图像，
# 读取的图像为 BGR 格式。
(grabbed, frame) = vs.read()
# 如果没有新的抓取帧，说明程序已经到达视频流的末尾，此时退出脚本
# the video stream so exit the script
if not grabbed:
print("[INFO] no frame read from stream - exiting")
sys.exit(0)
# 将对每一帧图像调整尺寸至 400 像素宽，而且保持原长宽比不变。
frame = imutils.resize(frame, width=400)
frames.append(frame)
```

在该步骤中程序对视频中的帧进行读取，并将每一帧的图像宽度调整至 400 像素，而且保持原长宽比不变。

步骤 5 创建输入帧的二进制对象 blob。

【代码 7.16】构造 blob。

```
# 帧数组 frames 已经完成填充，可以构造 blob
blob = cv2.dnn.blobFromImages(frames, 1.0,(SAMPLE_SIZE, SAMPLE_SIZE),
(114.7748, 107.7354, 99.4750),swapRB=True, crop=True)
blob = np.transpose(blob, (1, 0, 2, 3))
blob = np.expand_dims(blob, axis=0)
```

在这个步骤中，程序先从输入帧列表中创建二进制的 blob 对象。代码 7.16 采用了 blobFromImages（复数形式），而不是 blobFromImage（单数形式）作为函数，其原因是程序中构建了一个多幅图像的批次来进入动作识别网络，获取了时空信息。blob 的维度可以通过 print（blob.shape）函数获得，维度为（1，3，16，112，112），这组维度数字代表的意义分别如下。

- 1：批次维度。表示只有单个数据点经过网络（“单个数据点”在这里代表着 N 帧图像经过网络只为了获得单个类别）；
- 3：输入帧图像的通道数；
- 16：每一个 blob 中帧图像的总数量；
- 112（第一个）：帧图像的高度；

- 112（第二个）：帧图像的宽度。

步骤 6 执行动作识别推断，并给每一帧图像标注预测的标签。

【代码 7.17】运用模型进行动作识别。

```
# 利用网络预测动作
# 将构造好的 blob 作为模型的输入
net.setInput(blob)
# 计算输入的前向传递，将结果存储为 outputs
outputs = net.forward()

label = CLASSES[np.argmax(outputs)]
# 遍历帧
for frame in frames:
# 在帧图像上绘制矩形，起始坐标为 (0,0)，结束坐标为 (300,4)
cv2.rectangle(frame, (0, 0), (300, 40), (0, 0, 0), -1)
# 在图像上绘制文本字符串，显示模型的预测信息
cv2.putText(frame, label, (10, 25), cv2.FONT_HERSHEY_SIMPLEX,0.8, (255,
255, 255), 2)
# 在屏幕中创建窗口中显示帧，标签为 Activity Recognition
cv2.imshow("Activity Recognition", frame)
# cv.waitKey() 为键盘绑定函数，等待键盘的输入
key = cv2.waitKey(1) & 0xFF
# 若按下键 Q，则断开循环
if key == ord("q"):
break
```

在此步骤中，程序将 blob 用模型进行预测，获得预测结果。然后选取概率最高的预测结果作为这个 blob 的标签。利用标签，可以抽取出帧图像列表中每个帧图像的预测结果，并显示出输出帧的图像，直到按下 Q 键打破循环退出。

步骤 7 使用双向队列（deque）实现动作识别。

在步骤 4 中，程序会从输入视频的第一帧开始顺序读取第一个批次（SAMPLE_DURATION 帧数）的帧图像，并将帧图像输入动作识别模型中来获得输出。然后程序会从第（SAMPLE_DURATION+1）个帧开始顺序读取第二批次的帧图像作为动作识别模型的输入以获得输出，以此类推直到最后一批的帧图像处理完成。

在这个过程中，程序实现并不是一个移动的预测。它只是简单地抓取一个样本的帧图像，接着进行分类，然后去处理下一批次。上一批次的任意一帧图像都是被丢弃的，这样做可以提高处理速度，因为给每一帧单独分类的话，执行程序的时间就会延长。

而通过双向队列 deque 数据结构来进行滚动帧预测可以获得更好的结果，因为它不会放弃前面全部的帧图像——滚动帧预测只会丢弃列表中最早进入的帧图像，为那新到的帧

图像空出空间。为了更好地展示为什么这个问题会与推断速度相关，我们设想一个含有 *N* 帧图像的视频文件，有以下两种可能的操作。

（1）如果用滚动帧预测，程序将进行 *N* 次分类，即每 1 帧图像都进行 1 次（当然是等双向队列 deque 数据结构被填满时）。

（2）如果不用滚动帧预测，程序只需要进行 *N* /SAMPLE_DURATION 次分类，这会显著地缩短程序执行一个视频流的总时间，如图 7.12 所示。

像素	批次预测	备注	像素	滚动帧预测	备注
1			1		queue not null
2			2		queue not null
3			3		queue not null
4			4		queue not null
5			5		queue not null
6			6		queue not null
7			7		queue not null
8			8		queue not null
9			9		queue not null
10			10		queue not null
11			11		queue not null
12			12		queue not null
13			13		queue not null
14			14		queue not null
15	瑜伽	对batch0即0~15帧的动作预测	15	瑜伽	对0~15帧的动作预测
16			16	瑜伽	对1~16帧的动作预测
17			17	腿伸展	对2~17帧的动作预测
18			18	腿伸展	对3~18帧的动作预测
19			19	腿伸展	对4~19帧的动作预测
20			20	瑜伽	对5~20帧的动作预测
21			21	腿伸展	对6~21帧的动作预测
22			22		待定
23			23		
24			24		
25			25		
26			26		
27			27		
28			28		
29			29		
30			30		
31	瑜伽	对batch1即16~31帧的动作预测	31		

图 7.12　滚动帧预测（右侧）利用一个完全填充的 FIFO 队列窗口来进行预测

在图 7.12 中，右侧框表示滚动帧预测，该预测过程需要一帧一帧地移动，需要花费更多的算力，但是对于动作识别会有更好的结果。滚动帧预测的动作识别预测如代码 7.18 所示。

【代码 7.18】导入必要的包并创建参数解析器。

```
# 导入必要的包
from collections import deque
import numpy as np
import argparse
import imutils
import cv2

# 创建参数解析器
```

```
ap = argparse.ArgumentParser()
# 添加“模型”参数，需要输入的内容为模型的地址
ap.add_argument("-m", "--model", required=True,
help="path to trained human activity recognition model")
# 添加“类”参数，需要输入的内容为类标签文件路径
ap.add_argument("-c", "--classes", required=True,
help="path to class labels file")
# 添加“输入”参数，需要输入的内容为需要预测的视频文件路径
ap.add_argument("-i", "--input", type=str, default="",
help="optional path to video file")
args = vars(ap.parse_args())
# 加载类文件，并定义样本
# SAMPLE_DURATION 为每次输入模型的帧数量
# SAMPLE_SIIE 为视频的帧数总量
CLASSES = open(args["classes"]).read().strip().split("\n")
SAMPLE_DURATION = 16
SAMPLE_SIZE = 112
# 初始化用于存储移动帧的帧队列，此队列将自动弹出旧帧并接受新帧
frames = deque(maxlen=SAMPLE_DURATION)
# 加载动作识别模型
print("[INFO] loading human activity recognition model...")
net = cv2.dnn.readNet(args["model"])
# 抓取指向输入视频流的指针
print("[INFO] accessing video stream...")
vs = cv2.VideoCapture(args["input"] if args["input"] else 0)
```

在代码 7.18 中，与之前相比，需要再加上 Python 中 collections 包的 deque 模块。初始化了一个 FIFO 帧队列，其中最大的长度等于采样时长。而“先进先出”（first in first out，FIFO）队列将会自动弹出最先进入的帧并接收新的帧。程序针对帧队列进行移动推断。

处理帧图像的循环代码如下。

【代码 7.19】访问视频中的帧。

```
# 循环访问视频流中的帧
while True:
# 从视频流中读取帧
(grabbed, frame) = vs.read()
# 如果没有新的帧被读取，则说明已经到达了视频流的末尾，则循环中断
if not grabbed:
print("[INFO] no frame read from stream - exiting")
break
# 调整画面的大小并添加帧到队列
frame = imutils.resize(frame, width=400)
frames.append(frame)
# 若队列没有填充到 SAMPLE_DURATION 大小的样本，则继续执行循环
```

```
if len(frames) < SAMPLE_DURATION:
continue
```

在步骤 4 中程序抽样了一批 SAMPLE_DURATION 数量的帧，然后再在这个批次的帧上进行推理预测。而在代码 7.19 中，虽然程序依旧是以批次为单位进行推断，但是是以队列的方式实现的。我们把帧图像放入了 FIFO 队列里，这个队列拥有 maxlen 个单位的采样时长，而且队列的头部永远是我们的视频流的当前帧。一旦这个队列被填满，旧的帧图像就会被这个 FIFO 双端队列实现自动弹出。这个移动实现的结果就是一旦当队列被填满，每一个给出的帧图像（对于第一帧图像来说例外）就会被“触碰”（被包含在移动批次里）一次以上。这个方法的效率要低一些；但是它却能获得更高的动作识别准确率，特别是当视频或现场的活动周期性改变时。

进行移动的动作识别预测的代码与步骤 6 中的代码 7.17 完全相同，这里不再展示。

步骤 8 执行命令并获取结果。在 terminal 中，执行以下命令即可获得输出结果。图 7.13 为识别的结果示例。

```
python human_activity_reco_deque.py --model resnet-34_kinetics.onnx \
--classes action_recognition_kinetics.txt \
--input example_activities.mp4
```

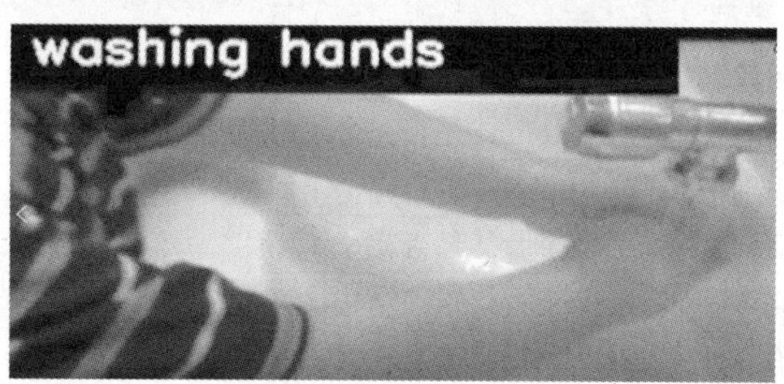

图 7.13 识别结果示例

任务小结

在本任务中使用了 OpenCV 和深度学习来实现动作识别。为了完成这一任务，我们使用了预训练模型，该模型借助 Kinetics 数据集进行了预训练，这一数据集包含 400～700 种人类动作（取决于使用的数据集的版本）和超过 300000 个视频剪辑。

本任务中使用的模型是带有变动的 ResNet，用 3D 核函数代替了原本的 2D 滤镜，使得模型具有了可用于动作识别的时间维度成分。Hara 等在 2018 年发表的论文“Can Spatiotemporal 3D CNNs Retrace the History of 2D CNNs and ImageNet”中，有更多关于本模型的信息。

最后，我们用预训练的动作识别模型，完成了人体动作识别的操作。基于所取得的结果，我们可以看出这个模型可能不够完美，但是表现还是不错的。

任务自测

题目：实现视频的人手势识别。

要求：

（1）使用 Python 语言，选择合适预训练模型，实现实时的人手势识别。

（2）需要实现较高识别速度和较好识别性能，以实现对人手势的及时，准确检测。

（3）需要对模型进行训练和测试，使用现有的 Jester 手势数据集等进行测试。

（4）需要撰写代码和实验报告，对模型特征、实现细节、实验结果等进行详细描述，并给出合理的分析和讨论。

（5）可以适当扩展或优化实验，提高识别准确率和效率，但需说明具体的改进措施和效果。

评价表：理解人体动作识别的原理

组员 ID		组员姓名		项目组			
评价栏目	任务详情	评价要素	分值	评价主体		
				学生自评	小组互评	教师点评
视频中的人体动作识别模型的组成要素和结构层次的理解情况	人体动作识别概念	是否完全了解	5			
	3D ResNet 模型	是否完全了解	10			
	对视频帧图像进行遍历	是否完全了解	10			
	创建输入帧的二进制对象 blob	是否完全了解	10			
	执行动作识别推断	是否完全了解	10			
	使用双向队列实现动作识别	是否完全了解	10			
掌握熟练度	知识结构完善度	知识结构体系形成	10			
	任务实施准确性	概念和基础掌握的准确度	10			
团队协作能力	积极参与讨论	积极参与和发言	5			
	对项目组的贡献	对团队的贡献值	5			
职业素养	态度	是否认真细致，遵守课堂纪律、学习态度积极、具有团队协作精神	5			
	操作规范	是否有实训环境保护意识，实训设备使用是否合规，操作前是否对硬件设备和软件环境检查到位，有无损坏机器设备的情况，能否保持实训室卫生	5			
	设计理念	设计理念是否符合人们使用习惯	5			
总分			100			

图像文本生成

项目导读

我们要把握数字化、网络化、智能化融合发展的契机，以信息化、智能化为杠杆培育新动能。要推进互联网、大数据、人工智能同实体经济深度融合，做大做强数字经济。近年来，我国人工智能加速发展，已形成完整的产业体系，一批“专精特新”企业茁壮成长。人工智能日益融入经济社会发展各领域全过程，成为推动科技跨越发展、产业优化升级、生产力整体跃升的重要驱动力量。未来，人工智能技术将是科技创新、产业升级和生产力提升的重要驱动力量，要实现高质量发展，发展人工智能是必由之路。

图像文本生成技术是人工智能的研究领域之一。图像文本生成技术是指把图像翻译成完整的自然语句，或者根据给定的图像生成所需要的文本的技术。这个技术根据输入的图像与生成的文本的不同，可以划分成不同的应用场景。例如，在新闻领域，可以使用这项技术快速地归纳出图片的重点；在医疗领域，可以根据患者的病灶图生成医疗报告，辅助医生更好进行诊断，还可以帮助视障人士获取图片信息，辅助导航等。

图像描述（image caption）是一种基于人工智能的新型技术，类似“看图说话”。它可以仅通过给定的图像即可快速地生成对应的描述，方便人们的工作与生活。

图像摘要（image summary）在图像描述的基础上有了进一步的发展，它生成的文本内容不再局限于图像本身，还可以拓展到更多领域中。

学习目标

- 理解什么是图像文本生成，掌握图像描述与图像摘要的基本概念。
- 掌握图像描述技术，利用图像描述技术实现根据图像生成对应的描述。
- 掌握图像摘要技术，利用图像摘要技术提高对图像内容的理解和分析能力，从而实现需要的文本生成。

职业素养目标

培养学生自主学习图像文本生成的所用到的技术，并应用到更多场景中；面对一个图像文本生成问题，学生能知道用什么模型网络去解决。

职业能力要求

- 具有清晰的项目目标和方向，能够明确图像文本生成的应用场景和需求。
- 掌握各类图像和文本技术，能够结合现有的算法和工具实现图像文本生成。
- 具备扎实的理论知识和数据分析能力，能够深入挖掘模型存在的问题。
- 具有团队合作和沟通能力，能够与其他相关岗位协作，共同完成图像文本生成。
- 能够不断学习和更新知识，关注最新的技术趋势和前沿动态，持续提高自身的专业能力和竞争力。

项目重难点

项目内容	工作任务	建议学时	技能点	重难点	重要程度
图像文本生成	任务 8.1　图像描述生成	2	图像描述生成模型的训练与验证	生成模型的训练	★★★★★
				生成模型的性能评估	★★★★★
	任务 8.2　医疗文本生成	2	图像摘要模型的建立与训练	建立报告生成模型	★★★★★
				训练并评估建立的模型	★★★★★

任务 8.1　图像描述生成

任务目标

知识目标：学习 PyCharm 软件界面、掌握图像描述用到的架构与作用。

能力目标：通过结合 PyTorch 深度学习多个知识点实现图像描述生成。

建议学时

2 学时。

任务要求

本任务要求读者需要结合相关算法实现以下功能。

（1）实现数据的预处理：读者应能正确地使用算法与资源进行数据处理，为后续的工作做铺垫。

（2）实现模型的训练：读者应能正确地实现模型的训练，生成所需要的权重。

（3）实现生成图像描述：读者应能使用自己的模型生成图像的描述，并对生成的描述质量进行评价与总结。

（4）实现对模型的评价：读者应能正确地使用评价算法对自己的模型的性能进行评估。

知识归纳

1. 图像描述技术

图像描述技术简言之就是输入一个图像，模型生成一段描述图像内容的句子。这个任务对于人类而言是轻而易举的，哪怕是几岁的儿童也可以做到，但是对于计算机则是一个艰巨的任务。这个技术涉及两种模态的转换——由图像到文本，不仅需要从图像包含的复杂信息中提取出所需的特征，还需要将识别出的特征转化为自然语言。目前主要的模型都会涉及以下三个模块：编码器、解码器和注意力。编码器用于提取图像特征，解码器用于根据特征生成文本，注意力使得模型能决定关注图像特定的部分，不被无关的信息所打扰。

图 8.1 为模型的网络结构图。

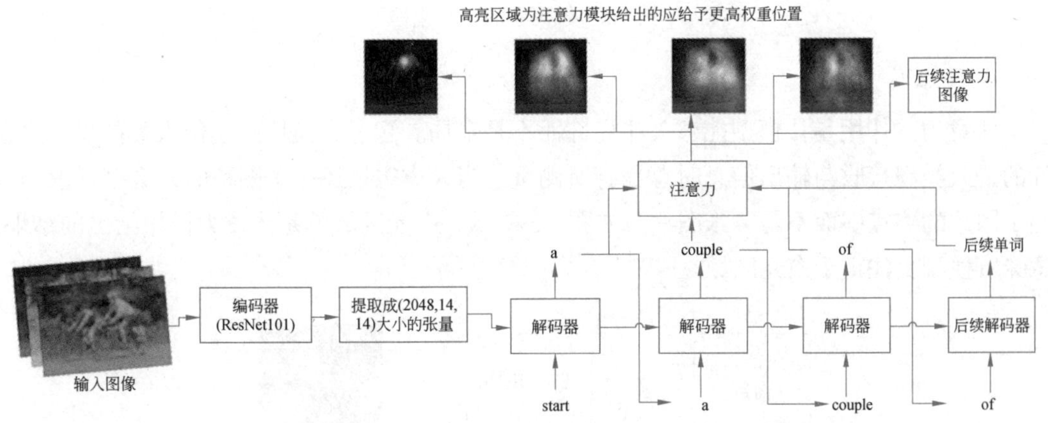

图 8.1　图像描述技术模型的网络结构

2. 编码器

编码器将具有 3 个颜色通道的输入图像编码为一个较小的编码图像，这个较小的编码图像是对原始图像有用的特征的提取。我们一般使用的编码器是卷积神经网络，而且由于卷积神经网络发展已经十分成熟了，如今我们不需要从头开始训练一个编码器。多年来人们已经训练出一些在图像分类方面十分出色的模型，这也意味着这些模型可以很好地捕捉到图像的本质。本项目选择使用在 ImageNet 分类任务中训练的 ResNet101 网络，该网络在 PyTorch 中已经可用。

3. 解码器

解码器用于根据解码后的图像逐字生成图像的描述，要达到这个目的需要一个循环神经网络（RNN）。本项目使用的是 LSTM，相比于普通的 RNN，它在长序列训练中会有更好的效果。RNN 在面对长序列输入时容易发生梯度消失，导致它只具有短期记忆能力，LSTM 新增了神经元状态和门限结构，神经元里面存储的东西相当于长期记忆，门限能够控制神经元内的哪些信息应该添加或者删除，从而克服 RNN 的缺点。长期记忆能力是非常重要的，当人需要区分图像特征的重要程度来考虑如何生成描述时，不仅会单纯地考虑某个特征是否重要，而且会结合前面的语境来考虑。例如，写下了一个主语“我”，后面应该先考虑是“我的动作”还是“我所在的环境”？假设输出了其中一个，后面应该输出动作还是环境抑或主语？事实上这三种都有可能，这时要参考前面生成的序列再决定，如果没有长期记忆能力，那么模型就仅能依靠近期输出的序列判断。图 8.2 为解码器的工作流程。

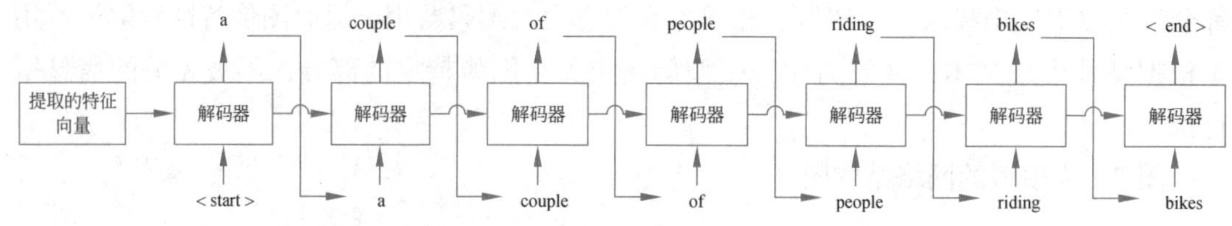

图 8.2　解码器的工作流程

4. 注意力

注意力的作用是让模型能够关注局部而不是全局。注意力模块是模仿人类的思考来设计的，人类在接收与输出信息时总是有所侧重。当人类想描述一个图片时，会把注意力聚焦于图片的焦点中而不是整张图片。如图 8.3 所示，白光区域就是注意力模块给出的结果，意味着模型更注重于白光区域。

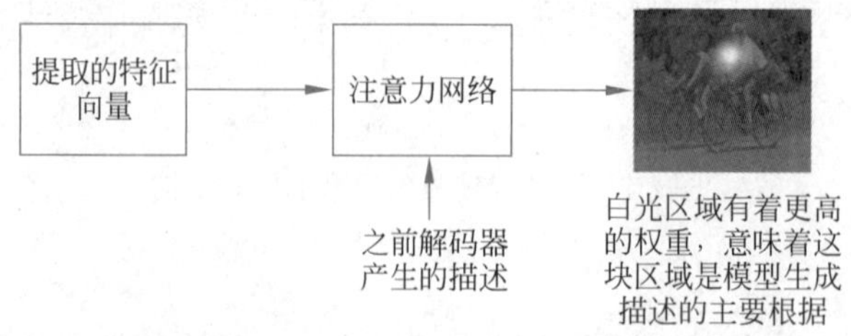

图 8.3　注意力的作用

5. 集束搜索

生成描述时模型要在字典中挑选最合适的单词，那么直觉上有两种策略。一种是遍历

所有可能，但是就算是常用的字典内也至少有几千个单词，显然枚举是不现实的。另一种策略是每次选取当下概率最大的即得分最高的单词，也就是贪心策略，但是这种策略并不一定得到最优解，因为前面单词的选择会直接影响后面单词的选择，最初的最优很可能导致到后面全是次优解。为了缓解这个问题可以使用集束搜索（beam search）。集束搜索不是直接使用最高分的那个单词，而是为每一个序列都考虑 *k* 个可能的后续单词，从中挑选出总分最高的 *k* 个序列，重复以上步骤直到序列完整。

6. BLEU

BLEU（bilingual evaluation understudy）是用于评价模型翻译的质量的指标，它是根据机器翻译与人工翻译的吻合程度来判断翻译的好坏。实操上就是计算 n-gram 的正确率，n-gram 是指一个序列中连续 *n* 个单词构成的段，BLEU-4 是 n-gram 取 4 时的 BLEU 值。下面是个简化的例子（这样算在某些特殊情况会存在问题，实际上还有一些截断的操作）。

模型给出的：a dog is playing in the glass

人工给出的：a dog is playing on the glass

n-gram = 1 时，除了 on 其他单词都命中，BLEU-1 = 6/7。

n-gram = 2 时，playing on 、on the 都未命中，BLEU-2 = 4/6。

同理可得，n-gram=3 时，BLEU-3 = 2/5，n-gram = 4 时，BLEU-4 = 1/4。

7. MS COCO 数据集

本任务使用的是 MS COCO 14 公开数据集。MS COCO 是微软的一个公开数据集，包含了许多自然图片和社会生活中的图片，环境会更贴近日常的生活。MS COCO 中的图片包含对象的种类十分丰富，不仅有人、动物、植物，还有人造物，如食物、汽车等，数据集的质量很高。

任务实施

步骤 1 下载数据集与训练验证需要的测试文件。

从 MS COCO 数据集官网可以下载 2014 的训练与验证数据集，数据集的划分文件需要下载 karpathy 的划分文件。

步骤 2 数据预处理。

数据预处理文件为 create_input_files.py。在训练和验证过程中，如果直接读取所有图像到内存中，则会占用很大的内存空间，所以要把数据集转换成 HDF5 的文件和三个 JSON 文件。一个 HDF5 文件，包含每个分割的图像，以 1、3、256、256 张为单位，其中 1 是分割中的图像数量。像素值在 [0，255] 内，并以无符号的 8 位 ints 形式存储。三个 JSON 文件分别包含描述的列表、描述的长度和单词索引的字典。

需要设置的超参数有以下三项。

- karpathy_json_path：下载的数据集划分文件路径；
- image_folder：数据集文件路径；
- output_folder：输出文件存放路径。

【代码 8.1】设置数据预处理的超参数。

```
from utils import create_input_files

if __name__ == '__main__':
    # 数据预处理
    create_input_files(dataset='coco',        # 数据集名称
                     karpathy_json_path='/path/to/file',
                                              # 下载的数据集划分文件路径
                     image_folder='/path/to/dataset',    # 数据集文件路径
                     captions_per_image=5, # 每个图片采样的描述数
                     min_word_freq=5,         # 单词的最低阈值，少于阈值的被丢弃
                     output_folder='/path/to/output',    # 输出文件存放路径
                     max_len=50)              # 序列最大长度
```

执行结果如图 8.4 所示。

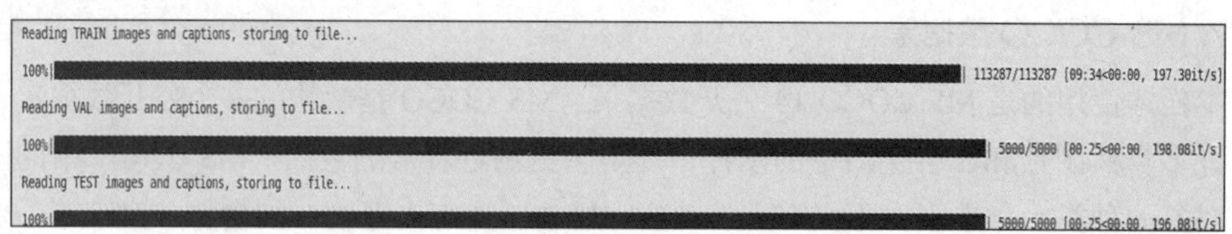
```
Reading TRAIN images and captions, storing to file...
100%|████████████████████████████████████████| 113287/113287 [09:34<00:00, 197.30it/s]
Reading VAL images and captions, storing to file...
100%|████████████████████████████████████████| 5000/5000 [00:25<00:00, 198.08it/s]
Reading TEST images and captions, storing to file...
100%|████████████████████████████████████████| 5000/5000 [00:25<00:00, 196.08it/s]
```

图 8.4　代码运行结果

步骤 3　设置训练模型超参数。

首先把代码 8.2 开头的 data_folder 指向执行 create_input_files.py 得到的文件。然后直接运行 train.py 文件，也可以在终端中输入 python train.py 即可。由于数据集比较大，从头训练会需要比较长的时间，如果要从检查点继续训练，则要在代码开头把检查点路径指向对应的检查点文件。epochs 是整个训练数据集训练的 epoch 数，batch_size 是一次训练用到的样本个数，fine_tune_encoder 是控制微调编码器的开关，checkpoint 是训练的检查点路径。

【代码 8.2】定义训练模型超参数。

```
# 数据参数
data_folder = '/path/to/data/folder'    # 数据预处理创建的文件路径
data_name = 'coco_5_cap_per_img_5_min_word_freq'      # 数据文件共享的名称
# 模型参数
emb_dim = 512                             # 词汇嵌入的维度
```

```
attention_dim = 512                                   # 注意力线性层的维度
decoder_dim = 512                                     # 解码器的维度
dropout = 0.5                                         # 神经元丢弃率
device = torch.device("cuda" if torch.cuda.is_available() else "cpu")
                                                      # 为模型分配设备
cudnn.benchmark = True                                # 只有在模型的输入是固定大小的情况下才
                                                      # 设置为真，否则会有大量的计算开销
# 训练参数
start_epoch = 0                                       # 初始 epoch 值
epochs = 120                                          # 训练 epoch 次数
epochs_since_improvement = 0                          # 当验证到 BLEU 改善后追踪的 epoch 数
batch_size = 32                                       # 指定训练期间每个批次的大小
workers = 1                                           # 指定训练期间 worker 的大小
encoder_lr = 1e-4                                     # 编码器微调时的学习率
decoder_lr = 4e-4                                     # 解码器的学习率
grad_clip = 5                                         # 梯度裁剪值
alpha_c = 1                                           # 正则化参数
best_bleu4 = 0                                        # BLEU-4 初始值
print_freq = 100                                      # 输出训练 / 验证信息频率
fine_tune_encoder = False                             # 是否微调编码器
checkpoint = None                                     # 检查点路径，初次为 None
```

步骤 4 实现训练模型的主函数。

该函数首先实现了加载模型所需的文件与权重，然后设置了编码器、解码器、优化器 Adam、损失函数与数据加载器。核心部分是反复调用的 epoch 部分，实现了模型的训练、验证与可视化。训练与验证代码过长，具体实现可自行查看。

【代码 8.3】训练模型的加载。

```
def main():
    global best_bleu4, epochs_since_improvement, checkpoint, start_epoch,
    fine_tune_encoder, data_name, word_map
    # 读取词汇索引
    word_map_file = os.path.join(data_folder, 'WORDMAP_' + data_name +
    '.json')
    with open(word_map_file, 'r') as j:
        word_map = json.load(j)
    # 初始化
    # 初次训练，设置编码器、解码器与优化器 Adam
    if checkpoint is None:
        decoder = DecoderWithAttention(attention_dim=attention_dim,
                                       embed_dim=emb_dim,
                                       decoder_dim=decoder_dim,
                                       vocab_size=len(word_map),
                                       dropout=dropout)
```

```
    decoder_optimizer = torch.optim.Adam(params=filter(lambda p:
    p.requires_grad, decoder.parameters()), lr=decoder_lr)
    encoder = Encoder()
    encoder.fine_tune(fine_tune_encoder)
    encoder_optimizer = torch.optim.Adam(params=filter(lambda p:
    p.requires_grad, encoder.parameters()),lr=encoder_lr) if fine_
    tune_encoder else None
# 从检查点继续训练，设置编码器、解码器与优化器 Adam
else:
    checkpoint = torch.load(checkpoint)
    start_epoch = checkpoint['epoch'] + 1
    epochs_since_improvement = checkpoint['epochs_since_improvement']
    best_bleu4 = checkpoint['bleu-4']
    decoder = checkpoint['decoder']
    decoder_optimizer = checkpoint['decoder_optimizer']
    encoder = checkpoint['encoder']
    encoder_optimizer = checkpoint['encoder_optimizer']
    if fine_tune_encoder is True and encoder_optimizer is None:
        encoder.fine_tune(fine_tune_encoder)
        encoder_optimizer = torch.optim.Adam(params=filter(lambda p:
        p.requires_grad, encoder.parameters()), lr=encoder_lr)
decoder = decoder.to(device)
encoder = encoder.to(device)

# 损失函数，使用交叉熵损失函数
criterion = nn.CrossEntropyLoss().to(device)

# 数据加载器
normalize = transforms.Normalize(mean=[0.485, 0.456, 0.406], std=
[0.229, 0.224, 0.225])
train_loader = torch.utils.data.DataLoader(
    CaptionDataset(data_folder, data_name, 'TRAIN', transform=
    transforms.Compose([normalize])),
    batch_size=batch_size, shuffle=True, num_workers=workers, pin_
    memory=True)
val_loader = torch.utils.data.DataLoader(CaptionDataset(data_folder,
data_name, 'VAL', transform=transforms.Compose([normalize])),
batch_size=batch_size, shuffle=True, num_workers=workers, pin_
memory=True)
```

代码 8.4 为核心实现代码，通过反复调用训练与验证函数进行模型的训练。每个 epoch 结束会检查模型的 BLEU-4 分数是否提高，若无提高则 epoch_since_improvement+1，若连续 8 个 epoch 未改善则学习率衰减，连续 20 个 epoch 未改善则终止训练，若模型有改善则会保存新的检查点。

【代码 8.4】每个 epoch 执行代码。

```
#epochs
for epoch in range(start_epoch, epochs):
    # 如果连续 8 个 epoch 没有改善，则学习率衰减，连续 20 个后终止训练
    if epochs_since_improvement == 20:
        break
    if epochs_since_improvement > 0 and epochs_since_improvement % 8 == 0:
        adjust_learning_rate(decoder_optimizer, 0.8)
        if fine_tune_encoder:
            adjust_learning_rate(encoder_optimizer, 0.8)
    # 一个 epoch 的训练
    train(train_loader=train_loader, encoder=encoder, decoder=decoder,
    criterion=criterion, encoder_optimizer=encoder_optimizer, decoder_
    optimizer=decoder_optimizer, epoch=epoch)
    # 一个 epoch 的验证
    recent_bleu4 = validate(val_loader=val_loader, encoder=encoder, decoder=
    decoder, criterion=criterion)
    # 检查是否有提高
    is_best = recent_bleu4 > best_bleu4
    best_bleu4 = max(recent_bleu4, best_bleu4)
    if not is_best:
        epochs_since_improvement += 1
        print("\nEpochs since last improvement: %d\n" % (epochs_since_
        improvement,))
    else:
        epochs_since_improvement = 0
    # 保存检查点
    save_checkpoint(data_name, epoch, epochs_since_improvement, encoder,
    decoder, encoder_optimizer, decoder_optimizer, recent_bleu4, is_best)
```

运行结果类似图 8.5 所示。

```
Epoch: [0][0/17702]      Batch Time 1.651 (1.651)   Data Load Time 0.117 (0.117)   Loss 10.1633 (10.1633)  Top-5 Accuracy 0.000 (0.000)
Epoch: [0][100/17702]    Batch Time 0.116 (0.132)   Data Load Time 0.000 (0.001)   Loss 5.8878 (6.6806)    Top-5 Accuracy 39.344 (34.097)
Epoch: [0][200/17702]    Batch Time 0.116 (0.125)   Data Load Time 0.000 (0.001)   Loss 5.3146 (6.1952)    Top-5 Accuracy 47.159 (38.354)
Epoch: [0][300/17702]    Batch Time 0.116 (0.122)   Data Load Time 0.000 (0.000)   Loss 5.0111 (5.9069)    Top-5 Accuracy 51.969 (41.628)
Epoch: [0][400/17702]    Batch Time 0.112 (0.121)   Data Load Time 0.000 (0.000)   Loss 4.9175 (5.7065)    Top-5 Accuracy 52.907 (44.049)
Epoch: [0][500/17702]    Batch Time 0.112 (0.120)   Data Load Time 0.000 (0.000)   Loss 4.9664 (5.5570)    Top-5 Accuracy 56.936 (45.867)
Epoch: [0][600/17702]    Batch Time 0.124 (0.120)   Data Load Time 0.000 (0.000)   Loss 5.0212 (5.4374)    Top-5 Accuracy 53.243 (47.354)
Epoch: [0][700/17702]    Batch Time 0.119 (0.119)   Data Load Time 0.000 (0.000)   Loss 4.5940 (5.3346)    Top-5 Accuracy 56.438 (48.636)
Epoch: [0][800/17702]    Batch Time 0.126 (0.119)   Data Load Time 0.000 (0.000)   Loss 4.8844 (5.2485)    Top-5 Accuracy 54.047 (49.722)
Epoch: [0][900/17702]    Batch Time 0.114 (0.118)   Data Load Time 0.000 (0.000)   Loss 4.6813 (5.1750)    Top-5 Accuracy 58.380 (50.676)
Epoch: [0][1000/17702]   Batch Time 0.111 (0.118)   Data Load Time 0.000 (0.000)   Loss 4.3956 (5.1092)    Top-5 Accuracy 59.946 (51.520)
Epoch: [0][1100/17702]   Batch Time 0.114 (0.118)   Data Load Time 0.000 (0.000)   Loss 4.7821 (5.0536)    Top-5 Accuracy 57.641 (52.231)
Epoch: [0][1200/17702]   Batch Time 0.109 (0.117)   Data Load Time 0.000 (0.000)   Loss 4.3787 (5.0024)    Top-5 Accuracy 60.942 (52.867)
Epoch: [0][1300/17702]   Batch Time 0.116 (0.117)   Data Load Time 0.000 (0.000)   Loss 4.3638 (4.9569)    Top-5 Accuracy 62.125 (53.463)
Epoch: [0][1400/17702]   Batch Time 0.114 (0.117)   Data Load Time 0.000 (0.000)   Loss 4.0987 (4.9163)    Top-5 Accuracy 66.471 (53.986)
Epoch: [0][1500/17702]   Batch Time 0.104 (0.117)   Data Load Time 0.000 (0.000)   Loss 4.3414 (4.8787)    Top-5 Accuracy 60.542 (54.474)
Epoch: [0][1600/17702]   Batch Time 0.111 (0.117)   Data Load Time 0.000 (0.000)   Loss 4.6431 (4.8481)    Top-5 Accuracy 57.182 (54.860)
Epoch: [0][1700/17702]   Batch Time 0.110 (0.117)   Data Load Time 0.000 (0.000)   Loss 4.7191 (4.8170)    Top-5 Accuracy 56.484 (55.254)
Epoch: [0][1800/17702]   Batch Time 0.120 (0.117)   Data Load Time 0.000 (0.000)   Loss 4.3785 (4.7872)    Top-5 Accuracy 58.886 (55.646)
Epoch: [0][1900/17702]   Batch Time 0.114 (0.117)   Data Load Time 0.000 (0.000)   Loss 3.9035 (4.7589)    Top-5 Accuracy 65.014 (56.015)
Epoch: [0][2000/17702]   Batch Time 0.113 (0.117)   Data Load Time 0.000 (0.000)   Loss 4.0948 (4.7337)    Top-5 Accuracy 63.215 (56.345)
Epoch: [0][2100/17702]   Batch Time 0.109 (0.117)   Data Load Time 0.000 (0.000)   Loss 4.0872 (4.7078)    Top-5 Accuracy 67.806 (56.686)
Epoch: [0][2200/17702]   Batch Time 0.108 (0.117)   Data Load Time 0.000 (0.000)   Loss 4.3076 (4.6837)    Top-5 Accuracy 61.143 (56.986)
Epoch: [0][2300/17702]   Batch Time 0.120 (0.117)   Data Load Time 0.000 (0.000)   Loss 4.2787 (4.6638)    Top-5 Accuracy 61.957 (57.242)
```

图 8.5 训练运行结果

步骤 5 图像描述生成。

执行文件为 caption.py。caption.py 需要设置的超参数有以下 4 个。

- img：要描述的图像的路径；
- model：使用的模型检查点的路径；
- word_map：单词的索引字典；
- beam_size：集束搜索的参数，步骤 8 中会详细解释。

示例如代码 8.5 所示。

【代码 8.5】图像描述生成脚本。

```
python caption.py --img='path/to/image.jpeg'
--model='path/to/BEST_checkpoint_coco_5_cap_per_img_5_min_word_freq.
pth.tar'
--word_map='path/to/WORDMAP_coco_5_cap_per_img_5_min_word_freq.json'
--beam_size=5
```

以 PyCharm 为例，终端位置如图 8.6 所示，单击 Terminal 标签，然后输入代码，按下 Enter 键即可。

图 8.6 终端位置

图 8.7 是代码 8.5 用的输入图，结果如图 8.8 所示。

图 8.7 输入原图

生成的描述为 a panda bear sitting in the grass next to a tree。这个描述似乎挺准确的，但是结合注意力模块后可以看出模型给出描述并不正确。由注意力模块可以看出模型给出 grass 时，聚焦的地方是熊猫的身后类似树桩的物体。最高亮的地方是被土覆盖的部分和下面被杂草覆盖的部分，所以模型认为这是一个草丛，但其实真正的草丛是在熊猫身下。

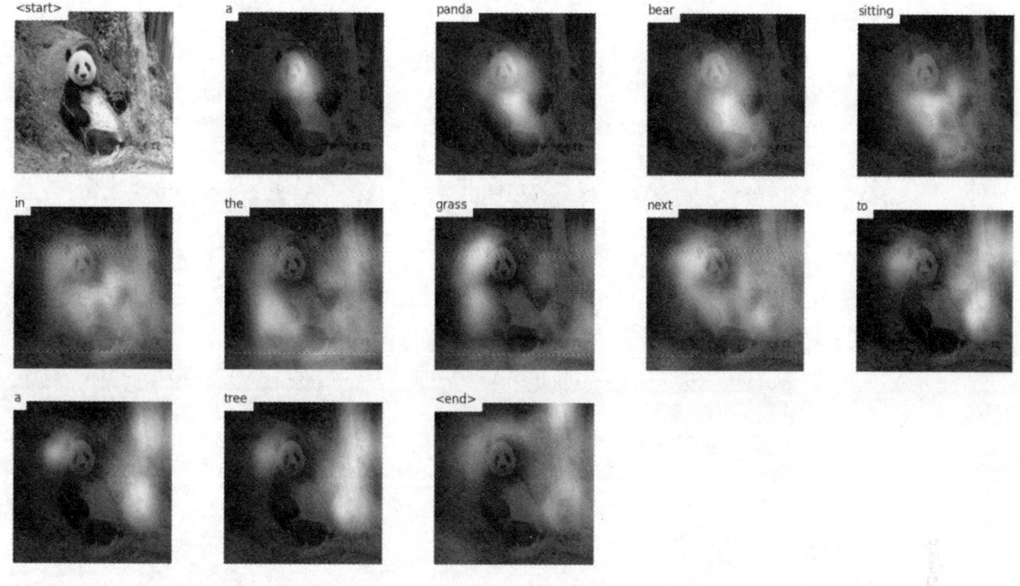

图 8.8 生成结果

步骤 6 评价模型性能。

代码 eval.py 实现评价功能，代码 8.6 为需设置的评价函数超参数，代码 8.7 为核心功能实现。代码首先生成两个列表，人工标注真值会放入 references 列表中，模型生成的放入 hypotheses 列表中，每次序列增加一个长度直至命中 <end>（或者生成序列过长自动跳过）。根据集束搜索的思想，每生成一个单词都根据对比保留前 k 个得分高的序列，输出结束后根据 hypotheses 和 references 计算 BLEU-4，得分越高模型生成的描述准确度越高。

【**代码 8.6**】评价函数可设置的超参数。

```
data_folder = '/path/to/data/folder'              # 数据预处理创建的文件路径
data_name = 'coco_5_cap_per_img_5_min_word_freq'  # 数据文件共享的名称
checkpoint = '/path/to/checkpoint'                # 模型检查点路径
word_map_file = '/path/to/word/map/file'          # 单词的索引字典路径
device = torch.device("cuda" if torch.cuda.is_available() else "cpu")
                                                  # 为模型分配设备
cudnn.benchmark = True          # 只有在模型的输入是固定大小的情况下才设置为真，
                                # 否则会有大量的计算开销
```

【**代码 8.7**】根据集束搜索生成预测序列。

```
while True:
    embeddings = decoder.embedding(k_prev_words).squeeze(1)
    awe, _ = decoder.attention(encoder_out, h)
    gate = decoder.sigmoid(decoder.f_beta(h))
```

```
        awe = gate * awe
        h, c = decoder.decode_step(torch.cat([embeddings, awe], dim=1), (h, c))
            scores = decoder.fc(h)
            scores = F.log_softmax(scores, dim=1)
            scores = top_k_scores.expand_as(scores) + scores
            # 对于第一步，所有 k 个点将具有相同的分数（因为相同的 k 个先前单词）
            if step == 1:
                top_k_scores, top_k_words = scores[0].topk(k, 0, True, True)
            else:
                # 展开并寻找最高分单词与对应的索引
                top_k_scores, top_k_words = scores.view(-1).topk(k, 0, True,
                True)
            # 将展开的索引转换为实际索引
            prev_word_inds = top_k_words / vocab_size
            next_word_inds = top_k_words % vocab_size
            # 增加新词到序列中
            seqs = torch.cat([seqs[prev_word_inds.long()], next_word_inds.
            unsqueeze(1)], dim=1)
            # 未完成的序列的索引
            incomplete_inds = [ind for ind, next_word in enumerate(next_word_
                             inds) if next_word != word_map['<end>']]
            complete_inds = list(set(range(len(next_word_inds))) - set
            (incomplete_inds))
            # 保留完整序列
            if len(complete_inds) > 0:
                complete_seqs.extend(seqs[complete_inds].tolist())
                complete_seqs_scores.extend(top_k_scores[complete_inds])
            k -= len(complete_inds)
            # 继续补完未完整的序列
            if k == 0:
                break
            seqs = seqs[incomplete_inds]
            h = h[prev_word_inds.long()[incomplete_inds]]
            c = c[prev_word_inds.long()[incomplete_inds]]
            encoder_out = encoder_out[prev_word_inds.long()[incomplete_inds]]
            top_k_scores = top_k_scores[incomplete_inds].unsqueeze(1)
            k_prev_words = next_word_inds[incomplete_inds].unsqueeze(1)
            # 生成序列太长则退出
            if step > 50:
                break
            step += 1
        i = complete_seqs_scores.index(max(complete_seqs_scores))
        seq = complete_seqs[i]

        # 加入 references
```

```
        img_caps = allcaps[0].tolist()
        img_captions = list(
            map(lambda c: [w for w in c if w not in {word_map['<start>'],
            word_map['<end>'], word_map['<pad>']}],
                img_caps))  # remove <start> and pads
        references.append(img_captions)

        # 加入 hypotheses
        hypotheses.append([w for w in seq if w not in {word_map['<start>'],
        word_map['<end>'], word_map['<pad>']}])
        assert len(references) == len(hypotheses)
    # 计算 BLEU-4 得分
    bleu4 = corpus_bleu(references, hypotheses)
    return bleu4
```

◆ 任务小结 ◆

在生成图像描述任务中，我们用 MS COCO 数据集训练了一个图像描述生成模型，主要有以下四个步骤。

（1）数据预处理：对原始数据进行整理，转换成模型容易加载的格式。

（2）模型选择和训练：在模型选择方面，采用 ResNet101 编码器和 LSTM 解码器，加入注意力模块进行训练和测试。

（3）生成图像描述：输入自定义图像到模型中，生成图像对应的描述。

（4）模型评估和优化：通过 BLUE-4 得分来评价模型的好坏。若模型效果未达到预期，我们可通过对编码器进行微调等方法来进一步提高模型效果。

◆ 任务自测 ◆

题目：根据所学知识训练图像描述模型。

要求：

（1）更换编码器，选择别的模型进行特征提取。

（2）对模型进行训练和验证，可以更换数据集也可以使用原有的数据集，并进行评估。

（3）需要撰写实验报告，对框架的设计思路、实现细节、实验结果等进行详细描述，并给出合理的分析和讨论。

（4）思考改进模型的方法，并尝试加以改进。

评价表：训练图像描述模型

组员 ID		组员姓名		项目组			
评价栏目	任务详情		评价要素	分值	评价主体		
					学生自评	小组互评	教师点评
图像描述生成模型的组成要素和网络结构的掌握情况	图像描述定义		是否完全掌握	10			
	模型的组成要素		是否完全掌握	10			
	编码器的作用		是否完全掌握	10			
	解码器的作用		是否完全掌握	10			
	注意力的作用		是否完全掌握	10			
	模型的网络结构		是否完全掌握	10			
	模型的评价指标		是否完全掌握	10			
掌握熟练度	知识结构		知识结构体系形成	5			
	准确性		概念和基础掌握的准确度	5			
团队协作能力	积极参与讨论		积极参与和发言	5			
	对项目组的贡献		对团队的贡献值	5			
职业素养	态度		是否认真细致、遵守课堂纪律、学习积极、具有团队协作精神	3			
	操作规范		是否有实训环境保护意识，有无损坏机器设备的情况，能否保持实训室卫生	3			
	设计理念		是否体现以人为本的设计理念	4			
总分				100			

任务 8.2 医疗文本生成

■ 任务目标

知识目标：学习 PyCharm 软件界面、掌握代码编辑和特征提取等知识点。

能力目标：通过结合 PyTorch 深度学习多个知识点实现图像摘要。

■ 建议学时

2 学时。

■ 任务要求

本任务旨在使用机器学习算法从一组胸部 X 射线图像生成医疗报告。

X 射线（X 光片）是一种非侵入性医学测试，可帮助医生诊断和治疗医疗状况。用 X 射线成像涉及将身体的一部分暴露于小剂量的电离辐射中，以产生身体内部的图像。胸部X射线检查是最常用的诊断性X射线检查。胸部X光片可生成心脏、肺、气道、血管以及脊柱和胸部骨骼的图像。通常，放射科医生的职责是完成这些X射线，以便为患者提供适当的治疗方案。从这些X射线中获取详细的医疗报告通常既耗时又乏味，而且在人口众多的国家，放射科医生可能会看100多张X射线图像。因此，如果正确学习的机器学习模型可以自动生成这些医疗报告，则可以节省大量的工作和时间。但是，从模型生成的医疗报告应在最后阶段由放射科医生确认。

在本任务中，我们使用印第安纳大学医院网络提供的数据。这里提供了一组胸部X光片和相应的医疗报告。给定X射线图像，我们需要生成该X射线的医疗报告。本任务使用经过ImageNet预训练的ResNet101网络对图像特征进行提取后，将图像特征输入Memory-driven Transformer来生成影像的文本描述。初步实现了图像到文本的简单生成。

知识归纳

1. 图像摘要算法

图像摘要是指从一张图像中自动生成简短的文本描述，概括图像中的内容和特征。与传统的图像标注任务不同，图像摘要不需要为图像中每一个物体或场景都进行详细的描述，而是强调概括性和准确性。图像摘要是自然语言处理和计算机视觉领域的交叉应用，它可以帮助人们更快速地了解一张图像，并且有助于图像搜索、图像检索和图像分类等应用。

近年来，随着深度学习技术的发展和数据集的丰富，图像摘要技术得到了广泛的研究和应用。其中最为成功的模型是基于注意力机制的神经网络模型，如Show Attend and Tell（SAT）模型和Bottom-Up Top-Down（BUTD）模型等。这些模型可以自动地从图像中提取特征，将图像特征和语言特征结合起来，生成自然流畅的摘要文本。同时，也有一些针对特定领域的图像摘要模型，如医疗影像摘要和新闻摘要等。

尽管图像摘要技术已经取得了一定的进展，但它仍然存在一些挑战和问题。例如，如何处理复杂的图像场景，如何提高多样性和准确性，如何生成更具有可解释性的摘要等。因此，未来的研究还需要继续探索和解决这些问题。下面简单介绍几种图像摘要算法。

1）基于深度学习的方法

基于深度学习的图像摘要算法通常使用卷积神经网络和长短时记忆网络（LSTM）构建模型。通过使用CNN来提取图像的特征向量，并将其输入LSTM中以生成相应的文字描述。其中，比较常见的算法有：Show and Tell、SAT等。其中Show and Tell算法模型如图8.9所示。

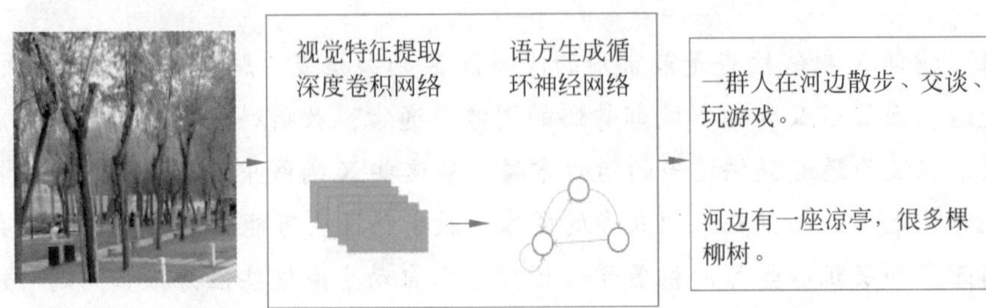

图 8.9　Show and Tell 算法模型

2）基于文本检索的方法

基于文本检索的图像摘要算法通过从一组图片中，选择与目标图片最相似的那一张图片来生成对应的文字描述。具体实现通常需要两个阶段：第一阶段是从给定的图片集合中找到与目标图片最相似的图片；第二阶段是从找到的最相似图片的文字描述中，选择与目标图片最相关的那一个描述。

3）基于模板的方法

基于模板的图像摘要算法通过预定义的文本模板生成文字描述。这种方法通常用于特定领域的应用，如医疗影像报告中的图像摘要。这种方法的优点是生成的描述具有较高的可控性和可解释性。

总之，图像摘要技术的发展为图像的自动描述和理解提供了新的途径，具有很高的应用价值。

2. 医疗影像报告生成的应用

医疗影像报告生成技术的应用主要集中在辅助医生诊断和改善医疗服务方面。

一方面，医疗影像报告生成可以辅助医生进行快速准确的诊断，提高医疗效率和精度。通过将医疗影像数据与自然语言处理技术相结合，可以自动生成详细的医疗影像报告，为医生提供更全面的诊断信息，从而帮助医生更快速、更准确地做出诊断。

另一方面，医疗影像报告生成技术还可以改善医疗服务。医院人手有限，医疗影像报告生成技术可以帮助医院更快速地完成诊断和报告撰写工作，提高医疗效率和服务质量。此外，医疗影像报告生成技术还可以降低医疗成本，减少人工成本，提高工作效率，为医院节省时间和金钱。

3. 数据集

IU-XRAY 数据集是用于医学影像报告生成任务的一个公开数据集，它由印第安纳大学医学中心的研究团队于 2017 年发布。该数据集包含 8805 张胸部 X 光片和其对应的自由文本报告，其中 7470 张用于训练，1000 张用于验证，335 张用于测试。每份报告都由两名放射科医生独立撰写，确保了高质量的标注。

该数据集包括以下四个特点。

- 多样性：涵盖了多种病症和疾病的胸部 X 光片图像和报告；

- 精度：每份报告都由两名放射科医生独立撰写，避免了单个医生主观因素对数据集的影响；
- 稳定性：该数据集在多个任务上进行评估，评估结果表明模型具有很好的泛化能力和稳定性；
- 开放性：该数据集完全公开，可以自由使用，促进了医学影像报告生成任务的研究和发展。具体图像如图 8.10 所示。

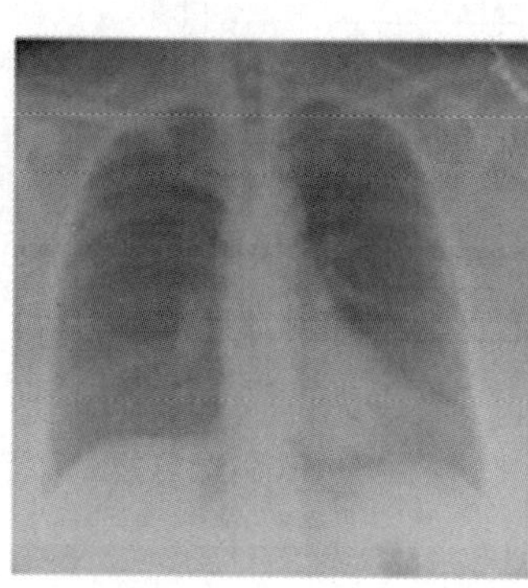

外观：No acute cardiopulmonary abnormality
诊断结果：There are no focal areas of consolidation.
No suspicious pulmonaryopacities.
Heart size within normallimits.
No pleural effusions. There is noevidence of pneumothorax.
Degenerativechanges of the thoracic spine.
MTI标签：degenerative change

图 8.10　人的 X 射线

4. Transformer 模型

Transformer 模型是 2017 年由 Google 提出的一种用于序列到序列（sequence-to-sequence）学习的模型，主要应用于自然语言处理领域。相比于传统的 RNN 和 LSTM 等序列模型，Transformer 模型不再需要维护序列数据的顺序，从而大大提高了并行计算的效率，同时也取得了更好的性能。

Transformer 模型主要由两个部分组成：编码器和解码器。编码器和解码器都由多个相同的层组成，每层包含了两个子层，分别是 self-attention 和全连接层。self-attention 层实现了对序列中每个元素之间的关系进行建模，全连接层则实现了对每个位置的信息进行处理和映射。在每个层之间，都会进行残差连接和层归一化操作，从而保证了信息传递的稳定性。

在编码阶段，输入的序列经过多个编码器层的处理，每个编码器层都会产生一个输出，这些输出被送到解码器中。在解码阶段，解码器层会根据编码器层的输出和上一个时刻的输出来生成下一个时刻的输出，直到生成完整个目标序列为止。

Transformer 模型中的 self-attention 机制是其最重要的特点之一，它将输入序列中每个位置的向量表示作为查询、键和值，通过计算它们之间的相似度来决定每个位置对其他位置的重要性，并计算加权和得到新的向量表示。这种机制使得模型能够在不需要考虑序列顺序的情况下，更好地捕捉序列中的关系，从而实现更好的建模效果。

总之，Transformer 模型通过引入 self-attention 机制和多头注意力机制等创新点，解决了传统序列模型中存在的一些问题，具有更高的并行性和更好的建模能力，在自然语言处理等领域得到了广泛的应用。原理如图 8.11 所示。

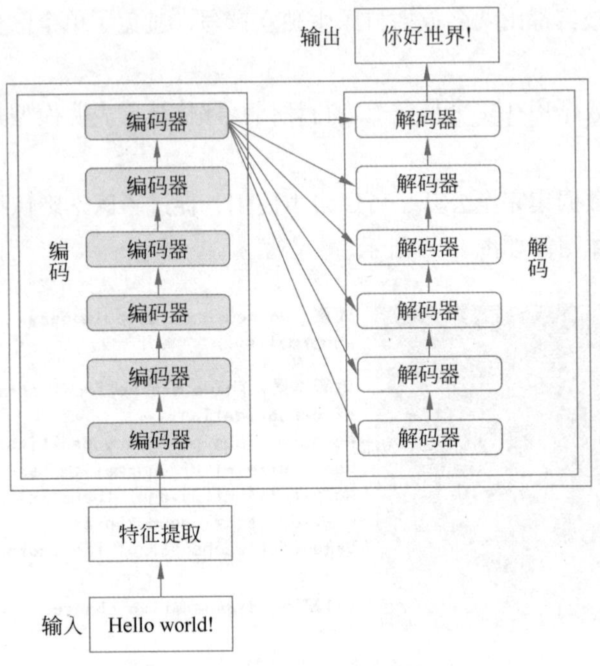

图 8.11　Transformer 模型编码 - 解码器原理

任务实施

步骤 1　数据集下载。

本任务使用 IU-Xray 数据集，该数据集可以在网上进行下载，然后将下载好的数据集进行解压放至本项目的 data 目录下即可，如图 8.12 所示。

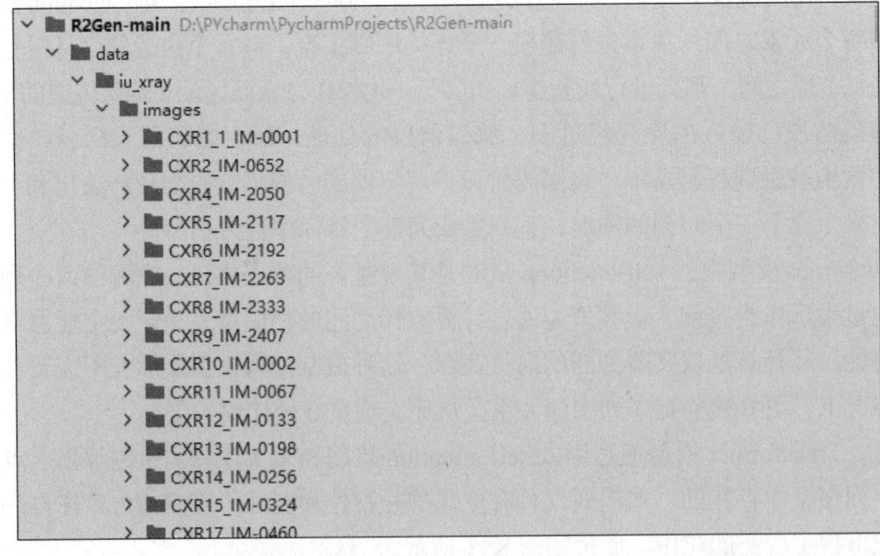

图 8.12　数据集目录

步骤 2 数据预处理。

（1）对输入的报告文本进行清理，如用单个点替换多个点、移除句子中的数字标记等。

【代码 8.8】文本数据清理。

```
def clean_report_iu_xray(self, report):
# 对报告文本进行清理，替换多余的字符，切割成句子，并转换成小写
    report_cleaner = lambda t: t.replace('..', '.').replace('..', '.').
    replace('..', '.').replace('1. ', '')
        .replace('. 2. ', '. ').replace('. 3. ', '. ').replace('. 4. ', '. ').
        replace('. 5. ', '. ')
        .replace(' 2. ', '. ').replace(' 3. ', '. ').replace(' 4. ', '. ').
        replace(' 5. ', '. ')
        .strip().lower().split('. ')
    # 对每个句子进行清理，替换多余的字符，并转换成小写
    sent_cleaner = lambda t: re.sub('[.,?;*!%^&_+():-{}]', '', t.replace
    ('"', '').replace('/', '').
                                   replace('\\', '').replace("'", '').
                                   strip().lower())
    # 把每个句子进行清理，并切分成单词列表
    tokens = [sent_cleaner(sent) for sent in report_cleaner(report) if
    sent_cleaner(sent) != []]
    # 将单词列表中的句子用 ". " 连接起来，并在句子首尾加上 "."
    report = ' . '.join(tokens) + ' .'
    return report
```

（2）处理好文本数据后，进行数据集样本的获取与处理。

【代码 8.9】获取数据集样本。

```
 # 定义获取数据集样本的方法，根据 idx 索引来获取一个样本
def __getitem__(self, idx):
    # 从 self.examples 中获取一个 example 样本
    example = self.examples[idx]
    # 获取样本的 id 和两张图片路径
    image_id = example['id']
    image_path = example['image_path']
    # 打开并将两张图片转换成 RGB 模式
    image_1 = Image.open(os.path.join(self.image_dir, image_path[0])).
    convert('RGB')
    image_2 = Image.open(os.path.join(self.image_dir, image_path[1])).
    convert('RGB')
    # 如果定义了 transform 函数，则对两张图片进行变换
    if self.transform is not None:
        image_1 = self.transform(image_1)
        image_2 = self.transform(image_2)
    # 将两张图片按照第 0 维进行拼接
```

```
        image = torch.stack((image_1, image_2), 0)
        # 获取文本描述的 ids 和 mask
        report_ids = example['ids']
        report_masks = example['mask']
        # 获取文本描述的长度
        seq_length = len(report_ids)
        # 返回一个样本，包括样本 id, 图片，文本描述的 ids 和 mask, 以及文本描述的长度
        sample = (image_id, image, report_ids, report_masks, seq_length)
    return sample
```

（3）对数据集中所保存的图片进行图像特征提取，本任务所采用的特征提取方法是使用 ImageNet 预训练的 ResNet101 模型提取图像特征，ImageNet 是一种数据集，而不是神经网络模型。它是为了解决机器学习中过拟合和泛化的问题而构建的数据集。该数据集从 2007 年开始建立，直到 2009 年作为论文的形式在 CVPR 2009 发布。直到本书出版时，该数据集仍然是深度学习领域中图像分类、检测、定位的最常用数据集之一。而 ResNet 则是一种残差网络，所谓的残差指的就是观测值与预测值之间的差，ResNet101 则是指拥有 101 个网络层个数的 ResNet 残差网络。

【代码 **8.10**】提取数据集中图片的特征。

```
class VisualExtractor(nn.Module):
    def __init__(self, args):
        super(VisualExtractor, self).__init__()
        # 定义一个 CNN 模型作为特征提取器
        self.visual_extractor = args.visual_extractor
        self.pretrained = args.visual_extractor_pretrained
        model = getattr(models, self.visual_extractor)(pretrained=self.
        pretrained)
        # 取出模型中除了最后两层外的所有层
        modules = list(model.children())[:-2]
        # 构建新的模型，用于提取图像特征
        self.model = nn.Sequential(*modules)
        # 定义平均池化层，用于平均卷积层的特征
        self.avg_fnt = torch.nn.AvgPool2d(kernel_size=7, stride=1, padding=0)
    def forward(self, images):
        # 输入图像，得到卷积层特征和平均池化层特征
        patch_feats = self.model(images)
        avg_feats = self.avg_fnt(patch_feats).squeeze().reshape(-1, patch_
        feats.size(1))
        # 将卷积层特征重塑为三维张量
        batch_size, feat_size, _, _ = patch_feats.shape
        patch_feats = patch_feats.reshape(batch_size, feat_size, -1).permute
        (0, 2, 1)
       # 返回卷积层特征和平均池化层特征
        return patch_feats, avg_feats
```

步骤 3 设置模型训练超参数。

本任务的超参数设置在 main_train.py 文件当中，主要需要设置的超参数包括 batch_size、epochs、sava_dir 等。其中，batch_size 是每次输入模型中的图片的数量，这个数量要根据开发者自己的硬件条件来设定；epochs 是训练周期，根据自己的要求来设定，但是一般为几十个至几千个之间；sava_dir 是输出文件储存目录，可以根据实际要求来改变。

【代码 8.11】超参数设置。

```
# 设置超参数
--image_dir data/iu_xray/images/ \          # 指定包含图像文件的目录路径
--ann_path data/iu_xray/annotation.json \  # 指定图像的注释文件的路径，该文件
                                            # 应该包含有关每个图像的标签和元数据
--dataset_name iu_xray \          # 指定数据集的名称，此处为 "iu_xray"
--max_seq_length 60 \             # 指定模型输入的最大序列长度，该长度用于在预处理
                                  # 阶段将图像转换为文本序列
--threshold 3 \                   # 指定在生成词汇表时应删除的单词频率的最小值
                                  # 频率低于此阈值的单词将被从词汇表中删除
--batch_size 16 \                 # 指定训练期间每个批次的大小
--epochs 100 \                    # 指定训练期间要运行的 epoch 数
--save_dir results/iu_xray \      # 指定训练期间保存模型和日志文件的目录路径
--step_size 50 \                  # 指定在训练过程中应减小学习率的 epoch 步长
--gamma 0.1 \                     # 指定用于调整学习率的 gamma 值
--seed 9223                       # 指定随机数生成器的种子值，以确保结果的可重复性
```

步骤 4 训练模型。

本任务的模型是基于 Transformer 的医学报告生成模型，除了上文提到的特征提取之外，还包括编码器与解码器，其中编码器使用的是 Transformer 本身的编码器，包括结构化输入编码器、非结构化输入编码器，而在解码器部分，本任务中引入 MCLN（memory-driven conditional layer normalization）并利用它去整合 relational memory 去增强 Transformer 的解码。

（1）编码器包括结构化输入编码器与非结构化输入编码器。其中，结构化输入编码器对患者基本信息和检查信息等结构化数据进行编码，而非结构化输入编码器对医学图像和自由文本临床记录等非结构化数据进行编码。

【代码 8.12】定义编码器。

```
class Encoder(nn.Module):
    def __init__(self, layer, N):
        super(Encoder, self).__init__()
        self.layers = clones(layer, N)
                                    # 使用 clones 函数创建 N 个相同的 EncoderLayer
        self.norm = LayerNorm(layer.d_model)
```

```
                                    # 初始化一个 LayerNorm 层，对每一层的输出进行规范化
    def forward(self, x, mask):
        for layer in self.layers:       # 逐层进行 EncoderLayer 计算
            x = layer(x, mask)
        return self.norm(x)             # 返回最终规范化的结果
```

（2）在解码器方面，将结构化和非结构化编码器的输出输入解码器中后，解码器可以使用记忆机制来提高模型对上下文的理解能力。

【代码 8.13】定义解码器。

```
class Decoder(nn.Module):
    def __init__(self, layer, N):
        super(Decoder, self).__init__()
        self.layers = clones(layer, N)
                                    # 复制 N 个 DecoderLayer 组成 Decoder
        self.norm = LayerNorm(layer.d_model)
                                    # 对 Decoder 输出进行 LayerNorm 处理
    def forward(self, x, hidden_states, src_mask, tgt_mask, memory):
        for layer in self.layers:   # 依次执行 N 个 DecoderLayer 的 forward
            x = layer(x, hidden_states, src_mask, tgt_mask, memory)
        return self.norm(x)         # 对 Decoder 输出进行 LayerNorm 处理后返回
```

【代码 8.14】在 relational memory 中定义新的 MCLN。

```
class ConditionalLayerNorm(nn.Module):
    def  forward(self, x, memory):
        mean = x.mean(-1, keepdim=True) # 沿着最后一个维度求均值，保留维度
        std = x.std(-1, keepdim=True)   # 沿着最后一个维度求标准差，保留维度
        delta_gamma = self.mlp_gamma(memory)
                                        # 计算关系记忆模块的信息对 gamma 的修正
        delta_beta = self.mlp_beta(memory)
                                        # 计算关系记忆模块的信息对 beta 的修正
        gamma_hat = self.gamma.clone()  # 复制 gamma 作为初始值
        beta_hat = self.beta.clone()    # 复制 beta 作为初始值
        gamma_hat = torch.stack([gamma_hat] * x.size(0), dim=0)
                                    # 将 gamma 扩充到与 x 相同的 batch_size
        gamma_hat = torch.stack([gamma_hat] * x.size(1), dim=1)
                                    # 将 gamma 扩充到与 x 相同的 sequence_length
        beta_hat = torch.stack([beta_hat] * x.size(0), dim=0)
                                    # 将 beta 扩充到与 x 相同的 batch_size
        beta_hat = torch.stack([beta_hat] * x.size(1), dim=1)
                                    # 将 beta 扩充到与 x 相同的 sequence_length
        gamma_hat += delta_gamma    # 加上关系记忆模块的信息对 gamma 的修正
        beta_hat += delta_beta      # 加上关系记忆模块的信息对 beta 的修正
        return gamma_hat * (x - mean) / (std + self.eps) + beta_hat
                                    # 返回条件标准化后的结果
```

模型的训练结果如图 8.13 所示。

```
D:\anaconda\lib\site-packages\torchvision\models\_utils.py:223: UserWarning: Argument
  warnings.warn(msg)
    epoch           : 1
    train_loss      : 2.859127530613959
    val_BLEU_1      : 0.1988625889127359
    val_BLEU_2      : 0.1180353903908086
    val_BLEU_3      : 0.0835544869652126
    val_BLEU_4      : 0.06400886298630389
    val_METEOR      : 0.1034722429799017
    val_ROUGE_L     : 0.29474007494202537
    test_BLEU_1     : 0.2414891728040812
    test_BLEU_2     : 0.14657508017251872
    test_BLEU_3     : 0.10545486468993152
    test_BLEU_4     : 0.08101704657824713
    test_METEOR     : 0.11945841070409312
    test_ROUGE_L    : 0.3121804906222145
Saving checkpoint: results/iu_xray\current_checkpoint.pth ...
Saving current best: model_best.pth ...
```

图 8.13 模型训练结果

步骤 5 模型测试。

对训练好的模型进行测试，生成放射学报告，并对生成的报告进行自动评估和人工评估。

1）配置参数

测试模型的参数设置都在 main_test.py 文件当中，相较于训练模型的 main_test.py 文件中的参数，main_test.py 文件中多了一个 load 参数，这个参数也是测试文件夹中最重要的参数之一，它指定要进行测试的模型的位置。

【代码 8.15】模型测试超参数设置。

```
--load data/model_iu_xray.pth  # 指定要进行测试的模型的位置
```

2）运行模型测试程序

通过运行 main_test.py 文件来进行模型测试，它主要包含了两个测试方法，分别是 test 方法和 plot 方法。test 方法进行模型在测试集上的评估，返回一个字典记录测试集上的评价指标，在该方法中，首先，将模型切换到评估模式，并使用 with torch.no_grad() 禁用梯度计算，遍历测试集迭代器，获取数据，并将数据移动到模型指定的设备上；然后，用模型预测结果，并将预测结果进行解码（decode），将结果添加到 test_res 列表中，同时将真实标签添加到 test_gts 列表中；接着，通过调用 metric_ftns 方法计算评价指标，并将评价指标加入 log 字典中，最后将 log 字典返回。

【代码 8.16】test 测试方法。

```
def test(self):
self.logger.info('Start to evaluate in the test set.')  # 打印测试开始信息
log = dict()
self.model.eval()                                        # 设置 model 为评估模式
with torch.no_grad():                                    # 不进行梯度计算
    test_gts, test_res = [], []                          # 初始化变量用于存储测试结果
    for batch_idx, (images_id, images, reports_ids, reports_masks) in
    enumerate(self.test_dataloader):
        images, reports_ids, reports_masks = images.to(self.device),
        reports_ids.to(
            self.device), reports_masks.to(self.device) # 将数据放入 GPU
        output = self.model(images, mode='sample')  # 前向传播，得到预测结果
        reports = self.model.tokenizer.decode_batch(output.cpu().numpy())
                                                         # 解码模型预测结果
        ground_truths = self.model.tokenizer.decode_batch(reports_
        ids[:, 1:].cpu().numpy())                        # 解码真实标签
        test_res.extend(reports)                         # 存储测试结果
        test_gts.extend(ground_truths)                   # 存储真实标签
    test_met = self.metric_ftns({i: [gt] for i, gt in enumerate(test_gts)},
                                {i: [re] for i, re in enumerate
                                (test_res)}) # 计算测试指标
    log.update(**{'test_' + k: v for k, v in test_met.items()})
                                                         # 存储测试指标
    print(log)
return log
```

plot 方法用于生成在测试集中每个样本上的注意力热力图，以便可视化注意力权重。在该方法中，首先，进行一些初始化操作，包括创建保存注意力热力图的目录和计算均值和标准差；将模型切换到评估模式，并使用 with torch.no_grad() 禁用梯度计算；遍历测试集迭代器，获取数据，并将数据移动到模型指定的设备上；然后，用模型预测结果，并解码预测结果；其次，遍历每个解码后的单词和解码器的每个注意力头，并用 generate_heatmap 函数生成对应的热力图，并将其保存到磁盘上。

【代码 8.17】plot 测试方法。

```
def plot(self):
    assert self.args.batch_size == 1 and self.args.beam_size == 1
    self.logger.info('Start to plot attention weights in the test set.')
    # 创建保存注意力图像的文件夹
    os.makedirs(os.path.join(self.save_dir, "attentions"), exist_ok=True)
    # 归一化的均值和标准差
    mean = torch.tensor((0.485, 0.456, 0.406))
    std = torch.tensor((0.229, 0.224, 0.225))
```

```
# 使得均值和标准差为三维张量
mean = mean[:, None, None]
std = std[:, None, None]
# 设置模型为评估模式
self.model.eval()
with torch.no_grad():
    # 枚举测试数据集中的每个批次数据
    for batch_idx, (images_id, images, reports_ids, reports_masks) in
    enumerate(self.test_dataloader):
        # 将数据复制到 GPU 中
        images, reports_ids, reports_masks = images.to(self.device),
        reports_ids.to(self.device), reports_masks.to(self.device)
        # 通过模型生成报告
        output = self.model(images, mode='sample')
        # 获取图片的 numpy 格式
        image = torch.clamp((images[0].cpu() * std + mean) * 255, 0,
        255).int().cpu().numpy()
        # 解码预测报告
        report = self.model.tokenizer.decode_batch(output.cpu().
        numpy())[0].split()
        # 获取注意力权重，为列表类型
        attention_weights = [layer.src_attn.attn.cpu().numpy()[:, :,
        :-1].mean(0).mean(0) for layer in self.model.encoder_decoder.
        model.decoder.layers]
        # 遍历每个注意力层和报告中的每个词
        for layer_idx, attns in enumerate(attention_weights):
            assert len(attns) == len(report)
            for word_idx, (attn, word) in enumerate(zip(attns, report)):
                # 创建文件夹以存储每个词的注意力图像
                os.makedirs(os.path.join(self.save_dir, "attentions",
                "{:04d}".format(batch_idx), "layer_{}".format(layer_
                idx)), exist_ok=True)
                # 生成该词的注意力热力图
                heatmap = generate_heatmap(image, attn)
                # 保存注意力热力图
                cv2.imwrite(os.path.join(self.save_dir, "attentions",
                "{:04d}".format(batch_idx), "layer_{}".format(layer_
                idx), "{:04d}_{}.png".format(word_idx, word)),heatmap)
```

模型测试结果如图 8.14 所示。

从图 8.13 中我们可以得到几个评价指标，分别是 BLEU、METEOR 和 ROUGE，它们都是机器学习的评价指标。

BLEU（bilingual evaluation understudy）是机器翻译领域中最常用的自动评价指标之一。它通过比较候选翻译与参考翻译之间的 n-gram 重叠度来衡量翻译的质量，n-gram 是由连续 n 个单词组成的序列。

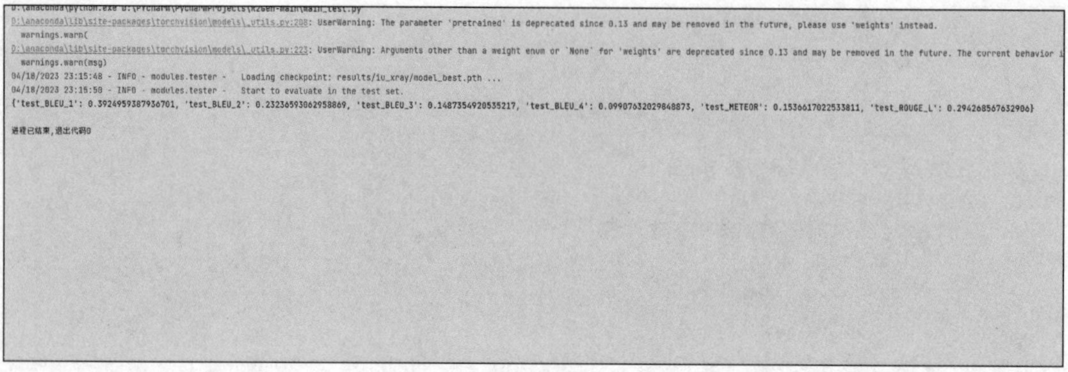

```
D:\anaconda\python.exe D:\PyCharm\PycharmProjects\R2Gen-main\main_test.py
D:\anaconda\lib\site-packages\torchvision\models\_utils.py:208: UserWarning: The parameter 'pretrained' is deprecated since 0.13 and may be removed in the future, please use 'weights' instead.
  warnings.warn(
D:\anaconda\lib\site-packages\torchvision\models\_utils.py:223: UserWarning: Arguments other than a weight enum or `None` for 'weights' are deprecated since 0.13 and may be removed in the future. The current behavior i
  warnings.warn(msg)
04/18/2023 23:15:48 - INFO - modules.tester -   Loading checkpoint: results/iu_xray/model_best.pth ...
04/18/2023 23:15:50 - INFO - modules.tester -   Start to evaluate in the test set.
{'test_BLEU_1': 0.3924959387936701, 'test_BLEU_2': 0.23236593062958869, 'test_BLEU_3': 0.1487354920535217, 'test_BLEU_4': 0.09907632029848873, 'test_METEOR': 0.1536617022533811, 'test_ROUGE_L': 0.294268567632906}

进程已结束,退出代码0
```

图 8.14　模型测试结果

METEOR（metric for evaluation of translation with explicit ordering）是一种常用的机器翻译自动评价指标，其目标是衡量翻译结果和参考译文之间的语义相似度。它综合考虑了翻译结果与参考译文之间的单词重叠率、单词的语义相似度以及单词顺序的相似度等因素。

ROUGE（recall-oriented understudy for gisting evaluation）是一种用于自动文本摘要和机器翻译等任务的评估指标。它通过比较自动生成的摘要或翻译结果和参考摘要或翻译结果之间的重叠度来评估自动生成结果的质量。

总的来说，这三个指标的值越高，说明我们的模型效果越好。

任务小结

本任务主要使用 memory-driven Transformer 生成医疗影像报告，主要分为以下五个步骤。

（1）数据预处理：将结构化数据和非结构化数据进行处理和编码，并将它们输入模型中。

（2）结构化和非结构化编码器：使用不同的编码器对结构化和非结构化数据进行编码，并将编码的结果输入下一步中。

（3）基于记忆的 Transformer 解码器：该模型使用基于记忆的 Transformer 解码器生成放射学报告，将结构化和非结构化编码器的输出输入解码器中。解码器使用记忆机制来提高模型对上下文的理解能力。

（4）模型训练：使用大规模的放射学报告数据集对模型进行训练，并通过自动评估和人工评估指标来评估模型的性能。

（5）模型测试：对训练好的模型进行测试，生成放射学报告，并对生成的报告进行自动评估和人工评估。

任务自测

题目：根据已学知识自行搭建用于图像摘要的深度学习网络框架。

要求：

（1）使用 Python 语言，选择合适的深度学习框架（如 TensorFlow、PyTorch 等），搭建适用于图像摘要的深度学习网络框架。

（2）框架需要支持图像特征提取、文本特征提取、多模态数据特征融合等功能，以实现对图像数据生成准确的报告。

（3）框架需要对模型进行训练和测试，使用现有的医疗数据集进行测试，并给出相应的评估指标（如 BLEU 分数、ROUGE 分数、METEOR 分数、F1 值等）。

（4）撰写代码和实验报告，对框架的设计思路、实现细节、实验结果等进行详细描述，并给出合理的分析和讨论。

（5）可以适当扩展或优化框架，提高检测准确率和效率，但需说明具体的改进措施和效果。

评价表：理解医疗文本生成的原理

组员 ID		组员姓名		项目组			
评价栏目	任务详情		评价要素	分值	评价主体		
					学生自评	小组互评	教师点评
图像摘要生成模型的组成要素和网络结构的掌握情况	图像摘要定义		是否完全掌握	10			
	Transformer 模型的原理		是否完全掌握	10			
	编码器的作用		是否完全掌握	10			
	解码器的作用		是否完全掌握	10			
	记忆模块的作用		是否完全掌握	10			
	模型的网络结构		是否完全掌握	10			
	模型的评价指标		是否完全掌握	10			
掌握熟练度	知识结构		知识结构体系形成	5			
	准确性		概念和基础掌握的准确度	5			
团队协作能力	积极参与讨论		积极参与和发言	5			
	对项目组的贡献		对团队的贡献值	5			
职业素养	态度		是否认真细致、遵守课堂纪律、学习积极、具有团队协作精神	3			
	操作规范		是否有实训环境保护意识，有无损坏机器设备的情况，能否保持实训室卫生	3			
	设计理念		是否体现以人为本的设计理念	4			
总分				100			

视觉问答系统

项目导读

视觉问答系统（visual question answering，VQA）是一种结合图像和自然语言处理的技术，可应用在互联网的不同领域中。视觉问答系统能够理解图像内容，并从自然语言问题中推断出答案，从而实现人机交互。视觉问答系统通常由两部分组成：视觉模型和语言模型。视觉模型用于对图像进行处理和特征提取，而语言模型则用于将自然语言问题转换成计算机可以处理的形式。视觉问答系统的核心在于将图像和自然语言问题进行有效的融合，通常通过将两部分模型的输出进行交互来实现。本项目根据预测目标的不同，将视觉问答系统分为“封闭式视觉问答”系统与“开放式视觉问答”系统两种。

封闭式视觉问答系统是将视觉问答任务视为一种分类任务，通常使用预定义的知识库或规则来帮助回答问题，这些知识库和规则通常包括与特定领域相关的事实、概念和规则。因此，在实现封闭式视觉问答系统时，需要对领域知识进行建模和表示，并将其与深度学习模型相结合，以实现对问题的回答。

开放式视觉问答系统是将视觉问答任务视为一种生成任务，它可以回答与图像相关的任意自然语言问题。与封闭式视觉问答系统不同，开放式视觉问答系统没有预定义的问题或答案，它需要理解自然语言问题，并从输入的图像中提取相关信息来回答问题。

学习目标

- 理解什么是视觉问答，掌握视觉问答的基本概念和技术。
- 掌握封闭式视觉问答的模型结构，利用 PyTorch 框架实现封闭式视觉问答模型，结合图像和问题两种不同模态的信息来实现用有限的答案集回答问题。
- 掌握开放式视觉问答的模型结构，利用 PyTorch 框架实现开放式视觉问答模型，通过理解自然语言问题，并从输入的图像中提取相关信息来回答问题。

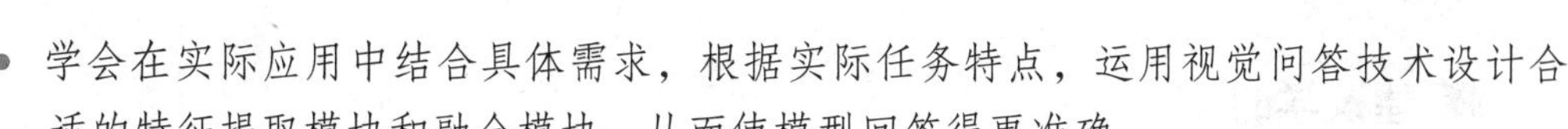

- 学会在实际应用中结合具体需求，根据实际任务特点，运用视觉问答技术设计合适的特征提取模块和融合模块，从而使模型回答得更准确。

职业素养目标

- 培养学生深入理解模型架构和算法原理的学习能力，以及根据任务设计合适模型的思维能力。
- 能够不断学习和更新知识，关注最新的技术趋势和前沿动态，持续提高自身的专业能力和竞争力。

职业能力要求

- 具有清晰的项目目标和方向，能够明确视觉问答系统的应用场景和需求。
- 具备扎实的深度学习知识和代码基础，掌握深度学习的几种基本网络结构并能够使用代码实现。
- 掌握图像处理和自然语言处理技术，能够使用现有的模型进行图像和文本的特征提取。
- 具备基本的深度学习模型分析能力，能够理解一些模型设计的基本理念。

项目重难点

项目内容	工作任务	建议学时	技能点	重难点	重要程度
视觉问答系统	任务 9.1　封闭式视觉问答系统	2	封闭式视觉问答数据预处理、模型的搭建与训练	理解封闭式视觉问答的数据形式，掌握数据预处理与加载	★★★★☆
				理解封闭式视觉问答模型的框架与细部结构的原理，利用 PyTorch 搭建模型与训练	★★★★★
	任务 9.2　开放式视觉问答系统	2	开放式视觉问答数据预处理、模型的搭建与训练	提取图像中的目标实体	★★★★☆
				提取图像描述	★★★★☆
				开放式视觉问答模型的搭建，并输出结果	★★★★★

任务 9.1　封闭式视觉问答系统

■ 任务目标

知识目标：掌握封闭式视觉问答系统的模型框架、ResNet 图像特征提取模型、GRU 文本特征提取模型，并掌握使用 Transformer 模型对两种不同模态进行融合。

能力目标：学会封闭式视觉问答系统的数据处理、模型搭建与训练。

■ 建议学时

2 学时。

■ 任务要求

本任务基于深度学习相关知识进行开发，项目开始前开发者需了解深度学习实验环境和流程。不同项目有不同需求，这里对需求的获得不做强调。本任务假设需求已经确定，结合模型拥有的功能模拟该实验操作。

知识归纳

1. 视觉问答数据集

视觉问答数据集主要由三部分组成：图像、问题和答案。图像是视觉问答数据集的核心，每个问题都需要参考一个或多个图像，并基于图像回答问题。这些图像通常来自真实世界的场景，如街道、房间、公园等。问题是视觉问答数据集中的自然语言问题，每个问题都与一个或多个图像相关，其内容通常涉及图像中的对象、场景、关系、数量等方面。答案是视觉问答数据集中问题的答案，通常是自然语言文本，但也可能是数字、时间、布尔值等类型。答案通常是事实性的，可以通过观察图像来得出。

本任务选用一个数据量较小的视觉问答数据集 DAQUAR 作为实验数据集。DAQUAR 数据集由德国马普学会计算机视觉与多媒体研究所提出，包含 1449 张真实世界场景的图像，这些图像来自室内场景，如房间、走廊和门厅。每张图像都配有与其相关的问题和答案，共包括了 12468 与图像相关的问答对。这些问题主要涉及室内场景中的对象识别、对象位置、颜色、大小和数量等方面，旨在测试视觉问答系统的能力。

2. 文本特征提取

文本特征提取是将文本数据转换为数值特征表示的过程。在自然语言处理和机器学习领域中，文本数据通常需要进行特征提取以便使用机器学习算法进行分析和建模。常用的文本特征提取方法有词袋模型、TF-IDF 和词嵌入模型。词袋模型将文本中的每个单词视为一个特征，并统计每个单词在文本中出现的次数。这个方法简单易用，但是忽略了单词的顺序和语法结构，不能捕捉文本的语义信息。TF-IDF 方法是在词袋模型的基础上进行改进的。它不仅统计每个单词在文本中出现的次数，还考虑了单词在整个文本中的重要性。具体来说，它计算每个单词的 TF-IDF 值，其中 TF 表示单词在文本中出现的频率，IDF 表示单词在整个文本中的逆文档频率。TF-IDF 可以减少一些常见词汇的权重，增加一些罕见词汇的权重。词嵌入方法是一种基于神经网络的文本特征提取方法，它将每个单词映射到一个低维向量空间中，然后设定一系列学习目标来捕捉单词之间的语义关系和单词与句子整体的语义关系，如 Word2Vec、GloVe、BERT 等。

在本任务中，使用在大规模语料预训练后的 BERT 模型来提取文本的初步特征，然后使用 GRU（gated recurrent unit）模型来捕捉视觉问答任务相关的语义特征。GRU 是一种递归神经网络模型，它是在 LSTM（long short-term memory）模型的基础上发展而来的，旨在解决 LSTM 模型的复杂性和训练速度缓慢等问题。GRU 模型具有比 LSTM 更简单的结构，因为它将 LSTM 的三个门（输入门、遗忘门、输出门）缩减为两个门（更新门和重置门），从而减少了参数数量。同时，GRU 模型还采用了重置门和更新门来控制信息的流动，以便更好地捕捉时间序列数据中的长期依赖关系。完整的文本提取流程如图 9.1 所示。

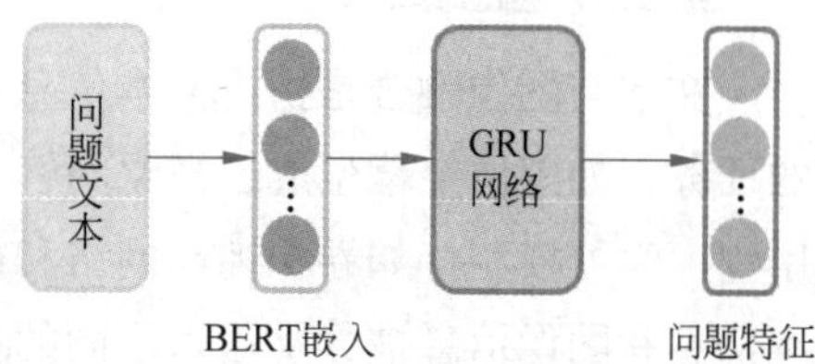

图 9.1　文本特征提取流程

3. 图像特征提取

图像特征提取是将原始图像数据转换为一组特征向量的过程，以更好地进行图像分类、目标检测、图像搜索等任务。常见的图像特征提取方法包括传统的手工特征提取方法和基于深度学习的特征提取方法。传统的手工特征提取方法通常通过预处理、特征提取、特征描述、特征选择等步骤来将图像转化成特征向量，这种方法具有较好的可解释性和稳定性，但需要人工设计特征提取器，并且在处理复杂数据时效果可能不佳。基于深度学习的特征提取方法可以使用卷积神经网络（CNN）或自编码器等深度学习模型来直接从原始图像中学习特征表示。具体来说，可以使用预训练的 CNN 模型，例如 VGG、ResNet、Inception 等，在图像数据集上进行无监督或有监督的预训练，以获取图像特征表示。此外，也可以使用自编码器模型来学习特征表示，如使用稀疏自编码器、卷积自编码器等。基于深度学习的特征提取方法能够从端到端的学习中高效地提取图像的特征且具有较好的迁移性。

在本任务中，使用 ResNet50 网络对图像进行特征提取，学习与视觉问答任务相关的图像特征。ResNet50 是一种经典的卷积神经网络模型，由微软亚洲研究院的研究人员于 2015 年提出。它是 ResNet 系列中的一种，其中 ResNet 是“残差网络”的缩写，是一种解决深度神经网络退化问题的方法。ResNet50 由 50 个卷积层组成，包括卷积层、批归一化层、最大池化层和全连接层，其中包括一些特殊的卷积层，如 1×1 卷积层和全局平均池化层。在 ResNet50 中，每个残差块由卷积层和恒等映射组成，每个残差块的输入和输出通过跳跃连接相加，以避免在网络中产生梯度消失或爆炸的问题，从而使更深的网络可以被训练。ResNet50 模型具有高效的网络结构，可以实现比传统卷积神经网络更好的性能，在许多计算机视觉任务上，如图像分类、目标检测和图像分割等，都已经证明了 ResNet50 的有效性。ResNet50 的具体模型结构如图 9.2 所示。

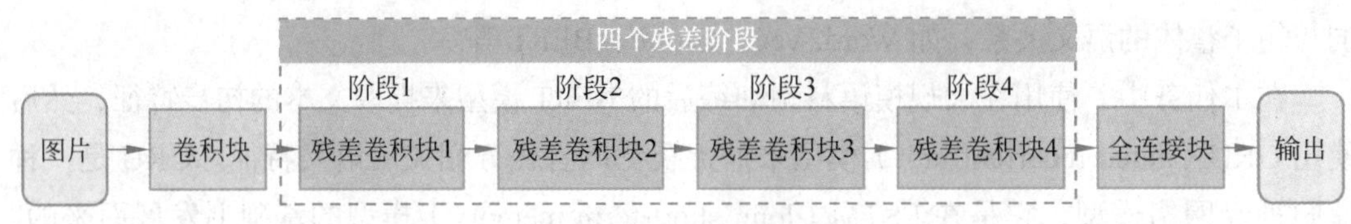

图 9.2 ResNet50 网络结构

4. 文本与图像融合

文本与图像融合是指将文本信息和图像信息结合起来，用于解决各种文本与图像相关的任务，如图像字幕生成、视觉问答、图像检索等。一种常见的文本与图像融合方法是使用深度学习模型，如卷积神经网络和循环神经网络，以及它们的变体。在这种方法中，文本信息和图像信息被分别输入不同的神经网络中，然后将两个网络的特征进行融合，得到一个联合的特征表示。常用的特征融合方法包括拼接、加权平均等。然后，使用这个联合特征进行各种任务的预测，如生成文本描述、回答问题、搜索图像等。另一种方法是使用图像编码器和文本编码器，将图像和文本分别编码为固定长度的向量表示，然后将这些向量进行融合。这种方法的优点在于可以使用预训练的图像编码器和文本编码器，如 ResNet50 和 GRU，可以更快地进行训练和推理。此外，还可以使用自注意力机制来融合文本和图像表示，以学习它们之间的相互依赖关系。在本任务中，我们使用 Transformer 结构对 ResNet50 输出的图像特征和 GRU 输出的问题特征进行融合，利用注意力机制来充分探索文本和图像之间的交互。

5. 整体框架

综上所述，本任务的封闭式视觉问答整体模型框架是由文本编码器、图像编码器和融合模块组成。文本编码器使用 GRU 对问题文本学习特征嵌入，图像编码器使用 ResNet50 模型来学习图像特征嵌入，得到文本和图像的特征后使用 Transformer 模型来对两种模态进行融合，最后推理出答案。整体框架图如图 9.3 所示。

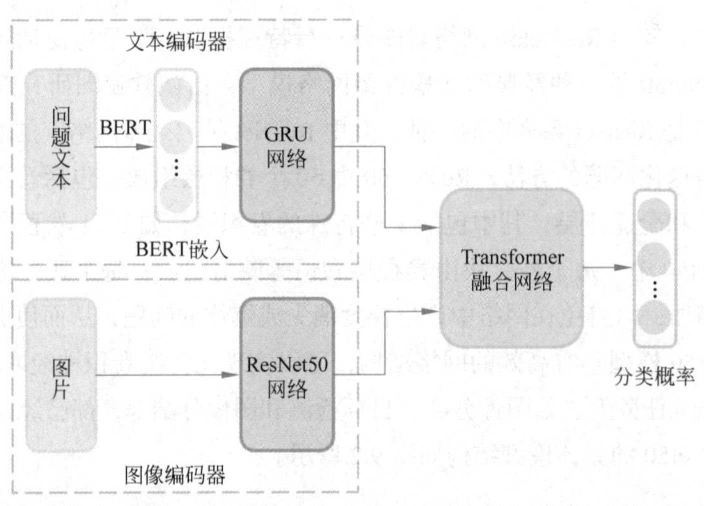

图 9.3 封闭式视觉问答系统整体框架

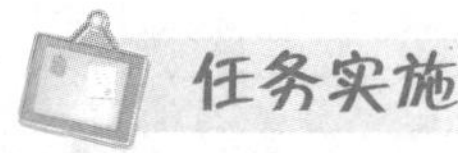

任务实施

步骤 1 DAQUAR 数据预处理。

DAQUAR 数据集的目录结构如下：

```
├── images              // 存放图片的目录
├── answer_space.txt    // 答案集
├── data_eval.csv       // 验证集
└── data_train.csv      // 训练集
```

先对答案集进行预处理，answer_space.txt 文件里每一行就是一种答案，共有 582 种答案，这里使用一个字典将答案集存储起来，字典的键为答案的具体内容，值为答案的序号。具体实现（utils.py）如代码 9.1 所示。

【代码 9.1】答案集预处理。

```
def getLabel():
    path = "data/answer_space.txt"
    # 存储答案集为{文本,id}
    label2id = dict()
    with open(path, 'r') as f:
        data = f.readlines()
    label2id = {v.strip(): i for i, v in enumerate(data)}
    return label2id
```

将答案集存储为字典之后，使用 BERT 预训练模型对训练集和验证集中的问题文本进行嵌入，获得问题的初始化嵌入。具体实现（prepare_data.py）如代码 9.2 所示。

【代码 9.2】初始化问题嵌入。

```
from PyTorch_pretrained_bert import BertModel, BertTokenizer
import numpy as np
import torch
import tqdm
import csv

def getBertEmb(path, data_type):
    # BERT 的分词工具
    tokenizer = BertTokenizer.from_pretrained("bert-base-uncased")
    # 加载预训练 BERT 模型
    bert = BertModel.from_pretrained("bert-base-uncased").cuda()
    # 将 CSV 中的问题存储在 list 中
    raw_questions = []
    with open(path, "r") as csvfile:
        # 创建 CSV 读取器
```

```
            reader = csv.reader(csvfile)
            # 跳过标题行
            next(reader)
            # 迭代读取 CSV 文件的每一行
            for row in reader:
                q, _, _ = row
                raw_questions.append(q)
        qEmbedding = []
        bert.eval()
        with torch.no_grad():
            for q in tqdm.tqdm(raw_questions):
                # 对问题进行分词
                tokens = tokenizer.tokenize(q.lower())
                # 将分词后的 tokens 转化成 ids
                ids = torch.tensor([tokenizer.convert_tokens_to_ids(tokens)]).
                cuda()
                # 将句子放入预训练的 BERT 模型中获得嵌入
                encoded_layers, res = bert(ids, output_all_encoded_layers=True)
                text_embedding = encoded_layers[-1].cpu().numpy()
                # 得到嵌入后将句子的嵌入填充或裁剪成统一长度
                qEmbedding.append(padNdarry(text_embedding, 20))
        # 将所有句子拼接成一个大的张量并存储
        qEmbedding = np.concatenate(qEmbedding, axis=0)
        np.save("%s_questions.npy" % data_type, qEmbedding)
```

getBertEmb() 的参数有两个，第一个是数据集的 CSV 文件路径，第二个是数据集的类型（训练集 train 或验证集 val）。这个函数的作用就是将训练集或验证集中的问题文本使用预训练的 BERT 模型获得特征嵌入，并存储为 npy 文件。其中 padNdarry() 是将 BERT 模型输出的句子嵌入填充或裁剪成统一长度，具体如代码 9.3 所示。

【代码 9.3】统一句子嵌入长度。

```
def padNdarry(embedding, max_len):
    axis1 = embedding.shape[1]
    if embedding.shape[1] > max_len:
        axis1 = max_len

    newOne = np.zeros((1, max_len, 768), np.float32)
    newOne[:, :axis1, :] = embedding[:, :axis1, :]
    return newOne
```

获得问题的初始嵌入后，需要对其他数据进行加载，这里继承 PyTorch 的 Dataset 类来实现。PyTorch 的 Dataset 类有三个必须重载的函数：__init__、__getitem__ 和 __len__，__init__() 是用来初始化数据集的，__getitem__() 是 dataloader 获取数据的接口，__len__() 返回的是数据集的样本数量。具体实现（vqa_loader.py）如代码 9.4 所示。

【代码 9.4】数据加载。

```
import torch
from torch.utils.data import Dataset
import numpy as np
from PIL import Image
import csv
from utils import getLabel

class VQADataset(Dataset):
    def __init__(self, data_path, data_type, transform=None):
        self.transform = transform
        # 从全部数据中获得 { 答案 ,id} 的字典
        self.label2id = getLabel()
        # 使用预处理好的问题嵌入作为问题的特征，并转化成 Torch 的 tensor
        self.questions = torch.from_numpy(np.load("%s_questions.npy" %
        data_type)).float()
        self.ans = []
        self.imgs = []
        # 打开 CSV 文件
        with open(data_path, 'r') as csvfile:
            # 创建 CSV 读取器
            reader = csv.reader(csvfile)
            # 跳过标题行
            next(reader)
            # 迭代读取 CSV 文件的每一行
            for row in reader:
                _, a, i = row
                self.imgs.append(i)
                ans_ids = [self.label2id[e.strip()] for e in a.split(",")]
                self.ans.append(self.toOneHot(ans_ids))

    def __getitem__(self, index):
        img_path = "data/images/%s.png" % self.imgs[index]
        # 以 RGB 形式打开图片
        img = Image.open(img_path).convert('RGB')
        if self.transform is not None:
            img = self.transform(img)
        return self.questions[index], img, self.ans[index]

    def __len__(self):
        return len(self.questions)

    def toOneHot(self, ans):
        data = torch.zeros(len(self.label2id))
        data[ans] = 1
        return data
```

__init__() 将整个数据集加载到内存中，问题数据使用的是在步骤 1 获得的问题文本的初步特征嵌入，特别是答案数据，由于一个问题可能包含多个答案，这里将答案表示成 onehot 向量形式。在 __getitem__() 中，对每张图片进行实时加载并返回对于索引的问题特征，图片和答案的 onehot 向量。

步骤 2 模型搭建。

根据图 9.3 所示的框架图，模型的构建主要是对图像编码器 ResNet50、文本编码器 GRU 和 Transformer 融合器进行构建。具体实现（model.py）如代码 9.5 所示。

【代码 9.5】模型构建。

```
import torch
import torch.nn as nn
from torchvision import models

class VQANet(nn.Module):
    def __init__(self, config: NetConfig):
        super(VQANet, self).__init__()
        self.config = config
        # 使用 ResNet50 来学习图片的特征向量
        self.img_enc = models.resnet50(pretrained=True)
        inchannel = self.img_enc.fc.in_features
        # 将图片的特征向量的维度统一成 hidden_dim
        self.img_enc.fc = nn.Linear(inchannel, config.hidden_dim)

        # 使用 GRU 来学习问题的特征向量
        self.q_emb=nn.GRU(config.word_emb_dim,int(config.hidden_dim/2),
        config.gru_layers, batch_first=True, bidirectional=True)

        # 使用 Transformer 来融合
        encoder_layer=nn.TransformerEncoderLayer(d_model=config.hidden_dim,
        nhead=config.head_num)
        self.aggregate_att=nn.TransformerEncoder(encoder_layer, num_layers=
        config.transformer_layers)

        # 分类器
        self.classifier = nn.Linear(config.hidden_dim, config.class_num)

    def forward(self, img, ques):
        # 使用 GRU 学习问题的上下文信息
        q_emb, _ = self.q_emb(ques)
        # 使用 ResNet50 学习图像特征
        i_emb = self.img_enc(img)
        # Transformer 融合
        fused_feat = torch.cat([q_emb, i_emb.unsqueeze(dim=1)], dim=1)
        fused_feat = self.aggregate_att(fused_feat)
        # 分类
```

```
        out = self.classifier(torch.sum(fused_feat, dim=1))
        return out
```

在代码 9.5 中创建了一个新类 VQANet，这个类继承了 torch. nn.Module 来构建一个模型。在 VQANet 类中，主要重写了两个函数：__init__ 和 forward，__init__() 主要是用来构建和初始化模型的，forward() 是用来前向推理的。

在 __init__() 中，使用了 PyTorch 中实现好的 ResNet50 模型并加载了预训练参数来作为图片的编码器，由于原本的 ResNet50 的最后一层全连接层是用来预测图片的分类的，在这里需要将最后一层的全连接层替换成自定义的全连接层来将图片的特征向量投影成统一的维度 hidden_dim。对于文本编码器，使用 PyTorch 提供的 torch.nn.GRU() 构建一个 GRU 模型。这个函数的第一个参数是输入的维度，这个维度是 BERT 嵌入的维度；第二个参数是输出的维度；第三个参数是层数；第四个参数 batch_first 是指输入的第一个维度为 batch；最后指定 bidirectional 参数为 True 意为要构建的 GRU 模型是一个双层双向的 GRU，由于双层双向的 GRU 模型输出的维度是第二个参数的两倍，所以在第二个参数里是将统一的维度 hidden_dim 除以 2。对于 Transformer 融合模型，使用 torch. nn.TransformerEncoderLayer 和 torch. nn.TransformerEncoder() 来构建一个多头多层的标准 Transformer 编码器。对于分类器，简单使用一层全连接层对融合后的特征投影成维度为类别数的分类向量。

在 forward() 中，主要体现了模型的完整数据流，forward() 接收两个输入，图片和问题。问题输入文本 GRU 编码器后输出 q_emb 特征向量，该向量维度为（批次大小，问题长度，统一维度）。图片输入 ResNet50 编码器后输出 i_emb 特征向量，该向量的维度为（批次大小，统一维度）。得到了图片和问题的特征向量后，需要对这两个进行拼接，拼接成（批次大小，问题长度 +1，统一维度）的形状后放入 Transformer 融合器进行融合。Transformer 融合器输出融合后的特征 fused_feat，该向量维度为（批次大小，问题长度 +1，统一维度）。最后将融合后的特征在第二个维度相加输入分类器做出分类。

步骤 3 损失函数的构建。

在 DAQUAR 数据集中，每个问题都可能包含一个或多个答案，因此 DAQUAR 视觉问答就是一个多分类的任务。本任务选用多分类任务中常用的多标签软间隔损失函数（multi-label soft margin loss）来优化模型。多标签软间隔损失函数将每个标签的预测值视为二分类问题，并对每个标签的预测值应用 sigmoid()，得到一个概率值。然后将这些概率值与标签的真实值进行比较，并计算损失。我们使用 PyTorch 提供的函数接口 torch. nn.MultiLabelSoftMarginLoss() 来构建多标签软间隔损失函数。

步骤 4 模型训练。

封闭式问答模型的训练过程和普通的模型训练过程是一样的，这里就不特别说明，具体训练代码可见 train.py。

步骤 5 模型输出分析。

根据以上四个步骤，我们可以训练出一个能够根据问题和图片从答案集中选出对应答案的模型。在这一步，我们对模型的输入、输出进行可视化分析，如图 9.4 所示，图中模型输出列中，我们展示权重最高的 5 个答案，标红色的为正确答案。第一个例子问的是显示器前面是什么，图中的显示器区域非常小，模型也能正确地预测为键盘。第二个例子是颜色类问题，问的是桌子周围的凳子是什么颜色的，图像桌子周围的凳子有两张，分别是蓝色和白色的，模型输出最高的权重也是蓝色和白色，说明了模型有捕捉多个目标的能力。第三个例子则有四个答案，在答案多的情况下，模型也能准确地回答所提出的问题。

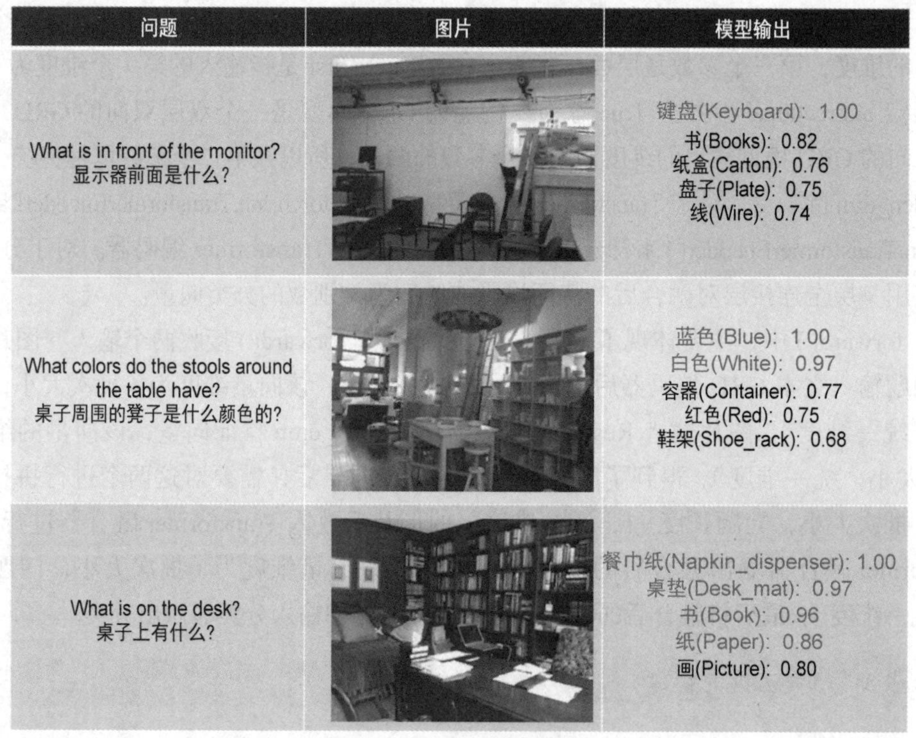

图 9.4 输入、输出可视化分析

◆ 任务小结 ◆

视觉问答是一项涉及计算机视觉和自然语言处理的跨模态任务，旨在解决计算机对自然语言问题和图像做出合理回答的问题。视觉问答的实现需要将计算机视觉和自然语言处理的技术相结合，这对两个领域的融合和交叉学科发展具有重要意义。视觉问答的技术可以应用于人机交互，使得用户可以通过提问的方式与计算机进行交互，具体的可以应用于语音助手、智能客服等领域。同时，视觉问答可以帮助计算机更好地理解图像，使得计算机在处理图像相关任务时具有更强的智能化和自适应性。本任务阐述了什么是封闭式视觉问答系统、封闭式视觉问答模型的整体架构和模块细节等。

在本任务中，我们对 DAQUAR 数据集进行了预处理，设计了一个简单的封闭式视觉问答模型。这个模型的图像编码器是用 ResNet50 模型实现的，问题的特征是先通过预训练的 BERT 模型提取一个初步的嵌入，然后使用一个双层双向的 GRU 模型学习视觉问答相关的特征向量。在多模态融合器方面，我们将图像特征和文本特征拼接起来，使用 Transformer 来融合两种不同模态的特征，输出融合后的特征给分类器做最终的分类。我们还对模型的输出进行了分析，对模型的输出建立了感性的认知，加深了对模型输入、输出的理解。

任务自测

题目：根据已学的知识搭建一个封闭式视觉问答系统。

要求：

（1）使用公开的视觉问答数据集，编写代码对数据集进行预处理。

（2）设计一个封闭式视觉问答模型，需要包含图像编码器、文本编码器和多模态融合器。

（3）根据设计的模型，编写代码实现模型的搭建、推理、训练和测试，并给出相应的评估指标（如准确率、召回率、F1 值等）。

（4）根据训练和测试的结果，分析模型的优点和缺点。

评价表：理解视觉问答模型的数据处理和模型搭建

组员 ID		组员姓名		项目组			
评价栏目	任务详情	评价要素	分值	评价主体		
				学生自评	小组互评	教师点评
数据模型的组成要素和结构层次的掌握情况	视觉问答数据集定义	是否完全掌握	5			
	什么是数据预处理?	是否完全掌握	10			
	什么是视觉问答模型?	是否完全掌握	10			
	视觉问答模型的作用?	是否完全掌握	10			
	视觉问答模型通常包括哪些组件?	是否完全掌握	5			
	视觉问答算法有哪些常用的机器学习和深度学习方法?	是否完全掌握	10			
	如何评估视觉问答模型的性能?有哪些常见的评估指标?	是否完全掌握	10			
	视觉问答在实际应用中有哪些场景和应用案例?	是否完全掌握	10			
掌握熟练度	知识结构	知识结构体系形成	5			
	准确性	概念和基础掌程的准确度	5			

续表

评价栏目	任务详情	评价要素	分值	评价主体		
				学生自评	小组互评	教师点评
团队协作能力	积极参与讨论	积极参与和发言	5			
	对项目组的贡献	对团队的贡献值	5			
职业素养	态度	是否认真细致、遵守课堂纪律、学习积极、具有团队协作精神	3			
	操作规范	是否有实训环境保护意识，实训设备使用是否合规。操作前是否对硬件设备和软件环境检查到位，有无损坏机器设备的情况，能否保持实训室卫生	3			
	设计理念	是否体现以人为本的设计理念	4			
总分			100			

任务 9.2 开放式视觉问答系统

任务目标

知识目标：掌握开放式视觉问答模型框架、Faster R-CNN 图片特征提取模型，图片标题生成模型，并掌握使用预训练大型语言模型的能力。

能力目标：结合深度学习模型框架，实现开放式视觉问答的模型搭建与训练。

建议学时

2 学时。

任务要求

本任务主要是基于深度学习相关知识进行开发，任务开始前开发者需了解模拟的实验场景和实验流程。不同任务有不同需求，这里对需求的获得不做强调。本任务假设需求已经确定，结合模型拥有的功能模拟该实验操作。

知识归纳

1. 开放式视觉问答数据集

开放式视觉问答数据集是一种用于测试计算机视觉与自然语言处理联合任务能力的数据集。在这个任务中，计算机需要对一个给定的图像和相应的自然语言问题进行理解，

并回答出问题的答案。开放式视觉问答数据集通常包含大量的图像和相应的问题—答案对。这些问题可以是关于图像中的物体、场景、颜色、形状、数量、方位等各种方面的问题。数据集中的答案可以是单词、短语、句子或数值。常见的开放式视觉问答数据集包括DAQUAR、VQA1.0、VQA2.0、GQA、CLEVR等。

本任务选用与任务9.1相同的DAQUAR数据集作为实验数据集。

2. 目标检测

在视觉问答中，目标检测是指从图像中识别出感兴趣的对象或物体，并对其进行标注或边界框的定位。目标检测是视觉问答任务的重要组成部分，它可以为后续的自然语言理解和回答提供更准确和详细的信息。目标检测的过程通常可以分为以下四个步骤：①候选框生成，在图像中生成多个可能包含感兴趣对象的候选框；②特征提取，对每个候选框提取视觉特征，如颜色、纹理、形状等；③目标分类，对每个候选框进行目标分类，即确定该框内是否存在感兴趣对象，通常使用卷积神经网络等深度学习模型来完成这一任务；④目标定位，对被分类为感兴趣对象的候选框进行进一步的精确定位，通常使用回归算法来计算边界框的坐标。常见的目标检测模型有R-CNN、Faster R-CNN、YOLO（you only look once）、SSD（single shot multibox detector）、RetinaNet、Mask R-CNN等。

本任务使用在MS COCO数据集上预训练后的Faster R-CNN模型，来提取图片中的目标实体。Faster R-CNN是一种经典的目标检测模型，由Ross B. Girshick在2016年提出，是R-CNN的一种改进模型。R-CNN是首个使用卷积神经网络进行目标检测的方法，包括选择性搜索（selective search）算法提取候选区域和CNN模型对每个候选区域进行分类和位置回归。Faster R-CNN在Fast R-CNN的基础上，引入区域提取网络（region proposal network，RPN）用于生成候选区域，然后使用RoI池化层进行特征提取和分类。Faster R-CNN的主要流程可分为以下几个步骤：①在输入图像上使用卷积神经网络提取特征图；②区域提取网络在特征图上滑动窗口，生成多个候选区域，并为每个候选区域输出一个置信度得分和位置回归参数；③使用RoI池化层将每个候选区域映射为固定大小的特征图；④将特征图输入全连接层进行分类和位置回归，得到最终的目标检测结果。Faster R-CNN的具体模型结构如图9.5所示。

图9.5　Faster R-CNN模型结构

3. 图像描述

图像描述（image captioning）是一种计算机视觉任务，其目标是将一张图片自动转化为相应的文字描述。基于深度学习的图像描述方法一般采用基于编码器-解码器的框架，编码器需要理解图片的内容，并将它们转化为一种特征表示，解码器将该特征表示翻译成相应的语句。常见的图像描述方法有基于卷积神经网络-循环神经网络（CNN-RNN）、基于注意力机制和基于密集描述等方法。在经典的卷积神经网络 - 循环神经网络模型中，卷积神经网络提取输入图像的特征，其最后的隐藏层的输出被用作解码器的初始输入，循环神经网络每个时间步生成一个单词，并将其作为下一个时间步的输入。在生成单词序列的过程中，模型不断更新隐藏状态，直到生成一个特殊的结束符号或达到最大生成长度为止。基于注意力机制的方法上，通过增加一个上下文向量对每个时间步的输入进行解码，以增强图像区域和单词的相关性，从而获取更多的图像语义细节。基于密集描述的方法，将图片分解为多个图像区域，为每个区域生成一个图像描述。

本任务使用了预训练的基于 vit-gpt2 的模型获取图像描述。其中 vision transformer（ViT）模块，通过一个标准的 Transformer 编码器，使用自注意力机制的方法来捕捉输入序列中不同位置之间的依赖关系，得到视觉特征。具体来说，该模型首先通过图片分块策略，将原始图片分成一个个小 patch。接着，通过线性映射将每个小 patch 映射到一个一维向量中，得到一个个 token 即语义特征向量，并在这些向量中加入一个专门用于分类的类别 token。然后，每个 token 都需要加上一个位置嵌入，作为 token 之间的位置关系信息。最后，以此输入 Transformer 编码器中，获得图像特征。GPT-2 全称为生成式预训练 Transformer（generative pre-trained transformer 2）模型主要由多个 Transformer 解码器堆叠构成，解码器用自注意力机制将以前生成的单词与图像特征向量相结合，以生成下一个单词。解码器的输出是一个单词序列，它们组成了描述图像的自然语言句子。vit-gpt2 的模型具体结构如图 9.6 所示。

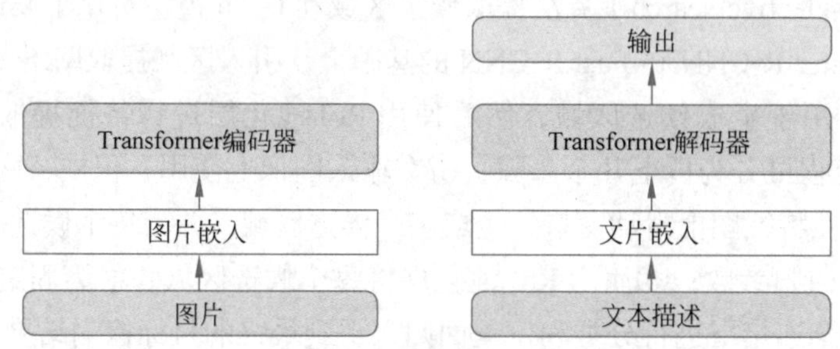

图 9.6　vit-gpt2 模型结构

4. 大型语言模型

大型语言模型（large language model，LLM）是一类基于深度学习的人工神经网络模型，用于自然语言处理任务。它们在过去几年中取得了显著的进展，并已经成为自然语言处理领域中的重要工具。这些模型通常基于深度神经网络，利用大量的语言数据进行预训练，然后在各种下游任务上进行微调。

大型语言模型的一个主要优点是它们可以自动学习语言的复杂结构和语法规则，而不需要手动定义特征或规则。此外，它们可以学习到文本中的上下文信息，并能够理解和生成自然语言。大型语言模型一般基于 Transformer 架构设计，采用了一种预训练技术，称为掩码语言模型（masked language modeling，MLM），该技术使模型能够在大规模文本数

据上进行自监督学习。目前，大型语言模型的代表性模型包括 GPT-4、BERT、RoBERTa、XLNet、T5 等。大型语言模型在很多领域都有广泛的应用，包括文本分类、问答系统、机器翻译、情感分析、自然语言生成等。

本任务以提取的图片实体、图片描述和问题为输入，使用 T5 模型生成答案。T5（text-to-text transfer transformer）是一种基于 Transformer 架构的大型语言模型，由 Google Brain 团队开发。T5 模型与原始的 Transformer 结构基本一致，但做了如下改动：①去除了层归一化的偏置值，将层归一化放在残差连接外面；②使用了简化版的相对位置编码。T5 采用了一种 text-to-text 的文本转换方法，将所有的自然语言处理（natural language processing，NLP）任务都视为将输入文本转换为输出文本的过程。该模型的训练使用了一种称为"预测性填充"（predictive filling）的方法，该方法可以自动从大量的文本数据中学习到各种任务的特征和规律。与其他语言模型相比，T5 的优势在于它的通用性和可扩展性。T5 模型可以处理多种不同类型的自然语言任务，只需微调模型即可适应特定的任务。此外，T5 模型还可以使用迁移学习的方法来提高模型的泛化能力和性能，使得它在各种 NLP 任务上的表现都非常优秀。作为一种通用的自然语言处理模型，它可以应用于多种任务，包括文本分类、问答、文本摘要、语言翻译等。

5. 开放式视觉问答系统整体框架

本任务的开放式视觉问答系统的整体模型框架由目标检测模块、图像描述模块和大型语言模型组成。目标检测模块使用 Faster R-CNN 模型提取图片中的目标实体，图片描述模块使用 vit-gpt2 模型提取图片描述，最后通过将提取的目标实体、图片描述与问题拼接，输入到 T5 模型中，T5 融合问题和图片信息的特征，推理出答案。整体框架图如图 9.7 所示。

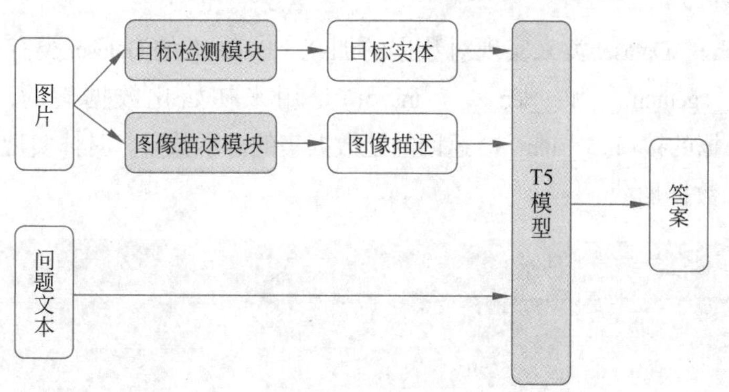

图 9.7　开放式视觉问答系统整体框架

任务实施

步骤 1　环境配置。

本任务主要使用 transformers、detectron2 等库。transformers 库是一个开源库，其提供

的所有预训练模型都是基于 Transformer 模型结构的。使用 transformers 库提供的 API 可以轻松下载和训练最先进的预训练模型。使用预训练模型可以降低计算成本、节省从头开始训练模型的时间。transformers 工具包可通过以下命令安装。

```
pip install -U transformers
```

detectron2 是 facebook AI research（FAIR）重构 detectron 的深度学习框架，集成了先进的目标检测和语义分割算法，并有一大批预训练好的模型，即插即用十分方便。

步骤 2 数据预处理。

DAQUAR 数据集的目录结构如下：

```
├── images                  // 存放图片的目录
├── all_qa_pairs.txt        // 所有问答对
├── answer_space.txt        // 答案集
├── data.csv                // 整个问答集合
├── data_eval.csv           // 验证集
├── data_train.csv          // 训练集
├── test_images_list.txt    // 验证集的图片集合
└── train_images_list.txt   // 训练集的图片集合
```

本任务主要用到 images、data_train.csv 与 data_eval.csv 文件，images 文件中存有数据集所有图片，data_train.csv 和 data_eval.csv 分别为训练集和验证集，由问题—答案—图片标签构成。

步骤 3 创建数据加载类。

继承 PyTorch 的 Dataset 类来实现对数据的加载。PyTorch 的 Dataset 类有三个必须重载的函数：__init__、__getitem__ 和 __len__。__init__() 是用来初始化数据集的，__getitem__() 是 dataloader 获取数据的接口，__len__() 返回的是数据集的样本数量。具体实现如代码 9.6 所示。

【代码 9.6】数据加载。

```
class DAQUAR_dataset(Dataset):
    def __init__(self, args, split):
        super(Dataset, self).__init__()
        self.args = args
        self.split = split
        # 读取数据集文件
        self.ann = pd.read_csv(os.path.join(args.data_path, "data_"+
        split+".csv"))
        # 读取图片信息文件
        self.image_info = json.load(open(args.image_info_path, "r"))
        # 加载 T5 的 tokenizer 模块
        self.tokenizer = T5Tokenizer.from_pretrained(args.use_model)
```

```
        # 获取数据集大小
        self.ann_size = len(self.ann["question"])

    def __len__(self):
        return len(self.ann["question"])

    def __getitem__(self, index):
        question = self.ann["question"][index]
        answer = self.ann["answer"][index]
        image_id = self.ann["image_id"][index]
        image_labels = self.image_info[image_id]["labels"]
        image_caption = self.image_info[image_id]["caption"]
        label = ""
        for i in image_labels:
            label += i + ", "
        # 将问题、视觉实体和图像描述拼接
        sent = f'{question}{label}{image_caption}'
        # 编码输入文本和答案
        tokens, segment_ids, input_mask = \
            encode_text(sent, self.tokenizer, self.args.max_word)
        targets, _, _ = encode_text(answer, self.tokenizer, self.args.
        max_word)

        return torch.tensor(tokens, dtype=torch.long), \
                torch.tensor(input_mask, dtype=torch.long), \
                torch.tensor(targets, dtype=torch.long), \
                image_id, answer
```

该类通过 Pandas 库读取数据集文件，加载到内存中。本任务的拼接问题、视觉实体和图像描述可作为后续模型的输入。使用 T5 的 tokenizer 分词器对输入文本和答案分别进行分词，得到文本分词后每个词的索引、分段索引和输入掩码。

步骤 4 目标检测与图片描述生成。

由于 T5 模型是一个文本到文本的大型语言模型，为适应其输入，首先需要先通过目标检测与图片描述模型，提取图片信息并转为相应的文字描述。基本参数设置和目标检测模型和图片描述模型的加载如代码 9.7 所示。

【代码 9.7】加载预训模型。

```
# 基本参数设置
# 图片文件夹路径
root = "../../nas/DAQUAR/images"
# 输出文件位置
file_dir = "data/image_information.json"
```

```
# 获取文件夹所有图片名称
images_list = os.listdir(root)
# 初始化字典，用于存储获得的图片信息
image_info_dict = {}
max_length = 16          # 图片描述文本的最大长度
num_beams = 4  # 实体数量
gen_kwargs = {"max_length": max_length, "num_beams": num_beams}
# 加载预训练的 detectron2 模型，可以从 model_zoo 中选择其他模型加载
cfg = get_cfg()
cfg.merge_from_file(model_zoo.get_config_file
                ("COCO-Detection/faster_rcnn_X_101_32x8d_FPN_3x.yaml"))
# 设置此模型的阈值
cfg.MODEL.ROI_HEADS.SCORE_THRESH_TEST = 0.4
cfg.MODEL.WEIGHTS = model_zoo.get_checkpoint_url(
    "COCO-Detection/faster_rcnn_X_101_32x8d_FPN_3x.yaml")
predictor = DefaultPredictor(cfg)

# 加载 image-caption 模型
model = VisionEncoderDecoderModel.from_pretrained(
        "nlpconnect/vit-gpt2-image-captioning")
# 加载特征提取模块
feature_extractor = ViTImageProcessor.from_pretrained(
        "nlpconnect/vit-gpt2-image-captioning")
# 加载 token 字典
tokenizer = AutoTokenizer.from_pretrained(
        "nlpconnect/vit-gpt2-image-captioning")
```

该代码加载了预训练的 Faster R-CNN 模型和预训练的 vit-gpt2 模型。detectron2 model_zoo 有大量预训练好的目标检测模型，可以根据任务的需求加载不同的模型。可尝试使用不同的模型提取图片信息。

定义 get_object() 和 get_caption()，用于获取目标实体和图片描述。具体实现如代码 9.8 和代码 9.9 所示。

【代码 **9.8**】提取图片的目标实体。

```
def get_object(image_path, predictor, cfg):
    img = cv2.imread(image_path)        # 读取通道顺序为 B、G、R
    b,g,r = cv2.split(img)              # 分别提取 B、G、R 通道
    img = cv2.merge([r,g,b])            # 重新组合为 R、G、B

    outputs = predictor(img)            # 提取目标实体
    labels, labels_score = get_labels(outputs["instances"].to("cpu"),
                        MetadataCatalog.get(cfg.DATASETS.TRAIN[0]))
    return labels, labels_score
```

【代码 9.9】提取图片描述。

```
def get_caption(image_path, feature_extractor, model, tokenizer, device,
gen_kwargs):
    # 打开图片
    image = Image.open(image_path)
    if image.mode != "RGB":
        image = image.convert(mode="RGB")
    # 转为 list 形式
    image = [image]
    # 提取图片特征
    pixel_values = feature_extractor(images=image, return_tensors="pt").
    pixel_values
    pixel_values = pixel_values.to(device)

    # 图像描述生成
    output_ids = model.generate(pixel_values, **gen_kwargs)
    preds = tokenizer.batch_decode(output_ids, skip_special_tokens=True)
    preds = [pred.strip() for pred in preds]
    return preds
```

依次遍历每张图片，提取图片信息，并将图片信息保存到 image_information.json 文件中，具体实现如代码 9.10 所示。

【代码 9.10】提取图片信息。

```
for image_name in images_list:
    # 图片索引
    image_id = image_name.split(".")[0]
    image_info_dict[image_id] = {}
    # 每张图片的路径
    image_path = os.path.join(root, image_name)
    # 获取图片的标签
    labels, labels_score = get_object(image_path, predictor, cfg)
    # 获取图片的标题
    caption = get_caption(image_path, feature_extractor,
                          model, tokenizer, device, gen_kwargs)[0]
    # 存储提取的图片信息
    image_info_dict[image_id]["labels"] = labels
    image_info_dict[image_id]["labels_score"] = labels_score
    image_info_dict[image_id]["caption"] = caption

    # 保存提取的图片信息
    json.dump(image_info_dict, open(file_dir, "w"), indent=2)
    print("save to %s" % file_dir)
```

步骤 5 加载预训练的 T5 模型。

【代码 9.11】加载训练模型。

```
tokenizer = T5Tokenizer.from_pretrained(args.use_model)
model = T5ForConditionalGeneration.from_pretrained(args.use_model)
```

本任务在 T5-base 模型上进行训练，除了 T5-base 外，还可以选择 T5-small、T5-large、T5-3b、T5-11b 等模型。args.use_model 为一段字符串，可以是 huggingface.co 上模型库中预定义标记器的模型索引，也可以是模型所在目录的路径，用于加载下载到本地的预训练模型。

步骤 6 设计训练和验证函数。

视觉问答模型训练和普通的模型训练过程相似，包括以下几步：①加载训练数据；②运行模型获得输出；③根据输出与目标计算损失，T5 模型内部已经定义交叉熵损失函数，调用 model.loss 即可获取损失；④根据损失进行反向传播；⑤优化器优化参数。在验证函数中，model.generate() 根据输入生成一段分词索引，需要调用 tokenizer.batch_decode 将其解码为一段文字。具体如代码 9.12 所示。

【代码 9.12】训练与测试函数。

```
def train(args,                              # Python 脚本参数
train_loader,                                # 训练集数据
tokenizer,                                   # 分词器
model,                                       # 模型
optimizer,                                   # 优化器
lr_scheduler,                                # 学习率设置
epoch):
    for (tokens, input_mask, targets, question, image_id, answer) in train_
loader:
        # 梯度置零
        optimizer.zero_grad()
        tokens, input_mask, targets = tokens.to(args.device), \
            input_mask.to(args.device), targets.to(args.device)
        # 将标签的填充标记 id 替换为 -100，计算损失时就会忽略它
        targets[targets == tokenizer.pad_token_id] = -100
        loss = model(input_ids=tokens, attention_mask=input_mask,
                labels=targets).loss
        # 反向传播
        loss.backward()
        lr_scheduler.step()
        optimizer.step()

def test(args, val_loader, tokenizer, model):
    result = []
```

```
    bar = tqdm(val_loader)
    for (tokens, input_mask, targets, question, image_id, answer) in bar:
        tokens, input_mask, targets = tokens.to(args.device), \
            input_mask.to(args.device), targets.to(args.device)

        with torch.no_grad():    # 网络推理阶段，不计算梯度
            # 生成答案
            output_sequences = model.generate(
                input_ids=tokens,
                attention_mask=input_mask,
                do_sample=False,
            )
        pred = tokenizer.batch_decode(output_sequences, skip_special_
        tokens=True)
        # 保存输出结果
        for j in range(len(pred)):
            result.append({
                "question": question[j],
                "image_id": image_id[j],
                "answer": answer[j],
                "pred": pred[j]
            })
        bar.set_description("Processing")
```

步骤 7 设置评价指标。

本任务使用准确率和双语评估替补作为评价指标。准确率是用来评估模型性能的指标，准确率 = 分类正确的样本数 / 所有样本数。双语评估替补（bilingual evaluation understudy，BLEU）用于评估模型生成的句子（candidate）和实际句子（reference）的差异的指标。BLEU 指标通常基于 n-gram 的匹配度来计算翻译结果的相近度，其值范围为 0～1，越接近 1 表示机器翻译结果越好。实现如代码 9.13 所示。

【代码 9.13】评估函数。

```
def calc_score(result):
    bleu_score = 0
    # 答案平均长度为 1.15，使用 bleu1 分数
    acc = 0
    beta = (1, 0, 0, 0)
    for i in range(len(result)):
        row = result[i]
        answer = row["answer"]
        pred = row["pred"]
        bleu_score += sentence_bleu([pred], answer, weights=beta)
        if answer == pred:
            acc += 1
    return bleu_score/len(result)*100, acc/len(result)*100
```

步骤 8　实验结果。

根据以上步骤，我们构建出一个开放式视觉问答系统，通过从图片中提取视觉特征，并转入相应的文字描述，与问题一起输入大型语言模型中生成答案。我们对验证集的部分结果进行可视化，如图 9.8 所示，标为绿色的为预测正确，红色为预测错误。第一个例子中，模型可以识别出垃圾桶并回答；第二个例子中，由于光线昏暗模型未能正确提取出所有目标实体；第三个例子中，模型未能准确识别出所有抽屉导致回答错误。

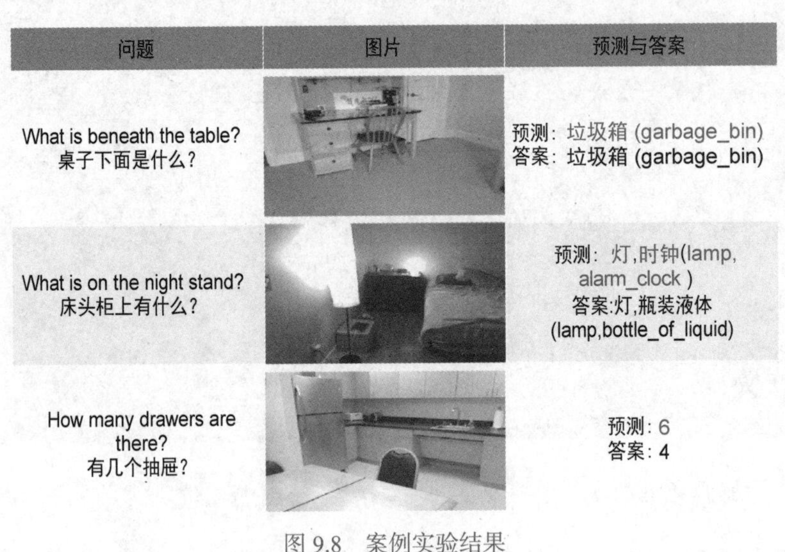

问题
图片
预测与答案
What is beneath the table?
桌子下面是什么？
预测：垃圾箱 (garbage_bin)
答案：垃圾箱 (garbage_bin)
What is on the night stand?
床头柜上有什么？
预测：灯,时钟(lamp, alarm_clock)
答案:灯,瓶装液体 (lamp,bottle_of_liquid)
How many drawers are there?
有几个抽屉？
预测：6
答案：4

图 9.8　案例实验结果

本次任务实施完成，读者可以自行运行并检查效果。

任务小结

开放式视觉问答系统是将自然语言处理和计算机视觉相结合的一种任务，目标是让计算机对图像和问题进行理解，从而生成合理的答案。开放式视觉问答数据集被广泛应用于机器视觉和自然语言处理领域中，包括图像检索、自动图像注释、智能问答系统等。目前，研究人员正在致力于提高 VQA 模型的性能和解释能力，以及构建更大、更具挑战性的数据集。另外，研究人员还在探索如何将视觉问答任务与其他视觉和语言任务相结合，以更好地模拟人类的认知过程。本任务阐述了什么是开放式视觉问答系统、开放式视觉问答模型架构和模块细节等。

本任务设计了一个简单的开放式视觉问答模型。这个模型通过 Faster R-CNN 模型提取图像的目标实体，使用 vit-gpt2 模型生成图像描述。最后，拼接问题和提取的图片信息，作为 T5 模型输入，最终生成答案。通过该任务，我们初步了解开放式视觉问答系统和应用场景，并研究了多种深度学习方法在开放式视觉问答系统的应用。未来，我们将继续优

化和拓展这个视觉问答系统，以提高其准确性和可靠性，并为社会提供更加准确、可靠的信息服务。

任务自测

题目：根据已学的知识搭建一个开放式视觉问答系统。

要求：

（1）使用公开的视觉问答数据集，编写代码对数据集进行预处理。

（2）设计一个开放式视觉问答模型，实现目标检测、生成图像描述和答案生成等功能。

（3）编写代码实现模型的搭建、训练和测试，使用生成模型的评估指标（如准确率、BLEU、F1 值等）对模型进行评估。

（4）撰写代码和实验报告，对框架的设计思路、实现细节、实验结果等进行详细描述，并给出合理的分析和讨论。

评价表：理解开放式视觉问答模型的组成要素和结构层次

组员 ID		组员姓名		项目组			
评价栏目	任务详情	评价要素		分值	评价主体		
					学生自评	小组互评	教师点评
开放式视觉问答模型的组成要素和结构层次的掌握情况	开放式视觉问答概念	是否完全掌握		10			
	什么是深度学习框架	是否完全掌握		10			
	图片特征提取	是否完全掌握		10			
	图像描述生成	是否完全掌握		10			
	文本特征提取	是否完全掌握		10			
	多模态数据特征融合	是否完全掌握		10			
	对应的评估指标	是否完全掌握		5			
	知识结构	知识结构体系形成		10			
掌握熟练度	准确性	概念和基础掌握的准确度		5			
	积极参与讨论	积极参与和发言		5			
团队协作能力	对项目组的贡献	对团队的贡献值		5			
	态度	是否认真细致、遵守课堂纪律、学习态度积极、具有团队协作精神		3			
职业素养	操作规范	是否有实训环境保护意识，实训设备使用是否合规，操作前是否对硬件设备和软件环境检查到位，有无损坏机器设备的情况，能否保持实训室卫生		3			
	设计理念	是否突出以人为本的设计理念		4			
总分				100			

视频理解

项目导读

当今世界，新一轮科技革命和产业变革不断向纵深演进，引领和推动人类进入信息时代。党的十八大以来，习近平总书记深入思考构建什么样的网络空间、如何构建网络空间等重大课题，创造性提出构建网络空间命运共同体的理念主张，全面系统深入地阐释了全球互联网发展治理的一系列重大理论和实践问题，为网络空间指明了发展方向。2022 年 7 月 12 日，习近平总书记在向世界互联网大会国际组织成立致贺信中指出，“网络空间关乎人类命运，网络空间未来应由世界各国共同开创。中国愿同国际社会一道，以此为重要契机，推动构建更加公平合理、开放包容、安全稳定、富有生机活力的网络空间，让互联网更好造福世界各国人民。”党的二十大报告中也多次提到互联网，如“加快建设网络强国、数字中国”“健全网络综合治理体系，推动形成良好网络生态”等，充分体现了国家层面对互联网的重视。

视频理解是计算机视觉的重要研究方向，可运用在互联网的不同领域中，处理的数据可不局限于视频数据，还可包括文本数据和音频信息，如视频中存在的字幕信息或者对话等文本形式存在的数据，以及音频形式存在的数据。视频理解任务通常可归类为多模态学习（multimodal learning）或者多媒体计算（multimedia）领域。多模态学习研究涉及视觉和语言两方面问题，处理图像、文本、音频、视频等多种类型的数据，建模和利用不同模态之间的“共性”与“特性”，解决包括分类、检索、模式识别等问题。

本项目以“视频情感分析”与“视频主题分类”为例，展示视频理解中的两个具体任务。视频情感分析技术是一种基于人工智能的新型技术，它可以对视频中的情感进行自动识别和分析。视频主题分类利用计算机视觉和文本分析技术来鉴定视频所属主题方法，如科技、健康、农业、旅游、音乐等。

学习目标

- 理解什么是视频理解任务，掌握视频理解的基本概念和技术。
- 掌握视频情感检测技术，利用 PyTorch 技术学会通过视频中的语音、面部表情、音乐等多种信息，来判断视频中人物的情感状态。
- 掌握视频主题分类技术，利用 PyTorch 技术学会通过对视频中的内容、背景等进行分析，判断视频中所传递的信息所属的主题类型。
- 学会在实际应用中结合具体需求，运用视频理解技术，提高对视频内容的理解和分析能力，从而实现更加精准的情感检测和视频主题分类。

职业素养目标

- 培养学生能够准确分析视频内容并感知视频中的情感变化，提高自身情感智能水平的能力。
- 培养学生通过科学方法和技术手段，准确判断视频中的信息主题类型，提高自身视频主题辨别能力。

职业能力要求

- 具有清晰的项目目标和方向，能够明确视频理解的应用场景和需求。
- 掌握各类视频分析和处理技术，能够结合现有算法和工具实现视频情感检测和主题分类。
- 具备扎实的理论知识和数据分析能力，能够深入挖掘视频数据的内在规律和特点，实现精准的情感和主题分类。
- 具有团队合作和沟通能力，能够与其他相关岗位协作，共同完成视频理解项目。
- 能够不断学习和更新知识，关注最新技术趋势和前沿动态，持续提高自身专业能力和竞争力。

项目重难点

<table>
<tr><th>项目内容</th><th>项目任务</th><th>建议学时</th><th>技能点</th><th>重难点</th><th>重要程度</th></tr>
<tr><td rowspan="6">视频理解项目制作与开发</td><td rowspan="2">任务 10.1　视频情感分类</td><td rowspan="2">4</td><td rowspan="2">情感分析模型的训练与搭建</td><td>理解情感分类模型的原理，并会用 PyTorch 实现</td><td>★★★★★</td></tr>
<tr><td>学会情感分类模型的搭建，并输出结果</td><td>★★★★☆</td></tr>
<tr><td rowspan="4">任务 10.2　视频主题分类</td><td rowspan="4">4</td><td rowspan="4">多模态特征提取技术和多模态数据融合</td><td>提取视频关键帧</td><td>★★★★☆</td></tr>
<tr><td>图像特征提取</td><td>★★★★★</td></tr>
<tr><td>文本特征提取</td><td>★★★★★</td></tr>
<tr><td>融合不同模态数据特征</td><td>★★★★★</td></tr>
</table>

任务 10.1 视频情感分类

■ 任务目标

知识目标：学习 PyCharm 软件界面、掌握代码编辑和情感分析等知识点。

能力目标：通过结合 PyTorch 深度学习多个知识点实现视频情感分析。

■ 建议学时

4 学时。

■ 任务要求

本任务主要基于机器学习和深度学习算法进行开发，并实现以下功能。不同项目有不同需求，这里对需求的获得不做强调。

本任务假设需求已经确定，开发者需要结合相关算法实现以下功能。

（1）视频数据预处理：开发者需要使用适当的工具和算法对视频数据进行预处理，以便于后续情感的分析处理。

（2）情感特征提取：开发者需要使用机器学习和深度学习算法，对视频中的声音、面部表情、姿势等方面的信息进行特征提取。

（3）情感分类和分析：开发者需要使用分类算法对提取的特征进行分析和分类，以判断视频中的情感类型。同时，开发者还需要对情感进行细分，如高兴、悲伤、愤怒等。

（4）情感可视化：开发者需要使用适当的工具和技术，将情感分析的结果可视化呈现，以便于用户查看和理解。

（5）模型评估和优化：开发者需要对模型进行评估和优化，以提高情感分析的准确性和可靠性。

知识归纳

1. 数据集特征提取

数据集特征提取的目的是从原始数据中提取出具有代表性和重要性的特征，以便于进行后续的分析和应用。特征提取可以让数据变得更加易于理解和处理，同时可以降低数据的维度，提高算法的效率和准确性。

以 CMU-MOSI 数据集为例，CMU-MOSI 数据集官方人员已经对数据集的特征进行了提取，CMU-MOSI 数据集是一个包含视频、音频和文本数据的多模态数据集，用于情感

分析、语音识别、人机交互等领域的研究。该数据集的官方提取方法如下。

第 1 步，从官网下载 CMU-MOSI 数据集并解压缩。

第 2 步，使用提供的 Python 脚本对视频进行解码并提取帧，脚本文件为 MOSI_Processing_Toolbox/video_processing/decode_videos.py。

第 3 步，对解码后的视频进行特征提取，可以使用提供的 Python 脚本 MOSI_Processing_Toolbox/video_processing/extract_features.py。该脚本使用了 OpenFace 工具进行人脸识别和特征提取。

第 4 步，对音频数据进行特征提取，可以使用提供的 Python 脚本 MOSI_Processing_Toolbox/audio_processing/extract_audio_features.py。该脚本使用了 OpenSMILE 工具进行音频特征提取。

第 5 步，对文本数据进行处理，可以使用提供的 Python 脚本 MOSI_Processing_Toolbox/text_processing/extract_text_features.py。该脚本使用了 GloVe 工具进行文本特征提取。

第 6 步，最后将三种模态的特征组合起来，即可得到完整的多模态数据集。

⚠ 注意：*以上提取方法是 CMU-MOSI 官方提供的方法，但是由于该数据集较为复杂，数据预处理过程可能较为耗时和烦琐。建议根据具体需求进行定制化处理。*

如果不想自行提取数据特征或者提取特征有困难，可以下载官方已经提取好的特征包进行解包使用，如图 10.1 所示。

aligned_50.pkl	2022-10-23 16:55	PKL 文件	358,650 KB
MOSI-label.csv	2022-10-23 16:52	XLS 工作表	213 KB
unaligned_50.pkl	2022-10-23 16:55	PKL 文件	541,193 KB

图 10.1 官方提取的特征数据

2. 编写视频情感分析模块

视频情感分析模型的流程：首先，分别将原始数据进行特征提取，得到每个模态的表征；其次，将三个模态的表征使用 concat 拼接函数将三个模态的表征对最后一维进行拼接，从而得到一个联合表征；然后，将联合表征输入前向传播网络，得到预测结果；最后，预测结果再与真实结果进行比较，得到模型的损失，根据损失优化模型参数。模型整体流程如图 10.2 所示。

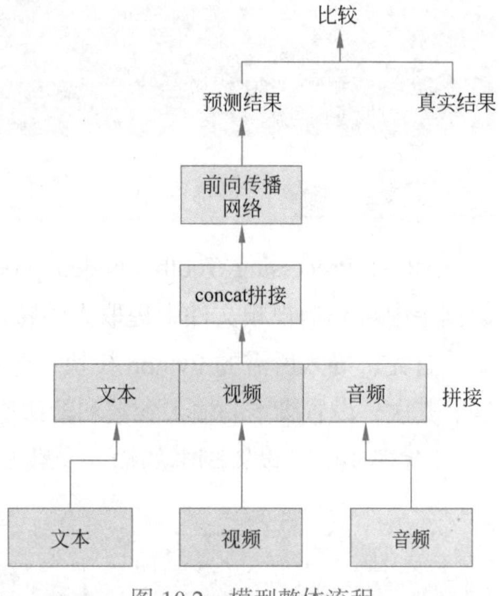

图 10.2 模型整体流程

任务实施

步骤 1 解码视频并提取帧。

MOSI_Processing_Toolbox/video_processing/decode_videos.py 的主要代码是函数 decode_video()，该函数用于解码单个视频文件并提取帧。

【代码 10.1】从视频文件中提取帧图像并保存为图像文件。

```
def decode_video(video_file, decoder_path, output_dir, width, height):
    # 构造 FFmpeg 命令，使用 H.264 解码器进行视频解码，输出为 YUV 格式
    cmd = f"{decoder_path} -i {video_file} -c:v libx264 -f rawvideo -pix_
    fmt yuv420p -"
    args = shlex.split(cmd)
    # 调用 FFmpeg 解码器，获取视频帧数据
    p = subprocess.Popen(args, stdout=subprocess.PIPE, stderr=subprocess.
    PIPE, shell=False)
    # 逐帧读取视频数据并保存为图像文件
    i = 0
    while True:
        # 从管道中读取一帧视频数据
        frame = p.stdout.read(width * height * 3 // 2)
        if not frame:
            break
        # 将 YUV 格式转换为 BGR 格式，并保存为图像文件
        img = cv2.cvtColor(cv2.cvtColor(np.frombuffer(frame, np.uint8).
        reshape((height * 3 // 2, width)), cv2.COLOR_YUV2BGR_I420),
        cv2.COLOR_BGR2RGB)
        cv2.imwrite(os.path.join(output_dir, f"{os.path.splitext(os.path.
        basename(video_file))[0]}_{i:05d}.png"), img)
        i += 1
    # 关闭 FFmpeg 解码器进程
    p.kill()
```

步骤 2 提取视频特征。

MOSI_Processing_Toolbox/video_processing/extract_features.py 文件是用于从 CMU-MOSI 数据集中解码的视频文件中提取人脸特征的 Python 脚本。

首先，导入所需的 Python 模块，包括 os、argparse、subprocess、shlex、multiprocessing 等。其次，设置脚本的输入参数和默认值，包括数据集路径、OpenFace 路径、输出路径等。

【代码 10.2】设置脚本的输入参数及默认值。

```
parser.add_argument('--data_path', default='data', type=str, help='Path
to the MOSI dataset')
parser.add_argument('--openface_path', default='OpenFace', type=str,
```

```
help='Path to OpenFace directory')
parser.add_argument('--output_path', default='data/OpenFace', type=str,
help='Output path for features')
```

步骤 3 定义主函数 extract_features()，该函数用于提取单个视频文件中的人脸特征。函数中使用 OpenFace 工具进行人脸检测、关键点检测和特征提取，并将提取的特征保存为 CSV 文件。

【代码 10.3】使用 OpenFace 记性人脸检测、关键点检测和特征提取。

```
# Run OpenFace to extract facial landmarks and feature vectors
command = '{}/build/bin/FaceLandmarkVidMulti -f {} -out_dir {} -format_
aligned_images'.format(openface_path, video_path, output_path)
subprocess.call(shlex.split(command))
# Parse OpenFace output files and save feature vectors as CSV
parse_and_save_features(output_path, output_file, start_time, end_time)
```

步骤 4 定义函数 process_videos()，该函数用于多进程处理所有视频文件。函数中使用 multiprocessing 模块开启多个进程，每个进程调用 extract_features() 对一个视频文件进行人脸特征提取。脚本的主要作用是使用 OpenFace 工具对 CMU-MOSI 数据集中的解码视频文件进行人脸特征提取，并将提取的特征保存为 CSV 文件，为后续的情感分析等任务提供支持。需要注意的是，该数据集较大，处理过程可能较为耗时。

【代码 10.4】使用多进程从所有视频中提取特征。

```
# Use multiprocessing to extract features from all videos
with multiprocessing.Pool(processes=num_processes) as pool:
    for video_path, start_time, end_time in video_list:
        output_file = os.path.join(output_path, os.path.splitext(os.path.
        basename(video_path))[0] + '.csv')
        if not os.path.exists(output_file):
            pool.apply_async(extract_features, (video_path, start_time,
            end_time, openface_path, output_path))
    pool.close()
    pool.join()
```

步骤 5 音频数据特征提取。

MOSI_Processing_Toolbox/audio_processing/extract_audio_features.py 是用于对 CMU-MOSI 数据集中音频文件进行特征提取的 Python 脚本。

首先，导入所需的 Python 模块，包括 os、argparse、subprocess、shlex 等。其次，设置脚本的输入参数和默认值，包括数据集路径、OpenSMILE 配置文件路径、输出路径等。最后，定义函数 extract_audio_features()，该函数用于对单个音频文件进行特征提取。函数中使用 OpenSMILE 工具对音频文件进行特征提取，并将提取结果保存到输出文件中。

【代码 10.5】提取音频文件的特征。

```
def extract_audio_features(input_file, output_file, config_file):
    command = 'SMILExtract -C {0} -I {1} -O {2}'.format(config_file, input_
    file, output_file)
    args = shlex.split(command)
    subprocess.call(args)
```

步骤 6 定义函数 process_audios( )，该函数用于多进程处理所有音频文件。函数中使用 multiprocessing 模块开启多个进程，每个进程调用 extract_audio_features( ) 对一个音频文件进行特征提取。

【代码 10.6】自动化提取多个音频文件的特征。

```
def process_audios(input_dir, output_dir, config_file):
    input_files = glob.glob(os.path.join(input_dir, '*.wav'))
    output_files = [os.path.join(output_dir, os.path.basename(file).replace
    ('.wav', '.csv')) for file in input_files]
    num_cores = multiprocessing.cpu_count()
    pool = multiprocessing.Pool(num_cores)
    results = [ ]
    for i in range(len(input_files)):
        result = pool.apply_async(extract_audio_features, args=(input_
        files[i], output_files[i], config_file))
        results.append(result)
    for result in results:
        result.get()
```

步骤 7 设置主函数，该函数调用 process_audios( ) 进行音频特征提取，并输出处理进度。脚本的主要作用是对 CMU-MOSI 数据集中的音频文件进行特征提取，生成特征向量数据，为后续的情感分析和多模态融合等任务提供支持。

步骤 8 文本数据处理，MOSI_Processing_Toolbox/text_processing/extract_text_features.py 是用于对CMU-MOSI数据集中的文本数据进行处理的Python脚本。其中有几个函数说明如下。

- get_word_embeddings( )：该函数用于读取预训练的 GloVe 词向量文件，并将词汇表中的单词和词向量存储为字典类型。函数的输入参数 word_file 是 GloVe 词向量文件的路径。
- embed_text( )：该函数用于将输入的文本转换为词向量表示。函数的输入参数 text 是一个字符串类型的句子，embeddings 是预训练的词向量字典，dim 是词向量的维度。函数首先将文本分词，然后将每个词的词向量求平均得到整个句子的词向量表示。

- extract_text_features( )：该函数用于对 CMU-MOSI 数据集中的文本数据进行处理。函数的输入参数 data_dir 是数据集路径，embeddings_file 是 GloVe 词向量文件的路径，out_file 是输出文件的路径。

首先调用 get_word_embeddings( ) 读取 GloVe 词向量文件，然后读取数据集中的文本和标签数据，分别为每个文本计算词向量表示并将结果写入输出文件中。

【代码 10.7】从一个文本文件中获取单词的嵌入向量。

```
import numpy as np
def get_word_embeddings(word_file):
    embeddings = {}
    with open(word_file, 'r', encoding='utf-8') as f:
        for line in f:
            values = line.strip().split()
            word = values[0]
            vector = np.array(values[1:], dtype=np.float32)
            embeddings[word] = vector
    return embeddings
def embed_text(text, embeddings, dim):
    words = text.split()
    num_words = len(words)
    text_embedding = np.zeros(dim, dtype=np.float32)
    for word in words:
        if word in embeddings:
            text_embedding += embeddings[word]
        else:
            # handle out-of-vocabulary words (optional)
            text_embedding += np.random.uniform(-0.1, 0.1, dim)
    text_embedding /= num_words
    return text_embedding
def extract_text_features(data_dir, embeddings_file, out_file):
    embeddings = get_word_embeddings(embeddings_file)
    with open(out_file, 'w', encoding='utf-8') as f_out:
        with open(data_dir, 'r', encoding='utf-8') as f_in:
            for line in f_in:
                text, label = line.strip().split('\t')
                text_embedding = embed_text(text, embeddings, dim=300)
                text_embedding_str = ' '.join(str(val) for val in text_
                embedding)
                f_out.write(f'{text_embedding_str}\t{label}\n')
```

步骤 9 首先安装必要的运行库，然后在项目中导入需要的库。

【代码 10.8】引入必要的运行库。

```
import torch
import torch.nn as nn
```

```
import torch.nn.functional as F
from torch.nn.utils.rnn import pack_padded_sequence
```

步骤 10　搭建情感分析模块。代码 10.9 和代码 10.10 定义了 SELF_MM 和 AuViSubNet 两个模块。SELF_MM 是基于多模态数据的文本分类模块，包含三个子模块：文本模块、音频模块和视频模块。文本模块采用了 BERT 进行文本编码，音频模块和视频模块分别采用了 AuViSubNet 进行音频编码和视频编码，其中 AuViSubNet 是音频模块和视频模块的子模块，其主要功能是进行音频和视频的 LSTM 编码，然后进行线性变换得到输出。将编码后的文本、音频和视频数据进行拼接，然后进行线性变换和非线性激活得到最终的分类结果，SELF_MM 的输出为分类结果。LSTM 的输入为音频或视频数据，长度为变量 lengths。LSTM 的输出为一个 hidden_size 维向量，然后将该向量通过线性变换和非线性激活得到 out_size 维向量输出，AuViSubNet 的输出为音频或视频的编码结果。

【代码 10.9】编写视频情感分析模块。

```
import torch
import torch.nn as nn
import torch.nn.functional as F

class SELF_MM(nn.Module):
    def __init__(self, args):
        super(SELF_MM, self).__init__()
        # 文本子网络
        self.aligned = args.need_data_aligned
        self.text_model = BertTextEncoder(use_finetune=args.use_finetune,
        transformers=args.transformers, pretrained=args.pretrained)
        # 音频 - 视频子网络
        audio_in, video_in = args.feature_dims[1:]
        self.audio_model = AuViSubNet(audio_in, args.a_lstm_hidden_size,
        args.audio_out, num_layers=args.a_lstm_layers, dropout=args.
        a_lstm_dropout)
        self.video_model = AuViSubNet(video_in, args.v_lstm_hidden_size,
        args.video_out, num_layers=args.v_lstm_layers, dropout=args.
        v_lstm_dropout)
        # 合并后的后续层
        self.post_fusion_dropout = nn.Dropout(p=args.post_fusion_dropout)
        self.post_fusion_layer_1 = nn.Linear(args.text_out + args.video_
        out + args.audio_out, args.post_fusion_dim)    # Fm -> F*m
        self.post_fusion_layer_2 = nn.Linear(args.post_fusion_dim, args.
        post_fusion_dim)
        self.post_fusion_layer_3 = nn.Linear(args.post_fusion_dim, 1)
                                                      # F*m -> y_hat_m
    def forward(self, text, audio, video):
```

```
        audio, audio_lengths = audio
        video, video_lengths = video
        mask_len = torch.sum(text[:, 1, :], dim=1, keepdim=True)
        text_lengths = mask_len.squeeze(1).int().detach().cpu()
        text = self.text_model(text)[:, 0, :]
        if self.aligned:
            audio = self.audio_model(audio, text_lengths)
            video = self.video_model(video, text_lengths)
        else:
            audio = self.audio_model(audio, audio_lengths)
            video = self.video_model(video, video_lengths)
        fusion_h = torch.cat([text, audio, video], dim=-1)
        fusion_h = self.post_fusion_dropout(fusion_h)
        fusion_h = F.relu(self.post_fusion_layer_1(fusion_h), inplace=False)
        # 分类器 - 合并
        x_f = F.relu(self.post_fusion_layer_2(fusion_h), inplace=False)
        output_fusion = self.post_fusion_layer_3(x_f)
        res = {
            'M': output_fusion,
        }
        return res
```

【代码 10.10】定义处理序列数据的神经网络模型。

```
class AuViSubNet(nn.Module):
    def __init__(self, in_size, hidden_size, out_size, num_layers=1,
    dropout=0.2, bidirectional=False):
        super(AuViSubNet, self).__init__()
        self.rnn = nn.LSTM(in_size, hidden_size, num_layers=num_layers,
        dropout=dropout, bidirectional=bidirectional, batch_first=True)
        self.dropout = nn.Dropout(dropout)
        self.linear_1 = nn.Linear(hidden_size, out_size)
    def forward(self, x, lengths):
        packed_sequence = pack_padded_sequence(x, lengths, batch_first=
        True, enforce_sorted=False)
        final_states = self.rnn(packed_sequence)
        h = self.dropout(final_states[0].squeeze(0))
        y_1 = self.linear_1(h)
        return y_1
```

步骤 11 编写配制函数。commonParams 是共用的参数，包括是否需要对数据进行对齐、是否需要使用 BERT 模型、是否需要微调 BERT 模型、是否需要保存标签等。

datasetParams 中包含了三个数据集（mosi、mosei、sims）的具体参数配置。包括批量大小、学习率、权重衰减、LSTM 隐藏层大小、BERT 输出维度、后续融合层的维度和丢弃率等。每个数据集的参数配置略有不同。

【代码 10.11】配置深度学习模型训练的参数。

```
"self_mm": {
  "commonParams": {
    "need_data_aligned": false,
    "need_model_aligned": false,
    "need_normalized": false,
    "use_bert": true,
    "use_finetune": true,
    "save_labels": false,
    "excludeZero": true,
    "early_stop": 8,
    "update_epochs": 4
  },
  "datasetParams": {
    "mosi": {
      "batch_size": 32,
      "learning_rate_bert": 5e-5,
      "learning_rate_audio": 0.005,
      "learning_rate_video": 0.005,
    ...
    }
  }
}
```

步骤 12 训练模型。代码 10.12 中定义了一个训练的类，它是一个基于 PyTorch 的多模态多任务学习器，利用 CMU-MOSI 数据集实现多任务学习。

【代码 10.12】对给定模型进行训练。

```
def do_train(self, model, dataloader, return_epoch_results=False):
        bert_no_decay = ['bias', 'LayerNorm.bias', 'LayerNorm.weight']
        bert_params = list(model.Model.text_model.named_parameters())
        audio_params = list(model.Model.audio_model.named_parameters())
        video_params = list(model.Model.video_model.named_parameters())
        bert_params_decay = [p for n, p in bert_params if not any(nd in n
        for nd in bert_no_decay)]
        bert_params_no_decay = [p for n, p in bert_params if any(nd in n
        for nd in bert_no_decay)]
        audio_params = [p for n, p in audio_params]
        video_params = [p for n, p in video_params]
        model_params_other = [p for n, p in list(model.Model.named_
        parameters()) if 'text_model' not in n and \
                       'audio_model' not in n and 'video_model' not in n]
```

```
        optimizer_grouped_parameters = [
            {'params': bert_params_decay, 'weight_decay': self.args.
             weight_decay_bert,
             'lr': self.args.learning_rate_bert},
            {'params': bert_params_no_decay, 'weight_decay': 0.0, 'lr':
             self.args.learning_rate_bert},
            {'params': audio_params, 'weight_decay': self.args.weight_
             decay_audio, 'lr': self.args.learning_rate_audio},
            {'params': video_params, 'weight_decay': self.args.weight_
             decay_video, 'lr': self.args.learning_rate_video},
            {'params': model_params_other, 'weight_decay': self.args.
             weight_decay_other,
             'lr': self.args.learning_rate_other}
        ]
        optimizer = optim.Adam(optimizer_grouped_parameters)
...
```

步骤 13 了解一些概念和方法，包括损失函数的选择、学习率的调整、标签初始化等。可以通过查找相关文献来进一步了解。

- Has0_acc_2：表示对于二分类任务中负类样本，模型的准确率（accuracy）为 0.8324。
- Has0_F1_score：表示对于二分类任务中负类样本，模型的 F1 分数为 0.8312。
- Non0_acc_2：表示对于二分类任务中正类样本，模型的准确率为 0.8521。
- Non0_F1_score：表示对于二分类任务中正类样本，模型的 F1 分数为 0.8516。
- Mult_acc_5：表示对于多分类任务中，模型在 top-5 预测的准确率为 0.5364。
- Mult_acc_7：表示对于多分类任务中，模型在 top-7 预测的准确率为 0.4679。
- MAE：表示回归任务中，模型的平均绝对误差为 0.7069。
- Corr：表示回归任务中，模型的 Pearson 相关系数为 0.7954。
- Loss：表示模型在训练中的损失值为 0.703。

使用深度学习框架学习视频情感分类实验，实验效果如图 10.3 所示。

这个模型的输出是含有训练和测试阶段预测指标，运行时间以及损失函数构成。在训练阶段，首先，将要优化的参数进行区分，对每个参数进行不同的权重衰减和学习率控制；其次，每一轮都将数据集分为多个 batch 进行训练，计算 Loss 值，并记录下预测结果和真实标签，根据预测结果和真实标签得出相应的评价指标；最后，在每一轮训练结束后对模型进行测试，并根据结果来判断是否应该更新模型。代码运行结果如图 10.4 所示。

图 10.3　预测实例

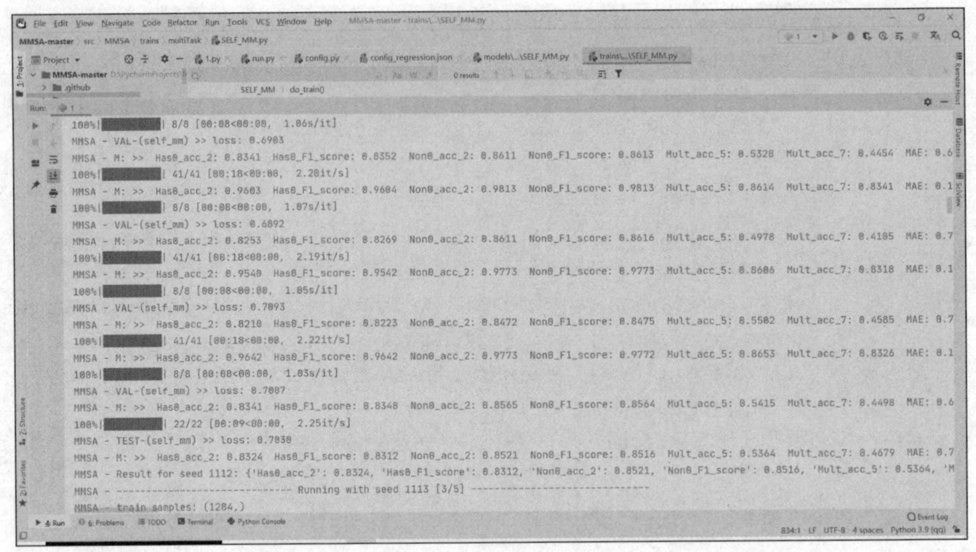

图 10.4　代码运行结果

任务小结

在视频情感分析项目中，我们需要对 CMU-MOSI 数据集中的视频和文本数据进行处理和分析，以预测视频中所表达的情感。在这个任务中，我们主要采用了以下四个步骤。

（1）数据预处理：对原始数据进行清洗和整理，包括删除无用信息、对文本进行分词、去除停用词等。

（2）特征提取：根据视频和文本的不同特点，我们选择了不同的特征提取方法，包括 LSTM、GRU、CNN 等，同时，我们还使用了情感词典等方法进行特征提取。

（3）模型选择和训练：在模型选择方面，可采用 MMSA 模型进行训练和测试，并通过调整超参数和训练多次来优化模型效果。

（4）模型评估和优化：多种指标可用来评估模型效果，包括准确率、F1 值、平均绝对误差和相关系数等。在模型优化方面，我们通过对数据进行增强、对模型进行正则化等方法来进一步提高模型效果。

最终，本任务基于 CMU-MOSI 数据集，在实验机器上得到一个准确率为 85.21%、平均绝对误差为 0.7069、相关系数为 0.7954 的视频情感分析模型，实验结果受到机器以及软件影响。

任务自测

题目：根据已学知识自行搭建用于视频情感分析的深度学习网络框架。

要求：

（1）使用 Python 编程语言，选择合适的深度学习框架（如 TensorFlow、PyTorch 等），

搭建适用于视频情感分析的深度学习网络框架。

（2）框架需要支持视频特征提取、音频特征提取、文本特征提取、多模态数据特征融合等功能，以实现对视频情感进行准确分析。

（3）框架需要对模型进行训练和测试，使用现有的视频情感分析数据集进行测试，并给出相应的评估指标（如准确率、召回率、F1 值等）。

（4）需要撰写代码和实验报告，对框架的设计思路、实现细节、实验结果等进行详细描述，并给出合理的分析和讨论。

（5）可以适当扩展或优化框架，提高情感分析准确率和效率，但需说明具体的改进措施和效果。

评价表：理解情感分析模型的数据处理和模型搭建

组员 ID		组员姓名		项目组			
评价栏目	任务详情	评价要素	分值	评价主体			
				学生自评	小组互评	教师点评	
数据模型的组成要素和结构层次的掌握情况	数据集定义	是否完全掌握	5				
	什么是数据预处理	是否完全掌握	10				
	什么是情感分析模块	是否完全掌握	10				
	情感分析模块的作用	是否完全掌握	10				
	情感分析模块通常包括哪些组件	是否完全掌握	5				
	情感分类算法有哪些常用的机器学习和深度学习方法	是否完全掌握	10				
	如何评估情感分析模型的性能？有哪些常见的评估指标	是否完全掌握	10				
	情感分析在实际应用中有哪些场景和应用案例	是否完全掌握	10				
掌握熟练度	知识结构	知识结构体系形成	5				
	准确性	概念和基础掌程的准确度	5				
团队协作能力	积极参与讨论	积极参与和发言	5				
	对项目组的贡献	对团队的贡献值	5				
职业素养	态度	是否认真细致、遵守课堂纪律、学习积极、具有团队协作精神	3				
	操作规范	是否有实训环境保护意识，实训设备使用是否合规。操作前是否对硬件设备和软件环境检查到位，有无损坏机器设备的情况，能否保持实训室卫生	3				
	设计理念	是否体现以人为本的设计理念	4				
总分			100				

任务 10.2 视频主题分类

任务目标

知识目标：主要学习提取关键帧方法、VGG-19 模型和 Bi-LSTM 模型等知识点，并掌握视觉和文本两种不同的模态数据特征的融合方法。

能力目标：结合深度学习模型框架对带有文本描述的视频进行预测。

建议学时

4 学时。

任务要求

本任务主要是基于深度学习相关知识进行开发，项目开始前开发者需了解模拟的实验场景和实验流程。不同任务有不同需求，这里对需求的获得不做强调。本任务假设需求已经确定，结合模型拥有的功能模拟该任务实验操作。

知识归纳

1. 提取关键帧

视频提取关键帧是指从视频中提取出最能够代表视频内容的关键帧，以便进行快速预览、分类、检索等视频处理和分析操作。视频提取关键帧的方法包括基于采样的方法、基于像素变化的方法、基于机器学习的方法等。选择合适的方法需要考虑具体的应用场景和需求。例如，需要准确识别视频中的物体或动作，可以选择基于机器学习的方法。基于采样的方法适用于需要高效处理视频的场景，而基于像素变化的方法则适用于视频中包含大量动态变化的情况。视频提取关键帧的技术在视频处理和分析中具有广泛的应用，包括视频检索、视频编辑、视频剪辑等。

当处理大量视频文件时，使用人工观看进行关键内容提取很费时。通常情况下，一秒的视频包含 24 帧图像，如果能够提取视频中的关键帧，尤其是在相似镜头拍摄时间较长的场景中，就可以去重和过滤掉绝大部分“噪点”帧，从而最大限度上提取视频的核心内容。因此，提取视频关键帧可以更快地完成视频主题分类。

2. 图像特征提取

图像特征提取是指从图像中提取有效的特征信息。通常情况下，这些特征信息被用来描述图像的内容、结构、形状、颜色等方面。图像特征提取在计算机视觉、图像处理、模式识别等领域有着广泛的应用。通过图像特征提取，可以将复杂的图像信息转换成简单、易于处理的数值或向量形式，从而使图像的分析和处理更为方便和高效。

在实际应用中，图像特征提取的方法有很多种，如基于边缘检测的方法、基于纹理分析的方法、基于局部特征的方法、基于全局特征的方法等。同时，图像特征提取也是深度学习等领域中的重要组成部分，通过训练深度神经网络模型，可以从图像中提取出更高级别、更抽象的特征信息，从而提高图像处理和模式识别的精度和效率。本次实验使用了基于深度学习的 VGG-19 模型来提取图像特征。VGG-19 是一个卷积神经网络模型，是英国牛津大学视觉几何组（visual geometry group）在 2014 年提出的，是 VGGNet 系列中的一种。VGG-19 有 19 层（包括卷积层和全连接层），其特点是采用了一系列小的卷积核（3×3），并使用了大量的卷积层和池化层。VGG-19 在当时取得了在多个图像识别比赛上的优异成绩，被广泛应用于图像分类、目标检测等领域。由于其卷积核小且层数较深的结构，VGG-19 能够从图像中提取更丰富的特征信息，具有很好的图像识别能力。VGG-19 框架结构如图 10.5 所示。

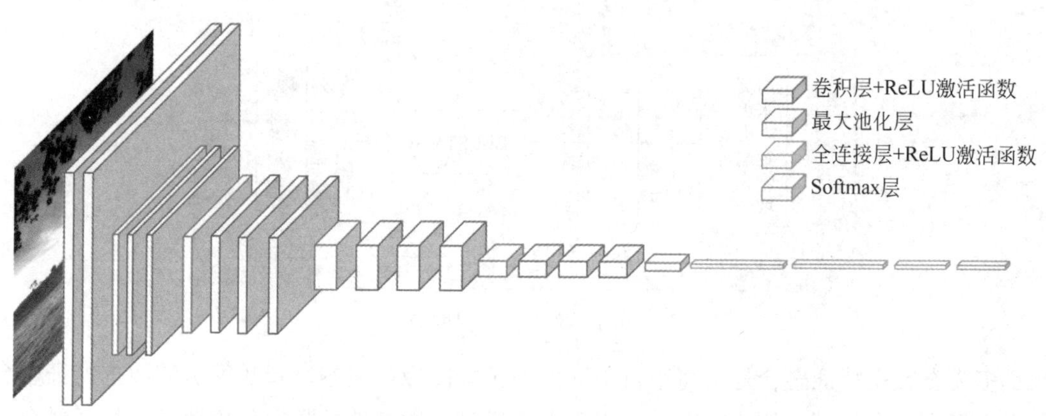

图 10.5　深度模型 VGG-19 框架结构

图像特征提取的具体流程如图 10.6 所示。

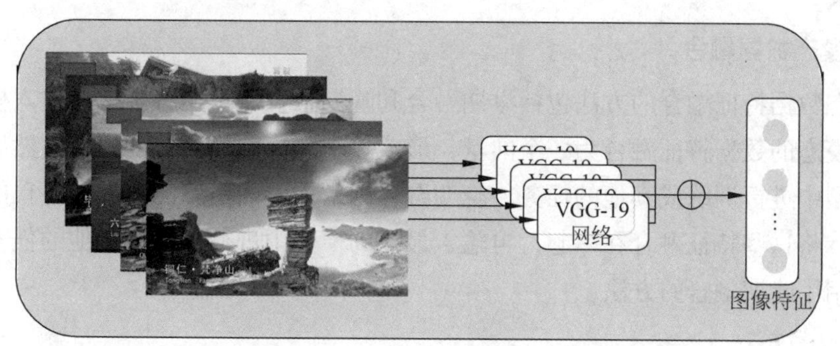

图 10.6　图像特征提取流程

3. 文本特征提取

文本特征提取是指从给定的文本数据中提取出有用的特征，以便用于文本分类、聚类、相似度计算等任务。在自然语言处理领域，文本数据通常以词袋模型的形式表示，即将文本分解为一组单独的单词，并计算每个单词在文本中的出现频率。本次实验利用 Word2Vec 模型来完成文本特征提取的任务。

Word2Vec 是一种基于神经网络的词嵌入模型，用于将自然语言中的词语映射到低维向量空间中。它由 Google 在 2013 年提出，并已成为自然语言处理领域中的重要工具之一。Word2Vec 模型有两种训练方式：连续词袋模型（continuous bag of words，CBOW）和跳字模型（skip-gram）。CBOW 模型基于上下文词语来预测目标词语，而 skip-gram 模型则相反，基于目标词语来预测上下文词语。在训练过程中，Word2Vec 模型通过最大化训练语料库中所有单词的共现概率，来学习每个单词在低维向量空间中的表示。

Bi-LSTM 是一种双向的长短期记忆网络（bidirectional long short-term memory），它是对 LSTM 的扩展，能够更好地处理序列数据。Bi-LSTM 广泛应用于自然语言处理任务中，如语言模型、文本分类、命名实体识别等。它能够有效地捕捉长文本序列中的语义信息，对于解决序列建模问题具有很好的效果。文本特征提取的具体流程如图 10.7 所示。

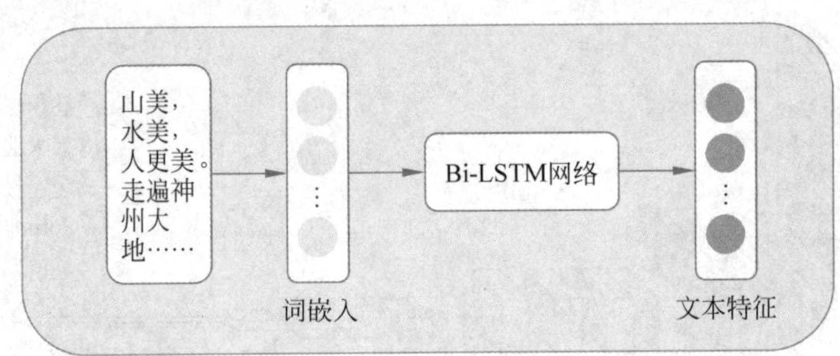

图 10.7　文本特征提取流程

多模态数据特征融合是指将来自不同模态（如图像、文本、音频等）的数据特征整合起来，形成一个多模态的特征向量，用于训练模型或做其他的数据分析任务。特征融合可以提高数据分析和模型训练的准确度和鲁棒性，不同模态数据提供了互补的信息，可以帮助模型决策。

4. 多模态数据融合

多模态数据特征融合的方法包括早期融合和晚期融合。早期融合指在输入模型之前将来自不同模态的数据特征融合为一个向量，形成一个多模态输入特征向量，然后将这个向量输入模型中进行训练或其他的任务。晚期融合则指在不同模态的数据在各自的模型中提取特征后，将这些特征融合在一起，再输入最终的模型中进行训练或其他的任务。本次实验便是使用了晚期融合的方法。

任务实施

基于上述内容，我们将所得到的图像特征和文本特征进行融合，我们所要搭建的视频主题分类框架如图 10.8 所示。具体实验步骤如下。

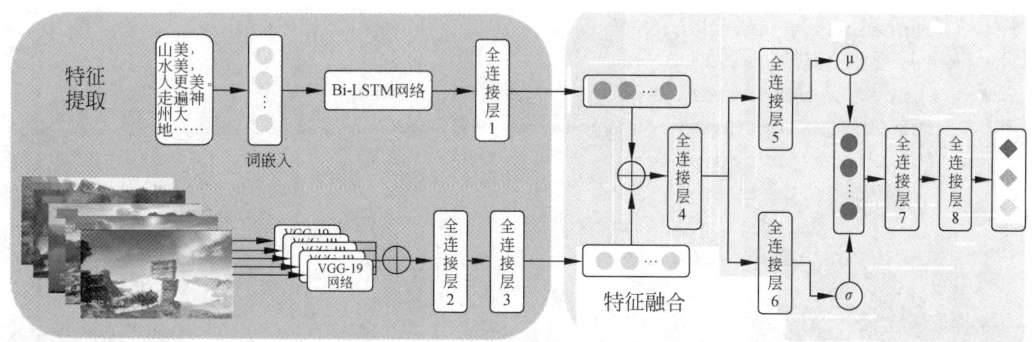

图 10.8 视频主题分类框架

步骤 1 如图 10.9 所示，安装提取视频关键帧的核心库 PyAV。

```
(spider) (venv) ▇▇ ▇ ▇▇ ▇ MacBook-Air videos % pip install av
Collecting av
  Using cached av-10.0.0-cp310-cp310-macosx_10_9_x86_64.whl (26.1 MB)
Installing collected packages: av
Successfully installed av-10.0.0
```

图 10.9 安装 av 库文件

步骤 2 新建脚本 KeyFrame.py，实现从视频中提取关键帧的功能，实现如代码 10.13 所示。

【代码 10.13】提取关键帧。

```
import av
import os
import shutil
# 存原始视频的目录
dir_video_src = os.path.join(os.getcwd(), 'videos')
print(dir_video_src)
# 存处理后提取到关键帧图片数据的目录
dir_video_des = os.path.join(os.getcwd(), 'images')
print(dir_video_des)
# 扫描视频文件，检查对应文件夹下是否有视频文件
print(dir_video_src + '\r\n')
list_video = [ ]
for item_filename in os.listdir(dir_video_src):
    list_video.append(item_filename)
    print(item_filename)
if len(list_video) == 0:
    print(".\\videos\\: 视频文件不存在"
# 提取视频关键帧
def extract_video(filename):
```

```
    container = av.open(filename)
    # 只查看关键帧
    stream = container.streams.video[0]
    stream.codec_context.skip_frame = 'NONKEY'
    for frame in container.decode(stream):
        frame.to_image().save(
            'frame.{:04d}.png'.format(frame.pts),
            quality=80,
        )
# 提取关键帧并保存
def extract_KeyFrame():
    for filename in list_video:
        file_dir_desc = os.path.join(dir_video_des, filename)
        if not os.path.exists(file_dir_desc):
            os.makedirs(file_dir_desc)
            print(" 已自动创建 :", file_dir_desc)
        else:
            print(" 合并后的目录已存在 ")
        # 提取关键帧
        extract_video(os.path.join(dir_video_src, filename))
        # 把关键帧图片放到指定目录下
        for filename_png in os.listdir(os.getcwd()):
            if ".png" in filename_png:
                shutil.copy2(filename_png, file_dir_desc)
                os.remove(filename_png)
                print(filename_png)
if __name__ == '__main__':
    extract_KeyFrame()
```

步骤 3 限定图片大小。由于 VGG-19 要求输入的图片长和宽都为 224 个像素，因此需要更改图片大小。如图 10.10 所示新建 Python 文件 loadImage.py，具体如代码 10.14 所示。PIL（Python imaging library）库中的 image 对象可以通过 resize 方法重塑大小，参数 Image.ANTIALIAS 是在重塑大小时采用 ANTIALIAS 采样方式防止失真，另外还有 Image.Nearest、Image.Bilinear、Image.Bicubic 参数可以选择。torchvision.transforms.ToTensor 对象可以将 PIL 的 image 对象转换成 PyTorch 的 tensor 对象。

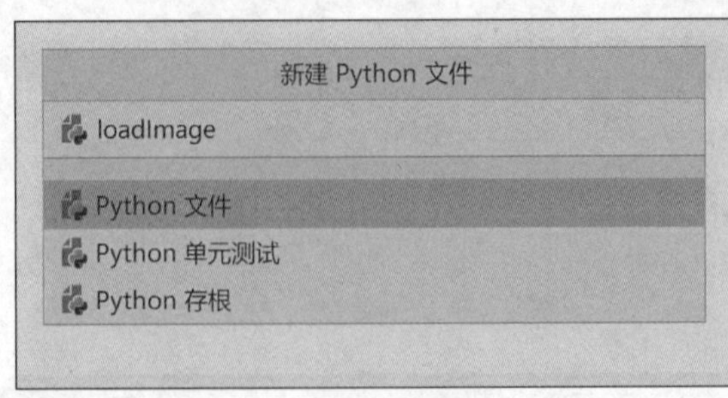

图 10.10　创建 loadImage.py 文件

【代码 10.14】读取关键帧并更改关键帧大小。

```
from PIL import Image
from torchvision.transforms import ToTensor
trans = ToTensor()
def loadImage(path):
    return trans(Image.open(path).resize((224, 224), Image.ANTIALIAS))
```

步骤 4 创建 myTokenize.py 文件。如图 10.11 所示，在编辑器左侧项目的根目录右击选择新建选项中的 Python 文件，填入 myTokenize，意为分词。这个文件专门处理有关分词的操作。分词分为三步：①将句子划分成一个个词，得到文本序列；②规定文本序列的长度，过长的序列截短，过短的序列补齐；③将文本序列中的单词映射到数字上，方便接下来的词嵌入操作。

图 10.11 创建 myTokenize 文件

步骤 5 通过在 Python 控制台或 Anaconda 控制台输入指令 pip install jieba 来安装 jieba 词库，具体操作如代码 10.15 所示。

【代码 10.15】安装 jieba 词库。

```
import jieba
# 取消 jieba 自带的提示
jieba.setLogLevel(jieba.logging.INFO)
```

步骤 6 建立字典，如代码 10.16 所示。借助字典对实现词语到数字的映射关系。为了建立从词语到数字的字典对象，首先我先需要从 jieba 词库安装目录下获取用于分词的词典 dict.txt 文件。该文件中包含三列内容，分别是词语、词频率、词性，本实验中我们只使用"词语"那一列内容。可以通过字符串的 split 方法，先以换行符 '\n' 为分割点获取每一行的内容，再以空格为分割点获取一行中每一列的内容，只需要获取第一列的即可。词典中一共有 349046 个词语，但这并未覆盖现实生活中的所有的词语。因此需要定义标识符 <UNK>（unknown）表示某个词语不在我们的词典中，以及定义标识符 <PAD> 用于填充不够长的文本序列。将 <PAD> 标识符映射到数字 0，<UNK> 标识符映射到数字 1，词典的词语从数字 2 开始建立映射关系。jieba.get_dict_file 方法可以获得该文件的二进制 file 对象。读取并使用 decode 方法解码即可获取其中内容。因此不需要手动输入地址，直接调用该方法即可。

【代码 10.16】建立字典。

```
# 读取 dict.txt 文件
jiebaDict = jieba.get_dict_file().read().decode()
# 建立映射所需的字典对象
jiebaDict = [i.split(' ')[0] for i in jiebaDict.split('\n') if len(i) != 0]
jiebaDict = {jiebaDict[i]: i+2 for i in range(len(jiebaDict))}
# 手动设置 <PAD> 标识符的映射
jiebaDict['<PAD>'] = 0
# 手动设置 <UNK> 标识符的映射
jiebaDict['<UNK>'] = 1
def tokenize(sentence, max_length):
# 利用 jieba.lcut 方法将句子分词，获取文本序列
# 如果词语在字典对象中，则获取词语的映射。否则获取 <UNK> 标识符的映射
    sentence = [jiebaDict[i] if i in jiebaDict else jiebaDict['<UNK>']
    for i in jieba.lcut(sentence)]
    while len(sentence) < max_length:
        sentence.append(0)
    sentence = sentence[:max_length]
    return sentence
```

步骤 7 通过 VGG-19、Word2Vec 和 Bi-LSTM 模型，以及对应的全连接层，我们可以分别得到视觉表示（visual representation）和文本特征表示（textual representation）。VGG-19、Word2Vec 和 Bi-LSTM 模型在 torchvision 和 PyTorch 库中已经封装完成，可以直接调用。VGG-19 模型对象在 torchvision.models.vgg19，Word2Vec 和 Bi-LSTM 模型分别在 torch.nn.Embedding 和 torch.nn.LSTM。需要注意的是，nn.LSTM() 默认只是单向的，需要填入参数 bidirection=True 才是双向的 LSTM。

【代码 10.17】实例化 VGG-19 模型。

```
import torchvision
VGG19 = torchvision.models.vgg19(
    pretrained=True       # 旧版本的预训练参数，现在仍然支持，不过会提醒
)
# 新版本选择预训练参数的方法
result = VGG19(data)
```

【代码 10.18】实例化 LSTM 模型。

```
import torch
lstm = torch.nn.LSTM(
    input_size=50,          # 输入数据的尺寸，也就是词嵌入时的长度
    hidden_size=32,         # 隐藏层的尺寸
    num_layers=50,          # LSTM 网络的层数，同时有几个 LSTM 层在运行。默认为 1 层
    bias=True,              # 是否使用偏移参数
```

```
    batch_first=True,       # 输入数据的第一个维度是否是 batch，默认为 False，此时
                            # 第二个维度是 batch
    dropout=0.1,            # 置 0 比率。在训练过程中将一部分数据变成 0 以防 LSTM 的过
                            # 拟合（可以比喻为钻牛角尖）问题
    bidirectional=True,     # 是否是双向的 LSTM，默认为否
    proj_size=0             # 是否将结果映射到 proj_size 长度的空间上。如果是，
                            # proj_size>0，输出结果的长度就是 proj_size，否则就是
                            # hidden_size 的长度
)
result = lstm(data, (h_0, c_0))
```

其中，data 是输入的数据，（h_0，c_0）是可选参数，如果传入该参数，LSTM 将用传入的 h_0 和 c_0 运行，否则将使用随机初始化参数。在此不展开赘述。

result 是一个元组：（output，（h_n，c_n））。其中，output 是模型的输出，如果初始化模型时有传入 batch_first = True 的参数，那么其张量的格式是 [batch，文本序列的长度，H_out]，否则是 [文本序列长度，batch，H_out]。当 bidirectional = False 时，H_out 的大小为 proj_size 或者 hidden_size，这取决于实例化模型时 proj_size 参数的设置。当 bidirectional = True 时，H_out 还需要在 bidirectional=False 的基础上乘 2。

（h_n，c_n）是 LSTM 最终的参数，与输入时的（h_0，c_0）对应。

经过 VGG-19 和 LSTM 模型，图片和文本数据在模型中结构变化结果如图 10.12 所示。

```
单个图片经过VGG-19前：torch.Size([1, 3, 224, 224])
单个图片经过VGG-19后：torch.Size([1, 4096])
5张图片拼接之后：torch.Size([1, 20480])
图片经过全连接层之后(visual representation)：torch.Size([1, 32])

原始文本：torch.Size([1, 50])
词嵌入后：torch.Size([1, 50, 50])
lstm最后一层输出：torch.Size([1, 64])
文本经过全连接之后(textual representation)：torch.Size([1, 32])
```

图 10.12　图片和文本数据结构变化展示

步骤 8　新建 model.py 文件，如图 10.13 所示。本次实验所需要使用的库文件，具体代码如代码 10.19 所示。

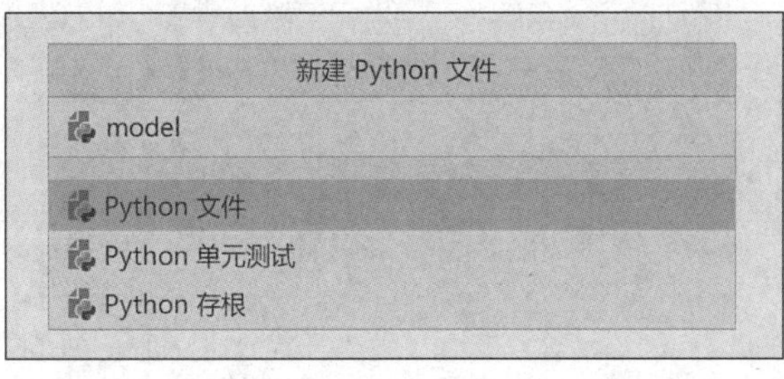

图 10.13　新建 model 文件

【代码 10.19】引入 PyTorch 框架及其配套库。

```
mport torch.nn as nn
import torchvision as tv
import torch
```

步骤 9 结合知识归纳中的内容，搭建模型框架，具体如代码 10.20 所示。

【代码 10.20】获取 VGG-19 模型的 4096 维输出。

```
class MyVgg19(nn.Module):
    def __init__(self, pretrained=False):
        super(MyVgg19, self).__init__()
        self.vgg19 = tv.models.vgg19(pretrained=pretrained)
        self.features = torch.tensor([ ])
        def hook(module, input, output):
            self.features = output
        self.handle = self.vgg19.classifier[3].register_forward_hook(hook)
    def forward(self, _input):
        self.vgg19(_input)
        result = self.features
        self.handle.remove()
        return result
```

利用钩子机制可以获取到 VGG-19 模型中的 [1，4096] 的输出。钩子的种类有很多，这里选用的是 forward_hook。forward_hook 在每次模型计算出一个输出时调用。第 1 步，定义 hook 函数，其参数有三个：module、input、output，三个参数的名字可以不同，但是顺序不能颠倒。module 是钩子所注册的模型，input 是模型的输入，output 是模型的输出。在 hook 函数中将 output 赋值给另一位变量即可获取输出。第 2 步，将 hook 函数注册在所要调用的模型上，并保存句柄（handle），这是找到钩子的办法。上述代码就将钩子调用在了 VGG-19 模型的 classifier 上。第 3 步，在执行完模型后清除钩子，使用句柄的 remove 方法。

【代码 10.21】搭建神经网络模型。

```
class MyNet(nn.Module):
    def __init__(self, num_embeddings, embed_dim, out_put_size, batchsize):
        super(MyNet, self).__init__()
        self.vgg = MyVgg19(pretrained=True)
        for param in self.vgg.parameters():
            param.requires_grad = False
        self.embed = nn.Embedding(num_embeddings=num_embeddings,
                                  embedding_dim=embed_dim, padding_idx=0)
        self.lstm = nn.LSTM(input_size=embed_dim, hidden_size=out_put_size,
                            bidirectional=True, batch_first=True)
```

```
        self.enc_text_fc = nn.Sequential( nn.Linear(2 * out_put_size, 32),
        nn.Tanh())
        self.enc_vis_fc = nn.Sequential( nn.Linear(4096 * 5, 1024), nn.Tanh(),
                                         nn.Linear(1024, 32), nn.Tanh())
        self.form_shared_representation = nn.Sequential( nn.Linear(64, 64),
        nn.Tanh())
        self.form_mean = nn.Linear(64, 64)
        self.form_var = nn.Linear(64, 64)
        self.fnd_fc = nn.Sequential( nn.Linear(64, 64), nn.Tanh(),
        nn.Linear(64, 3), nn.Softmax(dim=1))
        self.batch_size = batchsize
    def forward(self, text, img):
        tmp = []
        for i in range(5):
            if i < len(img):
                tmp.append(self.vgg(img[i]))
            else:
                tmp.append(torch.zeros(self.batch_size, 4096))
        img = torch.cat(tmp, dim=1)
        tmp = [ ]
        img = self.enc_vis_fc(img)
        text = self.enc_text_fc(self.lstm(self.embed(text))[0].
        permute(1, 0, 2)[-1])
        shared_representation = self.form_shared_representation( torch.
        cat([text, img], dim=1))
        mean = self.form_mean(shared_representation)
        var = self.form_var(shared_representation)
        gauss_sample
torch.distributions.normal.Normal(torch.mean(shared_representation, dim=1),
torch.var(shared_representation, dim=1)).sample()
        multimodal_representation = mean + torch.einsum('i, ij->ij',
        gauss_sample, var)
        return self.fnd_fc(multimodal_representation)
```

步骤 10 设计预测函数。模型输出的是一个长度为 3 的向量，而非预测的标签，需要一个函数从向量转换为标签。由于在最后经过 softmax 归一化，向量三个值之和为 1。可以将此向量看作该视频是对应类型的概率。预测函数如代码 10.22 所示。

【代码 10.22】预测函数。

```
def prediction(tensor):
    predict_list = [ ]
    tags = [j for j in range(tensor.shape[1])]
                        # 获取分类任务的标签数量，如三分类任务就有 0、1、2 三个标签
    for i in tensor:
        probability = [j for j in zip(tags, i.tolist())]
```

```
                                                     # 将标签与数值绑定
        probability.sort(key=lambda x: x[1], reverse=True)
                                                     # 根据数值由高到低排序
        predict_list.append(probability[0][0])       # 获取第一位的标签值
    return torch.tensor(predict_list)
```

步骤 11 设计训练函数，用于训练模型。训练的过程包含有四步：①运行网络获取输出；②根据输出计算损失；③将损失以链式求导的方式反向传递给网络的每一个参数；④优化器根据每个参数上的损失优化参数。

【代码 10.23】训练函数。

```
def train(model,                             # 要训练的模型
          trainData,                         # 训练使用的数据
          epoches,                           # 要训练的 epoch
          loss_func,                         # 损失函数
          optimizer                          # 优化器
          ):
    epoch = 0
    while epoch < epoches:
        epoch += 1
        count = 0
        for data in trainData:
            # 加载数据
            tags = data[0]
            text = data[1]
            img = data[2]
            # 运行模型
            result = model(text, img)
            # 计算损失
            loss = loss_func(result, tags)
            optimizer.zero_grad()            # 优化器清零
            loss.backward()                  # 损失反向传播
            optimizer.step()                 # 优化
            # 输出训练进度
            count += 1
            print("\r{ } / { }".format(count, len(trainData)), end='')
    return model
```

步骤 12 选择损失函数。本任务选用的是交叉熵函数，可用于计算模型输出与真实标签之间的差距，可在 main.py 文件中改写其他损失。

【代码 10.24】实例化损失函数。

```
loss_func = torch.nn.CrossEntropyLoss()
```

步骤 13 选择优化器。优化器根据损失来优化参数，目前 Adam 优化器较为常用，优化器在实例化的过程中需要绑定参数，因此需要先实例化网络，同时进行一些参数的设置。

【代码 10.25】实例化神经网络模型及优化器。

```
import myTokenize
import model
import torch
batchsize = 16
epochnums = 10
learning_rate = 0.01
# 实例化模型
detector = model.MyNet(
    num_embeddings=len(myTokenize.jiebaDict),
    embed_dim=50,
    out_put_size=32,
    batchsize=batchsize
)
optimizer = torch.optim.Adam(detector.parameters(), lr=learning_rate)
```

步骤 14 测试函数。测试函数用于衡量网络的效果，它与训练函数不同，测试函数只需要运行模型与计算指标即可。

【代码 10.26】测试函数。

```
from sklearn.metrics import accuracy_score, f1_score, precision_score,
recall_score
# 从 sklearn 库中调用四个二分类指标计算的函数
# 四个指标分别为：准确率 Accuracy、精确率 Precision、召回率 Recall 和 F1 值 F1-score
def test(model, data):
    count = 0
    allPre = []
    allTag = []
    for d in data:
        # 加载数据
        tags = d[0]
        for i in tags:
            allTag.append(i)
        text = d[1]
        img = d[2]
        # 运行模型
        result = model(text, img).to('cpu')
        for i in prediction(result):
            allPre.append(i)
```

```
        count += 1
        print("\r{} / {}".format(count, len(data)), end='')
    print("\nAccuary: {}\nPrecision: {}\nRecall: {}\nF1-score: {}".format(
        accuracy_score(allTag, allPre),
        precision_score(allTag, allPre),
        recall_score(allTag, allPre),
        f1_score(allTag, allPre)
    ))
```

步骤 15 运行程序，效果如图 10.14 所示。

注：文本描述：山美，水美，人更美。走遍大地神州，醉美多彩贵州。

图 10.14 测试案例展示

模型的输出结果是一个 1×3 的矩阵，具体如图 10.15 所示。此处是经过 softmax 归一化处理的向量，因为模型一次输入的是一批次（batch）的数据，矩阵第一个维度代表着批次的大小，图 10.15 中展示的批次大小为 1，其中 [0.3044，0.3761，0.3195] 三个数字经过 softmax 归一化，相加为 1，可看作这个视频是对应类型的概率。数值旁边的 grad_fn 表示反向传递时用于计算梯度的方法。我们使用 softmax 函数得到的结果，计算梯度时采用的是对应的 SoftmaxBackward0 函数。预测值是预测函数根据模型的运行结果预测的标签。在测试的数据集中，标签 1 表示的是该视频是旅游视频。

```
运行结果：tensor([[0.3044, 0.3761, 0.3195]], grad_fn=<SoftmaxBackward0>)
预测值：tensor([1])
```

图 10.15 测试结果

本次任务实施完成，读者可以自行运行并检查效果。

◆ 任务小结 ◆

视频主题分类实验可在实际教学中发挥巨大作用。随着社交媒体和在线平台的普及，海量视频在互联网上的传播已经成为一种普遍现象，而视频主题分类在实际生活中有着广泛的应用，如视频内容审查、视频推荐系统、视频广告投放等。仅凭课堂讲解或平面多媒体教学辅助教学，很难让学生对海量内容复杂的视频进行分类；而本项目旨在让学生开发一种视频主题分类模型，使用深度学习的方法从海量视频中自动对话题众多、内容繁杂的

视频进行分类，增强学生对学习的兴趣和信心，从而收获事半功倍的学习效果。

在该任务中，我们提取了视频关键帧并将其作为输入，经过基于 VGG-19 的深度学习模型进行特征提取。同时，我们还使用了基于 Bi-LSTM 的文本特征提取方法，将视频描述描述转换为文本向量，用于融合视频和文本特征。最终，我们采用了多模态数据特征融合的方法，将视频和文本特征结合起来，建立了一个综合性的视频主题分类模型。通过该任务，我们深入了解视频谣言分类的技术挑战和应用场景，并研究多种深度学习方法在视频主题分类中的应用。未来，我们将继续优化和拓展这个视频主题分类系统，以提高其准确性和可靠性，并为社会提供更加准确、可靠的信息服务。

◈ 任务自测 ◈

题目：根据已学知识自行搭建用于视频主题分类的深度学习网络框架。

要求：

（1）使用 Python 编程语言，选择合适的深度学习框架（如 TensorFlow、PyTorch 等），搭建适用于视频主题分类的深度学习网络框架。

（2）框架需要支持视频特征提取、文本特征提取、多模态数据特征融合等功能，以实现对视频主题进行准确分类。

（3）框架需要对模型进行训练和测试，使用现有的视频主题分类数据集进行测试，并给出相应的评估指标（如准确率、召回率、F1 值等）。

（4）需要撰写代码和实验报告，对框架的设计思路、实现细节、实验结果等进行详细描述，并给出合理的分析和讨论。

（5）可以适当扩展或优化框架，提高分类准确率和效率，但需说明具体的改进措施和效果。

评价表：理解视频主题分类模型的组成要素和结构层次

<table>
<tr><td>组员 ID</td><td></td><td>组员姓名</td><td>项目组</td><td colspan="3"></td></tr>
<tr><td rowspan="2">评价栏目</td><td rowspan="2">任务详情</td><td rowspan="2">评价要素</td><td rowspan="2">分值</td><td colspan="3">评价主体</td></tr>
<tr><td>学生自评</td><td>小组互评</td><td>教师点评</td></tr>
<tr><td rowspan="8">视频主题分类模型的组成要素和结构层次的掌握情况</td><td>视频主题分类概念</td><td>是否完全掌握</td><td>5</td><td></td><td></td><td></td></tr>
<tr><td>什么是深度学习框架</td><td>是否完全掌握</td><td>10</td><td></td><td></td><td></td></tr>
<tr><td>Python 语言</td><td>是否完全掌握</td><td>10</td><td></td><td></td><td></td></tr>
<tr><td>视频关键帧提取</td><td>是否完全掌握</td><td>10</td><td></td><td></td><td></td></tr>
<tr><td>视频特征提取</td><td>是否完全掌握</td><td>10</td><td></td><td></td><td></td></tr>
<tr><td>文本特征提取</td><td>是否完全掌握</td><td>10</td><td></td><td></td><td></td></tr>
<tr><td>多模态数据特征融合</td><td>是否完全掌握</td><td>10</td><td></td><td></td><td></td></tr>
<tr><td>对应的评估指标</td><td>是否完全掌握</td><td>5</td><td></td><td></td><td></td></tr>
</table>

续表

评价栏目	任务详情	评价要素	分值	评价主体		
				学生自评	小组互评	教师点评
掌握熟练度	知识结构	知识结构体系形成	5			
	准确性	概念和基础掌握的准确度	5			
团队协作能力	积极参与讨论	积极参与和发言	5			
	对项目组的贡献	对团队的贡献值	5			
职业素养	态度	是否认真细致、遵守课堂纪律、学习态度积极、具有团队协作精神	3			
	操作规范	是否有实训环境保护意识，实训设备使用是否合规，操作前是否对硬件设备和软件环境检查到位，有无损坏机器设备的情况，能否保持实训室卫生	3			
	设计理念	是否突出以人为本的设计理念	4			
总分			100			

参 考 文 献

[1] 叶韵 . 深度学习与计算机视觉：算法原理、框架应用与代码实现 [M]. 北京：机械工业出版社，2017.

[2] Richard Szeliski. 计算机视觉——算法与应用 [M]. 艾海舟，兴军亮，译 . 北京：清华大学出版社，2012.

[3] ARICI T, DIKBAS S, ALTUNBASAK Y A. Histogram Modification Framework and Its Application for Image Contrast Enhancement[J]. IEEE Transactions on Image Processing, 2009, 18 (9): 1921-1935.

[4] Wesley E, Snyder. 计算机视觉基础 [M]. 北京：机械工业出版社，2020.

[5] 章毓晋 . 2D 计算机视觉：原理、算法及应用 [M]. 北京：电子工业出版社，2021.

[6] 孙丰荣，刘积仁 . 快速霍夫变换算法 [J]. 计算机学报，2001，24（10）：8.

[7] 胡彬，赵春霞 . 基于概率霍夫变换的快速车道线检测方法 [J]. 微电子学与计算机，2011，28（10）：4.

[8] 何扬名，戴曙光 . 提高霍夫变换识别圆形物体准确率的算法 [J]. 微计算机信息，2009（10）：3.

[9] Lowe D G. Object recognition from local scale-invariant features[C]. Proc of IEEE International Conference on Computer Vision. 1999.

[10] 陈月，赵岩，王世刚 . 图像局部特征自适应的快速 SIFT 图像拼接方法 [J]. 中国光学，2016，9（4）：415-422.

[11] 宋晓茹，吴雪，高嵩，等 . 基于深度神经网络的手写数字识别模拟研究 [J]. 科学技术与工程，2019，19（5）：193-196.

[12] 宗春梅，张月琴，石丁 . PyTorch 下基于 CNN 的手写数字识别及应用研究 [J]. 计算机与数字工程，2021，49（6）：1107-1112.

[13] 斋藤康毅 . 深度学习入门 基于 Python 的理论与实现 [M]. 陆宇杰，译 . 北京：人民邮电出版社，2018.

[14] 伊恩 · 古德费洛 . 深度学习 [M]. 赵申剑，黎彧君，符天凡，译 . 北京：人民邮电出版社，2017.

[15] 拉加夫 · 维凯特森，李宝新 . 卷积神经网络与视觉计算 [M]. 北京：机械工业出版社，2019.

[16] 张晓华，山世光，曹波，等 . CAS-PEAL 大规模中国人脸图像数据库及其基本评测介绍 [J]. 计算机辅助设计与图形学学报，2005，17（1）：9-17.

[17] 吴茂贵，郁明敏，杨本法，等 . 智能系统与技术丛书 Python 深度学习 基于 PyTorch [M]. 2 版 . 北京：机械工业出版社，2023.

[18] 张国云，向灿群，罗百通，等 . 一种改进的人脸识别 CNN 结构研究 [J]. 计算机工程与应用，2017，53（17）：180-185，191.

[19] Zhenbo Xu, Wei Yang, Ajin Meng. Towards End-to-End License Plate Detection and Recognition: A Large Dataset and Baseline[J]. IEEE Transactions on Intelligent Transportation Systems, 2020, 21 (3): 1086-1097.

[20] Staal J, Abràmoff M D. Ridge-based vessel segmentation in color images of the retina[J]. IEEE transactions on medical imaging, 2004, 23 (4): 501-509.

[21] Yann LeCun. Backpropagation Applied to Handwritten Zip Code Recognition[J]. Neural Computation, 1989, 1 (4): 541-551.

[22] Vladimir N. Vapnik, Alexey Ya. Chervonenkis. Support-Vector Networks[J]. Machine Learning, 1995, 20 (3):

273-297.

[23] 任楚岚，王宁，张阳 . 医学图像分割方法综述 [J]. 网络安全技术与应用，2022（2）：49-50.

[24] Ronneberger O, Fischer P, & Brox T (2015). U-net: Convolutional networks for biomedical image segmentation[J]. In International Conference on Medical image computing and computer-assisted intervention (pp. 234-241). Springer, Cham.

[25] Zhou Z, Siddiquee M M R, Tajbakhsh N, & Liang J (2018). UNet++: A nested U-net architecture for medical image segmentation[J]. In Deep Learning in Medical Image Analysis and Multimodal Learning for Clinical Decision Support (pp. 3-11). Springer, Cham.

[26] Ren S, He K, Girshick R, et al. Faster R-CNN: Towards real-time object detection with region proposal networks[J]. Advances in neural information processing systems, 2015, 28.

[27] Everingham M, Eslami S M A, Van Gool L, et al. The pascal visual object classes challenge: A retrospective[J]. International journal of computer vision, 2015, 111: 98-136.

[28] Lin T Y, Maire M, Belongie S, et al. Microsoft coco: Common objects in context[C]//Computer Vision-ECCV 2014: 13th European Conference, Zurich, Switzerland, September 6—12, 2014, Proceedings, Part Ⅴ 13. Springer International Publishing, 2014: 740-755.

[29] Redmon J, Divvala S, Girshick R, et al. You only look once: Unified, real-time object detection[C]//Proceedings of the IEEE conference on computer vision and pattern recognition, 2016: 779-788.

[30] Li B, Wu W, Wang Q, et al. SiamRPN++: Evolution of siamese visual tracking with very deep networks[C]//Proceedings of the IEEE/CVF conference on computer vision and pattern recognition, 2019: 4282-4291.

[31] Pang J, Qiu L, Li X, et al. Quasi-dense similarity learning for multiple object tracking[C]//Proceedings of the IEEE/CVF conference on computer vision and pattern recognition, 2021: 164-173.

[32] Huang L, Zhao X, Huang K. Got-10k: A large high-diversity benchmark for generic object tracking in the wild[J]. IEEE transactions on pattern analysis and machine intelligence, 2019, 43 (5): 1562-1577.

[33] Fan H, Bai H, Lin L, et al. Lasot: A high-quality large-scale single object tracking benchmark[J]. International Journal of Computer Vision, 2021, 129: 439-461.

[34] Goodfellow I, Pouget-Abadie J, Mirza M, et al. Generative adversarial networks[J]. Communications of the ACM, 2020, 63 (11): 139-144.

[35] Zhang H, Goodfellow I, Metaxas D, et al. Self-attention generative adversarial networks[C]//International conference on machine learning. PMLR, 2019: 7354-7363.

[36] Gatys L A, Ecker A S, Bethge M. Image style transfer using convolutional neural networks[C]//Proceedings of the IEEE conference on computer vision and pattern recognition, 2016: 2414-2423.

[37] Johnson J, Alahi A, Fei-Fei L. Perceptual losses for real-time style transfer and super-resolution[C]//Computer Vision-ECCV 2016: 14th European Conference, Amsterdam, The Netherlands, October 11-14, 2016, Proceedings, Part Ⅱ 14. Springer International Publishing, 2016: 694-711.

[38] Lin T Y, Maire M, Belongie S, et al. Microsoft coco: Common objects in context[C]//Computer Vision-ECCV 2014: 13th European Conference, Zurich, Switzerland, September 6—12, 2014, Proceedings, Part Ⅴ 13. Springer International Publishing, 2014: 740-755.

[39] Ding X, Li Q, Cheng Y, et al. Local keypoint-based Faster R-CNN[J]. Applied Intelligence, 2020, 50: 3007-3022.

[40] He K, Gkioxari G, Dollár P, et al. Mask r-cnn[C]. Proceedings of the IEEE international conference on

computer vision, 2017: 2961-2969.

[41] Lin T Y, Maire M, Belongie S, et al. Microsoft coco: Common objects in context[C]. Computer Vision-ECCV 2014: 13th European Conference, 2014: 740-755.

[42] Kay W, Carreira J, Simonyan K, et al. The kinetics human action video dataset[J]. arXiv preprint arXiv: 1705.06950, 2017.

[43] Hara K, Kataoka H, Satoh Y. Can spatiotemporal 3d cnns retrace the history of 2d cnns and imagenet? [C]. Proceedings of the IEEE conference on Computer Vision and Pattern Recognition, 2018: 6546-6555.

[44] He K, Zhang X, Ren S, et al. Deep residual learning for image recognition[C]. Proceedings of the IEEE conference on computer vision and pattern recognition, 2016: 770-778.

[45] Lu JS, Xiong CM, Parikh D, et al. Knowing When to Look. Adaptive Attention via A Visual Sentinel for Image Captioning[A]. 30th IEEE/CVF Conference on Computer Vision and Pattern Recognition (CVPR)[C]. 2017 Jul 21—26: 3242-3250.

[46] Xu K, Ba J, Kiros R, et al. Show, attend and tell[A]. Neural image caption generation with visual attention. International conference on machine learning, 2015: 2048-2057.

[47] Karpathy A, Li FF, Ieee. Deep Visual-Semantic Alignments for Generating Image Descriptions[A]. IEEE Conference on Computer Vision and Pattern Recognition (CVPR)[C]. 2015 Jun 7—12: 3128-3137.

[48] Dina Demner-Fushman, Marc D Kohli, Marc B Rosenman. Preparing a collection of radiology examinations for distribution and retrieval[J]. Journal of the American Medical Informatics Association, 2016, 23 (2): 304-310.

[49] Ashish Vaswani, Noam Shazeer, Niki Parmar. Attention Is All You Need[J]. Advances in neural information processing Systems, 2017: 5998-6008.

[50] Zhihong Chen, Song, Yan Song, Tsung-Hui Chang. Generating radiology reports via memory-driven transformer[J]. Proceedings of the 2020 Conference on Empirical Methods in Natural Language Processing (EMNLP), 2020: 1439-1449.

[51] Malinowski M, Fritz M. A multi-world approach to question answering about real-world scenes based on uncertain input[J]. Advances in neural information processing systems, 2014, 27.

[52] Chung J, Gulcehre C, Cho K H, et al. Empirical evaluation of gated recurrent neural networks on sequence modeling[J]. arXiv preprint arXiv: 1412.3555, 2014.

[53] He K, Zhang X, Ren S, et al. Deep residual learning for image recognition[C]. Proceedings of the IEEE conference on computer vision and pattern recognition, 2016: 770-778.

[54] Vaswani A, Shazeer N, Parmar N, et al. Attention is all you need[J]. Advances in neural information processing systems, 2017, 30.

[55] Ren S, He K, Girshick R, et al. Faster r-cnn: Towards real-time object detection with region proposal networks[J]. Advances in neural information processing systems, 2015, 28.

[56] Dosovitskiy A, Beyer L, Kolesnikov A, et al. An image is worth 16 × 16 words: Transformers for image recognition at scale[J]. International Conference on Learning Representations, 2021.

[57] Raffel C, Shazeer N, Roberts A, et al. Exploring the limits of transfer learning with a unified text-to-text transformer[J]. The Journal of Machine Learning Research, 2020, 21 (1): 5485-5551.

[58] Mohan A, Sharma P, & Mordekar A. CMU-MOSI: Multimodal corpus of sentiment intensity and subjectivity analysis in online opinion videos[J]. IEEE Transactions on Affective Computing, 2019, 12 (2), 298-309.

[59] Baltrusaitis T, Robinson P, & Morency L P. OpenFace 2.0: Facial behavior analysis toolkit[C]. 2018 IEEE 9th International Conference on Biometrics Theory, Applications and Systems, 1-10.

[60] Pennington J, Socher R, & Manning C D. Glove: Global vectors for word representation[C]. Proceedings of the 2014 Conference on Empirical Methods in Natural Language Processing (EMNLP), 12, 1532-1543.

[61] Devlin J, Chang M W, Lee K, & Toutanova K. Bert: Pre-training of deep bidirectional transformers for language understanding[C]. Proceedings of the 2019 Conference of the North American Chapter of the Association for Computational Linguistics: Human Language Technologies, 2019, Volume 1 (Long and Short Papers), 4171-4186.

[62] Hochreiter S, Schmidhuber J (1997). Long short-term memory[J]. Neural Computation, 9 (8), 1735-1780.

[63] Simonyan K, Zisserman A. Very deep convolutional networks for large-scale image recognition[C]. 3rd International Conference on Learning Representations, 2015.

[64] Mikolov T, Chen K, Corrado G, et al. Efficient estimation of word representations in vector space[C]. 1st International Conference on Learning Representations, 2013.